그림으로 보는

최신 초고층 시공 기술

이종산, 이건우, 이다혜 지음

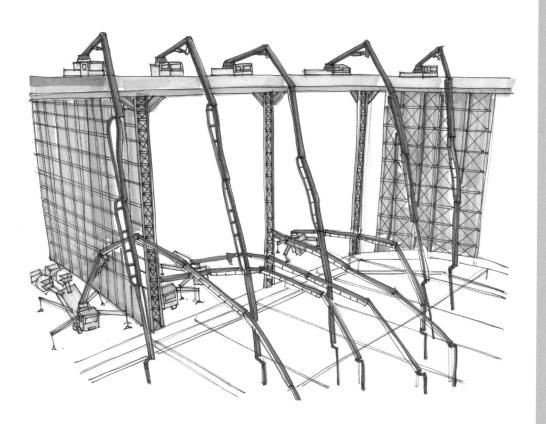

BM (주)도서출판 성안당

서문

저자는 서울대 건축학과에서 초고층 분야로 공학박사(Ph.D.)를 취득하였고, 미국과 캐나다의 저명학술지에 초고층 관련 SCI(Science Citation Index) 논문들을 게재하였습니다. 실무 분야에서는 초고층 프로젝트 1개와 고층 프로젝트 3개를 현장에서 수행하였습니다. 저자는 초고층 이론과 실무를 겸비한 초고층 전문가라고 자부합니다. 이렇게 저자를 소개하는 것은 독자들에게 본서의 내용에 대한 강한 신뢰를 드리기 위함입니다. 저자는 초고층 시공 기술을 전공자뿐만 아니라 누구나 쉽게 이해하고 접할 수 있도록 초고층 시공 기술 집필 방향에 대하여 많은 고민을 하였습니다. 저자는 초고층 프로젝트 현장에서 시공 장면의 그림을 직접 그리고, 그림에 설명을 기재하여, 시간이 지나도 그림을 보면 시공 기술을 재현할 수 있는 경험을 하였습니다. 그림과 설명이 기억과 이해를 촉진할 수 있다는 경험에 착안하여, 최신 초고층 시공 기술 집필 방향을 정하고 다음과 같은 5가지 핵심 사항을 선정하였습니다.

첫째, 본서는 누구나 쉽게 이해할 수 있도록 최신 초고층 시공 기술을 21개 공종으로 구분하여 각 공종의 대표적인 시공 장면을 그림으로 그리고, 색칠하고, 그림에 설명을 기재하고, 그림 외부에 상세 설명을 붙여서 초고층 시공 기술을 누구나 쉽게 이해할 수 있도록 하였습니다. 저자도 독자와 같은 공학도이므로 원래 그림에 대한 소질이 없었지만, 그리기를 반복하니 그림 실력이 자연스럽게 늘어났습니다. 독자분들께서도 시도해 보시기를 조언합니다. 실무를 하면서 공사 그림을 그릴 수 있는 능력은 기술 소통에도 아주 효과적입니다.

둘째, 저자는 건설기술교육원, 건설산업교육원, 건설기술관리협회에서 실무자들에게 초고층 최신 시공 기술 강의를 3년 이상 하였는데, 실무자 교육생들의 연간 평가 점수가 94점이 될 정도로 신뢰가 높았습니다. 어려운 초고층 시공 기술을 쉽게 강의한 노하우(Know-How)를 본서에 녹여 넣었습니다.

셋째, 저자도 대학 생활을 하면서 적합한 최신 초고층 시공 기술서에 대한 갈망이 있었으나, 내용이 어렵고 접하기 쉽지 않았다는 경험이 있었습니다. 본서는 초고층 경험이 없는 대학생들도 쉽게 이해할 수 있도록 작성되었기 때문에 건설 관련 학생들을 대상으로 하여 강의교재 혹은 참고서 등으로 활용할 수 있도록 집필하였습니다.

넷째, 저자가 초고층 실무를 하면서 최신 초고층 시공 기술에 대한 참고서 혹은 실무 지침서를 찾기 어려웠던 경험이 있었습니다. 초고층 시공 기술은 일반건물 혹은 고층 건물 시공에도 적용이 가능한 기술이므로 본서는 초고층 실무 경험이 있는 실무자들에게는 최신 시공 기술의 실무 참고서로 활용할 수 있고, 초고층 실무 경험이 없는 실무자들에게는 최신 시공 기술의 실무 지침서로 활용할 수 있습니다.

다섯째, 저자가 4개의 기술사(건축시공기술사, 건설안전기술사, 건축품질시험기술사, 토목시공기술사) 취득 시 기술사 시험 답안에 본서의 그림을 단순화하여 그리고, 본서의 내용을 참고하여 고득점을 획득한 경험이 있습니다. 실무를 하면서 공사 그림을 단순화하여 빠르게 그릴 수 있는 능력은 기술사 시험에서 고득점을 받는 데 아주 효과적입니다. 기술사 시험 시 답안 참고서로 활용하면 좋은 효과를 얻을 수 있습니다.

이상과 같은 저자의 집필 방향에 대하여 독자분들의 고견을 보내주시면 반영하여 더 좋은 초고층 서적으로 발전할 수 있도록 최선을 다하겠습니다. 오늘도 초고층 시공 기술의 발전을 기원합니다.

저자 일동

차례

PART 1

초고층
개 요

CHAPTER 1
초고층 건물의 이해

1 초고층 건물 정의

- 초고층 건물이란, 국내 건축법에 의하면 50층 이상이면서 높이가 200m 이상인 건물로 규정하고 있다. 국외 CTBUH에 의하면 건물의 세장비(Aspect Ratio)가 5 이상이면서 횡력 저항 시스템이 설치된 건물로 규정하고 있다.

2 초고층 건물 특성

1) 건축 디자인 특성

- 초고층 건물의 용도는 50층 이상이므로 사무실, 호텔, 주거 등의 복합용도로 계획하고 있는 추세이다.
- 초고층 건물 외관 형태는 크게 3개 형태로 분류할 수 있는데, 이를 3T라고 하며 건물이 위로 뾰족한 형태(Tapered), 건물이 비틀어진 형태(Twisted), 건물이 기울어진 형태(Tilted)로 구분된다.

2) 구조적 특성

- 초고층 건물은 바람과 지진의 수평력인 횡력을 견디기 위해 횡력 저항 시스템을 건물에 설치한다. 이 횡력 저항 시스템에는 아웃리거(Outrigger)와 벨트트러스(Belt Truss)가 있다.

- 초고층 건물의 뼈대를 구성하고 있는 골조의 주요 재료에는 콘크리트와 철골이 있는데, 콘크리트는 고강도 콘크리트로서 압축 강도가 최대 80MPa에 이른다. 철골은 고강도 강재로서 SM570TMCP, HSA800 등의 강재를 사용한다.
- 초고층 건물 골조 재료인 콘크리트는 하중이 일정한 상태에서도 시간이 지나면서 길이가 줄어드는 현상이 발생하는데, 이를 기둥 축소량(Column Shortening)이라고 한다. 기둥 축소량은 비탄성 변형이라 줄어든 길이가 원래 상태로 복구되지 않는 특성이 있다. 기둥 축소량이 발생하면 콘크리트 부재 균열이 발생하고, 마감재가 훼손되고, 커튼월 유리가 깨지고, 설비 배관이 훼손되는 피해를 볼 수 있다. 기둥 축소량의 원인에는 콘크리트의 고유한 특성인 크리프, 건조 수축과 온도 등이 있다.
- 초고층 건물은 바람에 의하여 건물이 흔들리면, 시공 중 측량 좌표점도 흔들리므로 특수한 측량 기술이 필요하다. 인공위성을 활용한 GNSS 측량법과 재래식 측량법을 병행하여 측량한다.

3) 시공적 특성

- 초고층 건물은 일반 건물에 비하여 공사비가 높으므로 금융 비용 등을 줄이기 위해 신속하게 공사를 수행해야 한다. 지상에서 조립하고 양중하여 설치하는 철근 선조립 공법을 적용하여 한 개 층을 3~4일에 시공할 수 있는 공법을 적용한다.
- 초고층 건물 공사는 신속한 자재 양중이 공기를 단축할 수 있으므로 타워크레인 및 호이스트를 활용한 초고층 양중 기술이 필요하다.
- 콘크리트를 초고압 펌프를 사용하여 500~600m 이상을 압송할 수 있는 압송 기술을 적용한다.

4) 공사비 특성

- 50층 일반 건물의 공사비는 평당 600만 원에서 700만 원이고, 초고층 건물의 공사비는 평당 1,100만 원에서 1,300만 원으로 100층 초고층 건물의 공사비가 50층 건물 공사비보다 2배 높은 실정이다. 초고층 건물을 포함한 대규모 프로젝트를 계획할 경우, 초고층 건물은 랜드마크의 역할을 하고 저층부 건물은 수익을 창출할 수 있도록 계획을 수립하는 것이 좋다.

3 초고층 건물 트렌드 변화

1) 초고층 건물 트렌드 변화 개요

■ 전 세계 초고층 건물의 외관 디자인을 비교 분석하면 3개 카테고리로 분류할 수 있다. 이 3개 카테고리를 3T라고 부르며, 건물이 위로 뾰족한 형태(Tapered), 건물이 비틀어진 형태(Twisted), 건물이 기울어진 형태(Tilted)로 구분된다. 건물 이름은 이해를 쉽게 하기 위해 영어식으로 표기하고자 한다.

2) 초고층 건물 트렌드 변화 3T

❶ 건물이 위로 뾰족한 형태(Tapered)

■ Tapered 형태란, 초고층 건물 하부가 넓고 상부가 좁아지는 형태로서 대부분의 초고층 건물이 이에 해당한다. 예를 들면 아랍에미레트의 버즈칼리퍼 타워, 한국의 롯데월드타워, 말레이시아의 페트로나스 타워 등이 이에 속한다.

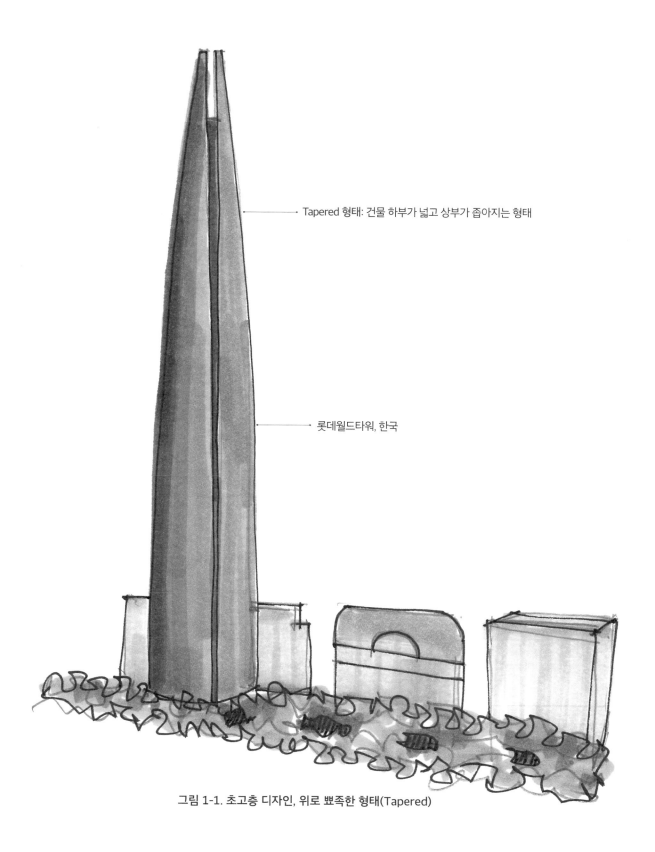

Tapered 형태: 건물 하부가 넓고 상부가 좁아지는 형태

롯데월드타워, 한국

그림 1-1. 초고층 디자인, 위로 뾰족한 형태(Tapered)

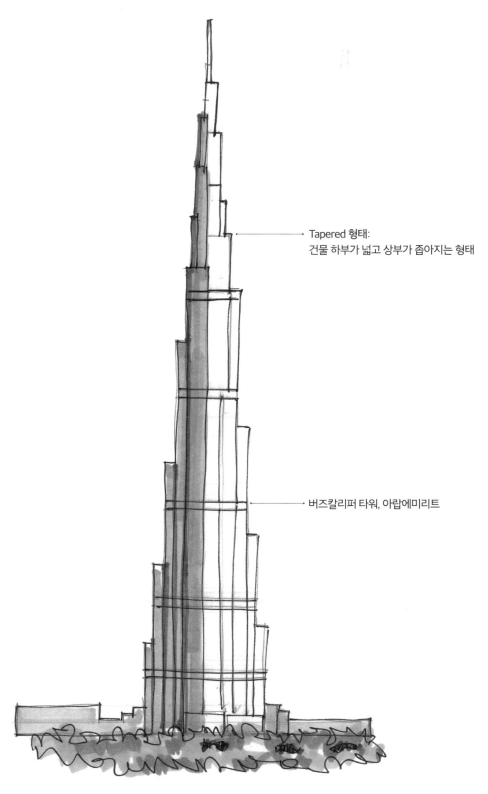

Tapered 형태:
건물 하부가 넓고 상부가 좁아지는 형태

버즈칼리퍼 타워, 아랍에미리트

그림 1-2. 초고층 디자인, 위로 뾰족한 형태(Tapered)

❷ 건물이 비틀어진 형태(Twisted)

■ Twisted 형태란, 초고층 건물이 중심선을 기준으로 꼬아서 비틀어진 형태로서 특이한 경우에 해당한다. 예를 들면 미국의 시카고 스파이어 타워, 스웨덴의 터닝 토르소 타워, 아랍에미리트의 인피니티 타워 등이 이에 속한다.

Twisted 형태:
건물이 중심선을 기준으로
꼬아서 비틀어진 형태

시카고 스파이어, 미국

그림 1-3. 초고층 디자인, 비틀어진 형태(Twisted)

Twisted 형태:
건물이 중심선을 기준으로 꼬아서 비틀어진 형태

터닝 토르소, 스웨덴

그림 1-4. 초고층 디자인, 비틀어진 형태(Twisted)

❸ 건물이 기울어진 형태(Tilted)

- Tilted 형태란, 건물이 중심선에서 기울어져 경사진 형태로서 아랍에미리트의 두바이 타워, 아랍에미리트의 캐피털 게이트, 싱가폴의 마리나베이샌드 호텔 등이 이에 속한다.

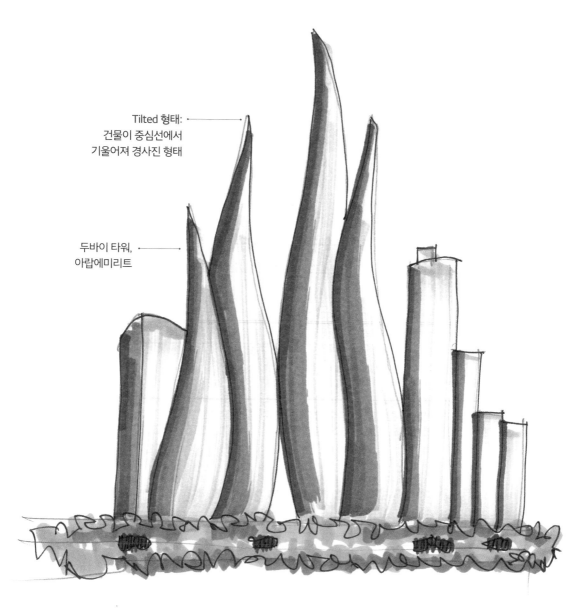

Tilted 형태:
건물이 중심선에서
기울어져 경사진 형태

두바이 타워,
아랍에미리트

그림 1-5. 초고층 디자인, 기울어진 형태(Tilted)

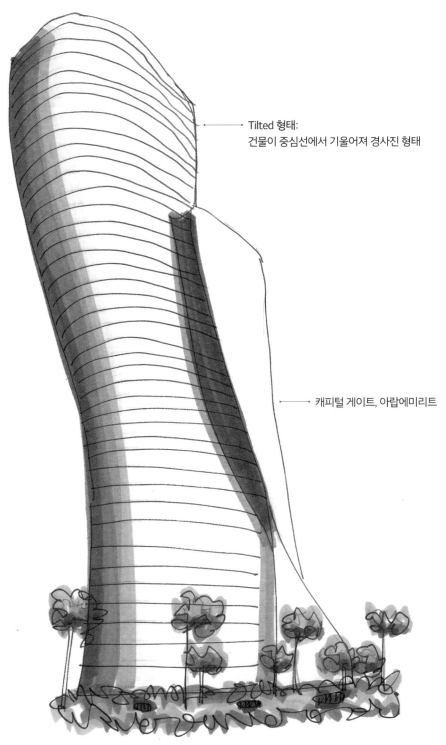

Tilted 형태:
건물이 중심선에서 기울어져 경사진 형태

캐피털 게이트, 아랍에미리트

그림 1-6. 초고층 디자인, 기울어진 형태(Tilted)

4 국내외 초고층 건설 계획

1) 초고층 건설 계획

- 중동의 주요국들은 아랍에미리트의 버즈칼리퍼 타워 이후로 1,000미터를 초과하는 신규 초고층 건물 건설 계획을 경쟁적으로 발표하고 있다. 그러나 발표된 프로젝트 중에서 실제 시공까지 이어지는 경우는 그리 많지 않다. 사우디아라비아의 젯다에서는 1,000미터를 초과하는 킹덤 타워를 시공하고 있어, 완공되면 버즈칼리퍼 타워를 제치고 높이 측면에서 세계 1위를 달성할 수 있을 것이다.

■ 초고층 건물의 이해 용어 해설

용어 1 초고층 건물: 국내 건축법에 의하면 50층 이상이면서 높이가 200m 이상인 건물로 규정하고 있다. 국외 CTBUH에 의하면 건물의 세장비(Aspect Ratio)가 5 이상이면서 횡력 저항 시스템이 설치된 건물로 규정하고 있다.

용어 2 초고층 건물 외관 형태 분류: 초고층 외관 형태는 3T로 분류할 수 있는데, 3T는 건물이 위로 뾰족한 형태 (Tapered), 건물이 비틀어진 형태(Twisted), 건물이 기울어진 형태(Tilted)로 분류할 수 있다.

용어 3 철근 선조립: 기둥과 벽체 철근을 지상의 조립장에서 미리 조립하여 타워크레인으로 양중하여 기둥과 벽체에 설치하는 것을 말한다. 철근 선조립 목적은 지상 조립장에서 조립하므로 좋은 품질을 유지할 수 있고, 사전 제작하고 양중하여 설치하므로 공기를 단축할 수 있다.

용어 4 타워크레인 : 초고층 공사에서 선조립 철근 및 철골 기둥 보 등과 같은 자재를 양중하는 장비이다. 타워크레인 선정 시 타워크레인 용량은 철골 부재 중 가장 무거운 부재인 아웃리거 경사재를 인양할 수 있고, 장비 중에 가장 무거운 엘리베이터 권상기를 인양할 수 있도록 타워크레인 용량을 선정해야 한다. 타워크레인 대수는 층당 3일 공정을 달성할 수 있는 대수를 산정해야 한다. 높이 별로 양중량을 분석하여 타워크레인 1회 인양 시간과 1회 인양 물량을 측정하여 1일 인양 횟수와 인양 물량을 산정하고, 부재 물량을 1일 인양 물량으로 나누어 타워크레인 대수를 산정한다.

용어 5 호이스트: 인력과 커튼월 판넬 등과 같은 자재를 운송하는 장비이다. 호이스트 대수 산정 사례를 보면 피크 시 일일 작업자 수를 예상하는데, 500m 이상 100층 이상 초고층 건물은 피크 시 일일 작업자 수가 6,000~10,000 명이 약 1시간 동안 운송하는 기준으로 대수를 산정하는 데 약 10대 정도의 메인 호이스트가 필요하다.

용어 6 초고압 펌프와 CPB: 초고압 펌프와 CPB란 초고층 건물의 골조 공사에 콘크리트를 500m에서 600m까지 수직으로 압송하고 타설하는 장비를 말한다. CPB는 Concrete Placing Boom의 약자로서 ACS 시스템의 외부 발판에 부착하여 ACS 시스템과 함께 인상할 수 있다.

memo

CHAPTER 2
최신 초고층 시공 기술 분류

1 일반 건물(50층)과 초고층 건물(100층) 비교

1) 매트(MAT) 기초

■ 일반 건물의 매트 기초는 두께가 2m 이하이고, 콘크리트 강도는 일반 콘크리트 강도에 해당한다.

■ 초고층 건물의 매트 기초는 두께가 4m에서 6m까지이고, 콘크리트 강도는 50MPa 이상이며, 초저발열 콘크리트이고 자기 다짐 콘크리트(Self Consolidation Concrete)로 계획한다. 초저발열 콘크리트는 메스 콘크리트의 수화열에 의한 균열을 저감하기 위한 목적이고, 자기 다짐 콘크리트는 콘크리트가 철근 사이를 스스로 레벨링과 다짐을 수행하기 위한 목적이다.

2) 양중 장비

■ 일반 건물의 타워크레인은 용량이 약 18~24톤으로 2~3대 설치하고, 호이스트는 일반적인 크기로 4~6대 설치한다.

■ 초고층 건물의 타워크레인은 용량이 약 32톤~64톤으로 3~4대 설치하고, 호이스트는 크기가 4.5m에서 5m로 8~10대 설치한다.

3) 코어 벽체 층당 공정

- 일반 건물은 일반 재래식 거푸집을 사용하여 층당 5~6일 소요된다.
- 초고층 건물은 ACS 거푸집과 철근 선조립 공법을 적용하여 3~4일 소요된다.

4) 콘크리트

- 일반 건물은 일반적인 표준 콘크리트를 적용한다.
- 초고층 건물은 특수 콘크리트인 고강도 콘크리트, 고유동 콘크리트, 조강 콘크리트, 내화 콘크리트를 적용하기 위해 배합 설계와 목업 시험을 통하여 결정한다. 고강도 콘크리트는 80MPa까지 사용하고, 고유동 콘크리트는 초고압 펌프를 사용하여 500m 이상을 압송하기 위해 필요하고, 조강 콘크리트는 ACS 거푸집을 조기 탈영 및 인양하기 위해 타설 15시간에 10MPa을 발현하기 위해 필요하다. 내화 콘크리트는 화재 시 철근을 보호하여 건물이 붕괴하는 것을 방지하기 위해 사용한다.

5) 철골

- 일반 건물은 골조 기둥과 보 부재로서 일반 구조용 강재를 적용한다.
- 초고층 건물은 골조 주요 기둥, 거더, 아웃리거 및 벨트트러스 부재로서 SM570TMCP와 HSA800 특수강재를 적용한다.

6) 구조 기술

- 일반 건물은 정적 하중 해석 위주의 구조 해석과 설계를 한다.
- 초고층 건물은 바람과 지진에 저항하기 위한 횡력 저항 시스템(아웃리거, 벨트트러스), 콘크리트의 기둥 축소량(Column Shortening), 거주자 사용성을 위한 진동가속도 저감을 위해 동적 하중 해석 위주의 구조 해석과 설계를 한다.

7) 측량 기술

- 일반 건물은 재래식 측량 기법인 광파기 측량을 적용한다.
- 초고층 건물은 인공위성 좌표를 활용하는 GNSS 측량과 재래식 측량 기법인 광파기 측량을 병행하여 적용한다.

8) 엘리베이터

- 일반 건물은 엘리베이터 속도를 주로 분당 240m 이하로 적용한다.
- 초고층 건물은 엘리베이터 속도를 분당 600m에서 1,000m로 적용한다. 비상시 피난 엘리베이터를 운영하고, 3~4개의 피난층(Refuge Floor)을 운용한다.

2 초고층 구조 시스템 사례

1) A 프로젝트 구조 시스템 사례

- A 프로젝트는 매트 기초 하부에 지반 보강 파일이 있고 그 위에 매트 기초가 있으며, 매트 기초 위 중심부에 코어 벽체가 있고 외주부에 메가 기둥이 있으며, 최상부에는 철골조의 랜턴이 있다. 오피스 바닥 구조 시스템은 철골보와 데크 슬래브 위 콘크리트의 합성 바닥 슬래브로 구성되어 있고, 주거 바닥 구조 시스템은 플랫 슬래브로 구성되어 있다. 바람과 지진에 저항하기 위한 횡력 저항 시스템은 아웃리거와 벨트트러스가 있으며, 아웃리거는 메가 기둥과 코어 벽체를 연결하고, 벨트트러스는 전체 메가 기둥의 외측에 부착하여 메가 기둥이 밖으로 나가지 않도록 잡아주는 역할을 한다.

2) B 프로젝트 구조 시스템 사례

- B 프로젝트는 매트 기초 하부에 현장 타설 콘크리트 파일이 있고 그 위에 매트 기초가 있으며, 매트 기초 위에는 철근 콘크리트 코어 벽체 및 외주부 기둥이 있으며, 최상부에는 철골조의 첨탑이 있다. 바닥 구조 시스템은 철근 콘크리트 플랫 슬래브 구조로 구성되어 있다. 바람과 지진에 저항하기 위한 횡력 저항 시스템에는 아웃리거가 있으며, 아웃리거는 메가 기둥과 코어 벽체를 연결한다.

3 최신 초고층 시공 기술

1) 최신 초고층 시공 기술 개요

- 초고층 건물을 시공하기 위해서는 다양한 분야에서 핵심 요소 기술이 필요한데, 이를 재료 분야, 구조 분야, 특수 분야, 시공 분야, 전기 설비 분야로 분류한다.

2) 재료 분야

■ 재료 분야에는 고강도 콘크리트, 고유동 콘크리트, 초저발열 콘크리트, 조강 콘크리트, 내화 콘크리트, 내염해성 콘크리트 기술 등이 필요하다.

3) 구조 분야

■ 구조 분야에는 횡력 저항 시스템 기술(아웃리거, 벨트트러스), 내진·제진구조 기술, 기둥 축소량 기술, 댐핑 시스템 기술, 초고층 거주성 확보 기술 등이 필요하다.

4) 특수 분야

■ 커튼월 기술, GNSS 측량 기술, Structural Health Monitoring 기술 등이 필요하다.

5) 시공 분야

■ 시공 분야에는 수평 배관 압송 시험 기술, 지반 보강 파일 기술, 매트 기초 기술, 철근 기술, 철근 선조립 기술, ACS 시스템 기술, 고강도 콘크리트 기술, 초고압 펌프 및 CPB 기술, 데크 플레이트 기술, 임베디드 플레이트 기술, 철골 기술, 횡력 저항 시스템 기술(아웃리거, 벨트트러스 기술), 코어 선행 공법, 외주부 철골 선행 공법 기술, 양중 기술(타워크레인, 호이스트) 등이 필요하다.

6) 전기 설비 분야

■ 전기 설비 분야에는 엘리베이터 기술, 방재 시스템 기술, 피난 시스템 기술, 굴뚝 효과 저감 기술(Stack Effect), PFP(Pre Fabricating Pipe) 기술, IBS 빌딩 시스템 기술 등이 필요하다.

■ 최신 초고층 시공 기술 분류 용어 해설

용어 1 매트 기초: 초고층 건물의 거대 하중을 받아서 지반 보강 파일과 지반에 전달하는 역할을 하는 철근 콘크리트 직육면체 형태의 기초를 말한다. 매트 기초 사례를 보면 크기는 72m(가로)×72m(세로)×6.5m(높이)이고, 콘크리트 물량이 약 33,000m³인 초대형 콘크리트 구조물도 있다. 매트 기초 콘크리트는 중심부 수화열 온도를 낮추기 위해 초저발열 콘크리트로 배합 설계되어야 하며, 타설 시 콘크리트 진동기를 사용하지 않아도 철근 사이를 스스로 충진하기 위한 자기 다짐 콘크리트 배합으로 설계되어야 한다.

용어 2 코어 벽체 층당 공정: 코어 선행 공법에서 코어 벽체 1개 층 공기를 말하며 ACS 시스템, 철근 선조립 공법, 양중 공법(타워크레인 호이스트), 초고압 펌프 및 CPB 공법 등을 적용하여 코어 벽체 1개 층 공기가 3~4일이 될 수 있도록 한다.

용어 3 고강도 콘크리트: 압축 강도가 40MPa 이상의 콘크리트를 말한다. 초고층 공사에서는 수직 부재인 코어 벽체와 메가 기둥에 사용할 콘크리트의 압축 강도를 80MPa로 배합 설계하기도 한다.

용어 4 고유동 콘크리트: 초고압 펌프, 배관 및 CPB를 사용하여 500m 이상 콘크리크를 압송하여 타설하기 위해서는 고유동 콘크리트로 배합 설계되어야 한다.

용어 5 조강 콘크리트 : 코어 벽체 층당 공정 3~4일을 달성하기 위해 코어 벽체에 콘크리트를 타설한 후 다음 날 오전에 거푸집을 탈영해야 한다. 코어 벽체 콘크리트는 타설 15시간에 압축 강도가 10MPa을 발현하기 위해 조강 콘크리트로 배합 설계되어야 한다.

용어 6 내화 콘크리트: 국토해양부 고시에서 규정한 40MPa 이상 고강도 콘크리트 적용 시 기둥과 보에 3시간 내화 인증을 획득하는 콘크리트를 말한다. 기둥과 보의 콘크리트 속에는 잉여수가 있는데, 화재 시 높은 온도에 의하여 잉여수가 액체에서 기체로 변한다. 기체인 수증기의 압력이 점점 커지면 콘크리트 조각이 떨어지고 수증기가 밖으로 나오는데, 이를 폭열현상이라고 말한다. 폭열현상이 발생하면 콘크리트 조각이 떨어지고 철근이 노출되어 외기의 높은 온도에 의해 철근이 녹아서 건물이 붕괴할 수 있다. 상기 폭열현상을 방지하는 3시간 내화 인증을 구현하기 위해 콘크리트 배합 시, PP 섬유를 혼입하여 화재 시 높은 온도에 의하여 섬유가 먼저 녹아서 섬유가 있던 위치에 통로가 형성되어 콘크리트 속의 높은 압력의 수증기를 외부로 방출하여 폭열을 방지하고 철근을 보호하여 건물이 붕괴하는 것을 막는 것이다.

용어 7 고강도 철골: 고강도 철골은 SM570TMCP, HSA800 등의 강재를 사용한다. 철골 기술이란, 외주부 코어 벽체와 외주부 바닥 철골보를 연결하거나, 기둥과 기둥 간을 연결하거나, 코어 벽체와 메가 기둥을 아웃리거와 벨트트러스로 연결하는 기술을 말한다. 철골 부재의 연결작업은 볼트와 용접 등을 사용한다.

용어 8 횡력 저항 시스템: 횡력 저항 시스템은 아웃리거와 벨트트러스로 횡하중에 저항하는 시스템이다. 아웃리거는 코어와 외곽 기둥을 연결하여 횡하중을 받는 코어의 하중을 아웃리거를 통하여 외곽 기둥에 전달하고, 벨트트러스는 외곽 기둥을 허리벨트처럼 묶어주어 횡하중에 의한 횡변위를 제어한다.

용어 9 기둥 축소량(Column Shortening): 기둥 축소량은 기둥과 벽체 등의 수직 구조 부재가 하중이 작용 중에 시간 경과와 재료 특성에 의해 길이가 점진적으로 줄어드는 현상을 말한다. 철골 부재는 탄성 변형에 의한 즉시 처짐이 발생 후 원래대로 복구되나, 콘크리트 부재는 비탄성 변형에 의해 길이가 점진적으로 줄어든 후 원래대로 복구되지 않는다.

용어 10 GNSS(Global Navigation Satellite System) 측량: 초고층 건물은 바람 등의 영향으로 연속적인 움직임이 발생하여 건물의 움직임을 측정하고 보정할 수 있는 초정밀 측정 기술이 필요한데, 이를 GNSS 측량 기술이라고 말한다. GNSS 측량은 GNSS 상시 관측소(지상 GNSS 수신기), GNSS 안테나, GNSS 수신기, 모니터링 센서, 토털스테이션 측량기, 연직도 측량기 등으로 구성되어 있다. 코어 벽체 최상층의 ACS 시스템 기둥에 GNSS 안테나, GNSS 수신기를 설치하여 최소 4개 이상의 위성 신호를 일정 시간 수신하고 SD메모리카드에 저장하여 GNSS 데이터 처리 프로그램의 해석과 분석 과정을 통하여 GNSS 측량 좌표 데이터를 획득한다. 동시에 지상 상시관측소에서 일정 시간 수신하여 위성 신호에 대한 오차 보정을 통한 건물 최상층의 위치 좌표를 결정한다.

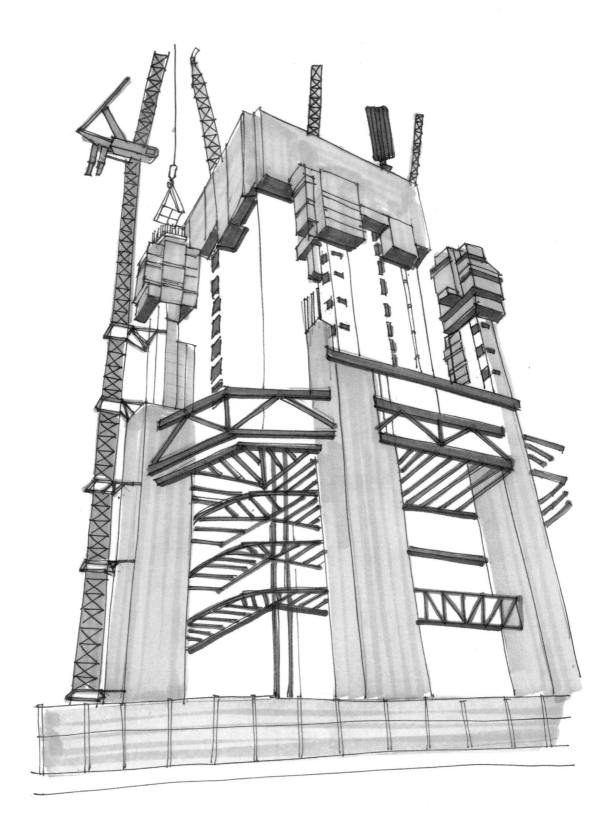

PART 2

초고층 시공 기술

CHAPTER 1
수평 배관 압송 시험 기술

1 기술 개요

- 수평 배관 압송 시험 기술이란, 공사 초기에 600m 이상 초고층 건물 시공에 사용할 고강도 콘크리트의 배합 설계를 해야 하는데, 초고층 건물이 없는 공사 초기이므로 수직 배관 압송 시험 대신에 길이 600m 이상 수평 배관을 지상에 설치하여 콘크리트 압송 시험하는 것을 말한다. 수평 배관 압송 시험을 통하여 압송 전에 콘크리트 시험을 하고, 600m 배관 압송 후에 콘크리트 시험을 하여 시험 결과 데이터를 반영하여 고강도 및 고유동 콘크리트 배합 설계를 완성한다.

2 시험 계획 및 시험 시 유의 사항

- 수평 배관 사례를 보면 길이는 250m, 450m, 600m로 설치한다.
- 수평 배관의 직경은 125mm(5인치)이고 받침대를 사용하여 견고하게 지반에 고정한다.
- 수평 배관의 연결 조인트에서 콘크리트 누수가 되지 않도록 연결을 견고히 한다.
- 초고압 펌프를 수평 배관에 연결하고 트럭 믹서에서 콘크리트를 배출하여 초고압 펌프로 압송한다.
- 콘크리트는 초고압 펌프로 600m를 압송하면 유동성이 저하되어 타설이 어려울 정도의 된비빔 상태가 될 수 있으므로 시험 값을 측정하여 배합 설계에 반영하여야 한다.
- 콘크리트 시험은 펌핑 전과 펌핑 후에 시험한다. 콘크리트 시험은 공기량 시험, 슬럼프 플로

우 시험, L-플로우 시험, V-로트 시험, U-박스 시험, 온도, 압축 강도 시험 등을 수행하여 시험 결과 데이터를 얻는다.

■ 슬럼프 플로우 시험이란, 고유동 콘크리트 시공연도(Workability), 즉 유동성을 확인하는 시험이다. 콘크리트 콘에 콘크리트를 넣고 콘크리트 판 위로 콘크리트 콘을 들었을 때 콘크리트가 퍼져 직경 500mm에 도달할 때까지의 시간을 측정한다. 콘크리트 지름 500mm 도달 시간이 5±2초이면 합격이다. 슬럼프 값과 슬럼프 플로우 값의 관계는 슬럼프 값 200mm가 슬럼프 플로우 값 400mm에 해당한다. 슬럼프 플로우 시험 사례로는 고유동 콘크리트 지름 610mm 도달 시간이 6초이다.

■ L-플로우 시험이란, 고유동 콘크리트의 유동성을 확인하는 시험이다. 수직실(8리터)에 콘크리트를 가득 채우고 칸막이 문을 위로 열어 콘크리트가 수평으로 흘러가는 도달 거리와 도달 시간을 측정한다. 수평 거리 25cm, 50cm, 75cm 통과 시간, 최종 도달 거리, 최종 도달 시간을 측정한다. 도달 거리 60±5cm이면 유동성이 우수하다. L-플로우 시험 사례로는 최종 도달 거리 72cm, 최종 도달 시간 14분 97초이다.

■ V-로트 시험이란, 고유동 콘크리트의 간극 통과성을 확인하는 시험이다. V-로트 시험 장비(10리터)에 콘크리트를 가득 채우고 시험 장비 하부 문을 열어서 콘크리트가 흘러나오는 시간을 측정하는 것이다. V-로트 시험 사례로는 12분 50초이다.

■ U-박스 시험이란, 고유동 콘크리트의 간극 통과성을 확인하는 시험이다. U-박스 A 실에 콘크리트를 채운 후 경계문을 열어서 콘크리트가 A 실에서 B 실로 이동이 정지할 때 콘크리트 높이 차이를 측정하여 콘크리트 유동성을 시험하는 것이다. U-박스 시험 사례로는 높이 차이 1.5cm이다.

■ 콘크리트 시험을 한 후에는 초고압 펌프를 연결한 600m 배관을 통해서 콘크리트를 타설하여 메가 기둥과 코어 벽체 목업 시험을 수행한다.

■ 그림 1-1,2 설명: 초고층 600m 수평 배관 압송 시험을 한 사례로서 수평 배관 직경 125mm, 길이 600m를 받침대로 지반에 견고히 고정한다. 초고압 펌프로 콘크리트를 펌핑하기 전에 콘크리트 시험을 하고 펌핑한 후에 콘크리트 시험을 하여, 각각 시험 값을 비교하여 고강도 콘크리트 배합 설계에 피드백한다. 메가 기둥과 코어 벽체 목업 시험에 고강도 콘크리트를 타설하여 수화열과 압축 강도를 시험한다.

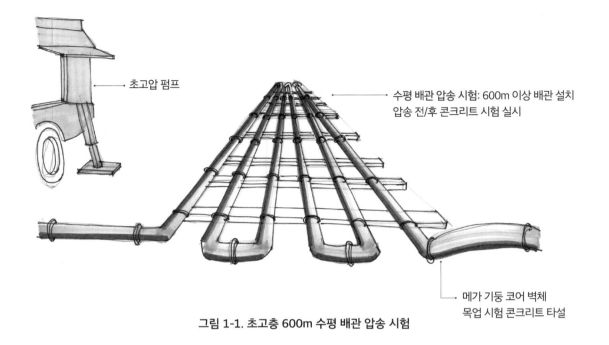

초고압 펌프

수평 배관 압송 시험: 600m 이상 배관 설치
압송 전/후 콘크리트 시험 실시

메가 기둥 코어 벽체
목업 시험 콘크리트 타설

그림 1-1. 초고층 600m 수평 배관 압송 시험

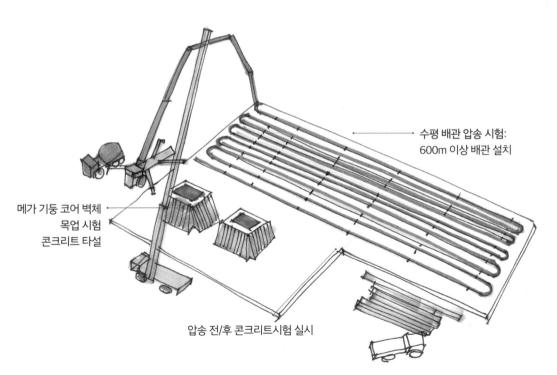

수평 배관 압송 시험:
600m 이상 배관 설치

메가 기둥 코어 벽체
목업 시험
콘크리트 타설

압송 전/후 콘크리트시험 실시

그림 1-2. 초고층 600m 수평 배관 압송 시험

■ 그림 1-3 설명: 고강도 콘크리트 펌프카 타설 전에 콘크리트 품질시험을 시행하는데, 시험 항목은 공기량 시험, 슬럼프 플로우 시험, L-플로우 시험, V-로트 시험, U-박스 시험 등이다.

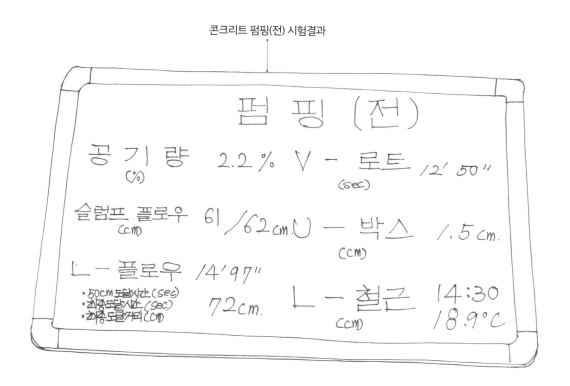

그림 1-3. 콘크리트 펌핑 전 시험 결과

■ 그림 1-4 설명: 슬럼프 플로우 시험으로서 고유동 콘크리트 시공연도(Workability), 즉 유동성을 확인하는 시험이다. 콘크리트 콘에 콘크리트를 넣고 콘크리트 판 위로 콘크리트 콘을 들었을 때 콘크리트가 퍼져 직경 500mm에 도달할 때까지의 시간을 측정한다. 콘크리트 지름 500mm 도달 시간이 5±2초이면 합격이다. 슬럼프 값과 슬럼프 플로우 값의 관계는 슬럼프 값 200mm가 슬럼프 플로우 값 400mm에 해당한다. 슬럼프 플로우 시험 사례로는 고유동 콘크리트 지름 610mm, 도달 시간이 6초이다.

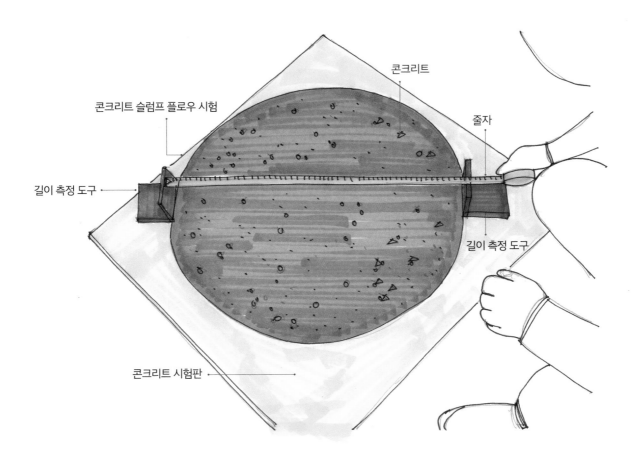

그림 1-4. 콘크리트 슬럼프 플로우 시험

■ 그림 1-5 설명: L-플로우 시험으로서 고유동 콘크리트의 유동성을 확인하는 시험이다. 수직 실(8리터)에 콘크리트를 가득 채우고 칸막이 문을 위로 열어 콘크리트가 수평으로 흘러가는 도달 거리와 도달 시간을 측정한다. 수평 거리 25cm, 50cm, 75cm 통과 시간, 최종 도달 거리, 최종 도달 시간을 측정한다. 도달 거리 60±5cm이면 유동성이 우수하다. L-플로우 시험 사례로는 최종 도달 거리 72cm, 최종 도달 시간 14분 97초이다.

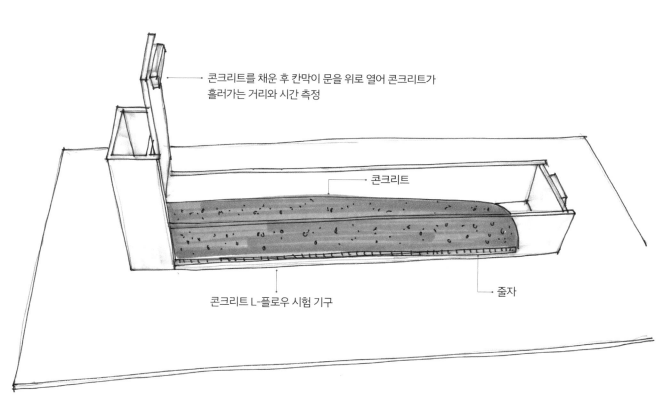

콘크리트를 채운 후 칸막이 문을 위로 열어 콘크리트가 흘러가는 거리와 시간 측정

콘크리트

콘크리트 L-플로우 시험 기구

줄자

그림 1-5. 콘크리트 L-플로우 시험

■ 그림 1-6 설명: V-로트 시험으로서 고유동 콘크리트의 간극 통과성을 확인하는 시험이다. V-로트 시험 장비(10리터)에 콘크리트를 가득 채우고 시험 장비 하부 문을 열어서 콘크리트가 흘러나오는 시간을 측정하는 것이다. V-로트 시험 사례로는 12분 50초이다.

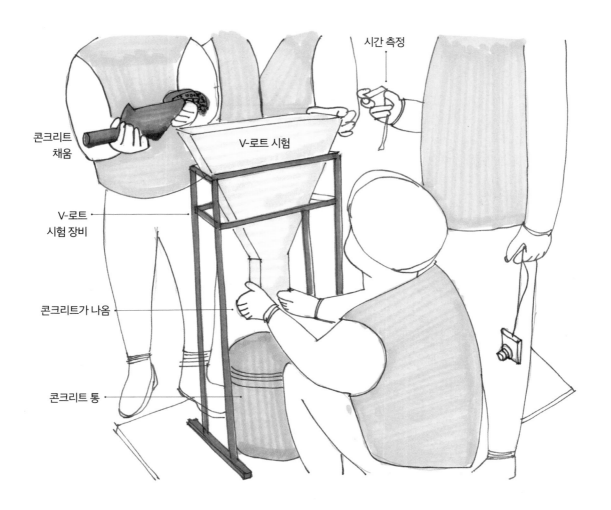

그림 1-6. 콘크리트 V-로트 시험

■ 그림 1-7 설명: U-박스 시험으로서 고유동 콘크리트의 간극 통과성을 확인하는 시험이다. U-박스 A 실에 콘크리트를 채운 후 경계문을 열어서 콘크리트가 A 실에서 B 실로 이동한 후 정지할 때 콘크리트 높이 차이를 측정하여 콘크리트 유동성을 시험하는 것이다. U-박스 시험 사례로는 높이 차이 1.5cm이다.

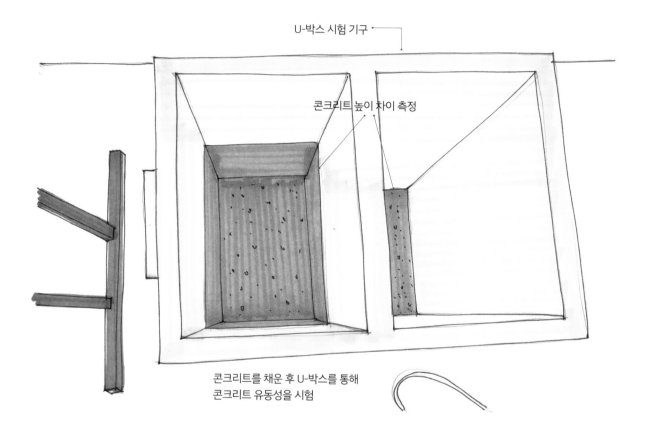

U-박스 시험 기구

콘크리트 높이 차이 측정

콘크리트를 채운 후 U-박스를 통해
콘크리트 유동성을 시험

그림 1-7. 콘크리트 U-박스 시험

3 안전 관리

- 수평 배관 하역 및 설치 시 위험 요인으로 하역 시 배관 추락, 근로자 충돌, 협착 등이 있다. 안전 대책으로 신호수 배치, 하역장 주변 통제, 고임목 설치, 배관 전도 방지 조치 등을 한다.
- 수평 배관 압송 시험 시 위험 요인으로는 펌프카와 믹서 트럭 등 장비 충돌, 협착, 전도 등이 있다. 안전 대책으로는 작업 반경 내 출입 금지, 신호수 배치, 장비 사전 점검, 작업장 이동 통로를 확보해야 한다.
- 목업 시험 철제 거푸집 설치 시 위험 요인으로는 철제 거푸집 지지용 철근에 의한 작업자 상해, 스틸폼 설치 및 해체 시 전도와 협착, 사다리 말비계 작업 시 추락 및 전도 등이 있다. 안전 대책으로는 철제 거푸집 지지용 철근에 안전캡 설치, 스틸폼 작업구간 작업자 외 출입 통제, 사다리 말비계 작업 시 2인 1조 작업 수행, 규정된 사다리 및 말비계를 사용한다.

■ 수평 배관 압송 시험 기술 용어 해설

용어1 수평 배관 압송 시험: 초고층 건물 시공에 사용할 고강도 및 고유동 콘크리트 압송 시험을 해야 하는데, 공사 초기에 초고층 건물의 수직 배관이 없으므로 대신에 수평 배관 600m를 지상에 설치하여 콘크리트 압송 시험하는 것을 말한다. 수평 배관 압송 시험을 통하여 압송 전 콘크리트 시험을 하고, 600m 배관 압송 후에 콘크리트 시험을 하여 시험 값을 비교 후 피드백하여 고강도 및 고유동 콘크리트 배합 설계를 완성한다.

용어2 고강도 콘크리트: 압축 강도 40MPa 이상의 콘크리트를 말한다. 초고층 공사에서는 수직 부재인 코어 벽체와 메가 기둥에 사용할 콘크리트의 압축 강도를 80MPa로 배합 설계하기도 한다.

용어3 고유동 콘크리트: 초고압 펌프, 배관 및 CPB를 사용하여 500m 이상 콘크리트를 압송하여 타설하기 위해서는 고유동 콘크리트로 배합 설계되어야 한다.

용어4 초고압 펌프와 CPB: 초고층 건물의 골조 공사에 콘크리트를 500m에서 600m까지 수직으로 압송하고 타설하는 장비를 말한다. CPB는 Concrete Placing Boom의 약자로서 ACS 시스템의 외부 발판에 부착하여 ACS 시스템과 함께 인상할 수 있다.

용어5 슬럼프 플로우 시험: 고유동 콘크리트 시공연도(Workability), 즉 유동성을 확인하는 시험이다. 콘크리트 콘에 콘크리트를 넣고 콘크리트 판 위로 콘크리트 콘을 들었을 때 콘크리트가 퍼져 직경 500mm에 도달할 때까지의 시간을 측정한다. 콘크리트 지름 500mm 도달 시간이 5±2초이면 합격이다. 슬럼프 값과 슬럼프 플로우 값의 관계는 슬럼프 값 200mm가 슬럼프 플로우 값 400mm에 해당한다. 슬럼프 플로우 시험 사례로는 고유동 콘크리트 지름 610mm, 도달 시간이 6초이다.

용어6 L-플로우 시험: 고유동 콘크리트의 유동성을 확인하는 시험이다. 수직실(8리터)에 콘크리트를 가득 채우고 칸막이 문을 위로 열어 콘크리트가 수평으로 흘러가는 도달 거리와 도달 시간을 측정한다. 수평 거리 25cm, 50cm, 75cm 통과 시간, 최종 도달 거리, 최종 도달 시간을 측정한다. 도달 거리 60±5cm이면 유동성이 우수하다. L-플로우 시험 사례로는 최종 도달 거리 72cm, 최종 도달 시간 14분 97초이다.

용어7 V-로트 시험: 고유동 콘크리트의 간극 통과성을 확인하는 시험이다. V-로트 시험 장비(10리터)에 콘크리트를 가득 채우고 시험 장비 하부 문을 열어서 콘크리트가 흘러나오는 시간을 측정하는 것이다. V-로트 시험 사례로는 12분 50초이다.

용어8 U-박스 시험: 고유동 콘크리트의 간극 통과성을 확인하는 시험이다. U-박스 A 실에 콘크리트를 채운 후 경계문을 열어서 콘크리트가 A 실에서 B 실로 이동한 후 콘크리트 높이 차이를 측정하여 콘크리트 유동성을 시험하는 것이다. U-박스 시험 사례로는 높이 차이 1.5cm이다.

용어9 고강도 콘크리트 목업 시험 : 초고층 메가 기둥과 코어 벽체의 단위부재를 철근과 거푸집을 시공하여 펌프카로 콘크리트 타설 전에 콘크리트 시험을 수행하고 타설 후 콘크리트 시험 수화열과 압축 강도 시험을 수행하여 시험 값을 고강도 콘크리트 배합 설계에 피드백하기 위해 수행한다.

CHAPTER 2
지반 보강 파일 기술

1 기술 개요

■ 지반 보강 파일 기술이란, 초고층 건물 매트 기초 하부 지반의 파쇄대 및 전리 등에 의한 초고층 구조물의 침하를 방지하기 위해 지반 보강 목적의 철근 콘크리트 현장 타설 철근 콘크리트 파일을 시공하는 것을 말한다.

2 시공 계획 및 시공 시 유의 사항

■ 지반 보강 파일 사례를 보면, 매트 기초 하부의 지반을 보강하기 위해 콘크리트 강도는 60MPa이고, 직경이 1,000mm이고, 심도 길이가 약 30m인 현장 타설 철근 콘크리트 파일 100여 공을 시공한다.

■ 지반 보강 파일 공사를 위한 장비는 파일 천공기, 서비스 크레인, 굴삭기, 트레미관 등이 있으며, 원형 철근 선조립장을 확보하여 원형 철근을 제작해야 한다.

■ 천공기는 리더, 상부 오거, 하부 오거로 구성되는데, 상부 오거에는 스크루 비트, T4 비트, 토네이도 비트, 트리콘 비트를 장착하고, 하부 오거는 케이싱을 장착한다.

■ 천공기에는 토사 비산 방지용 가림막과 분진망을 설치하여 토사 비산과 분진 발생을 억제한다.

- 천공 중에 천공기 운전석 내부 모니터를 통하여 리더 전후좌우 각도에 의한 수직도를 측정한다. 또한 외부에서 트랜싯과 다림추를 이용한 수직도를 측정한다. 수직도의 관리 기준은 1/200이다.

- 천공 중에 공기압으로 굴착된 토사를 배출하고, 천공 완료 후 서징(Air Surging) 작업을 수행하여 굴착 바닥에 있는 슬라임을 제거한다.

- 심도 줄자(추)를 이용하여 굴착 하단에서 케이싱 상단까지 높이를 측정하고 지표면에 나온 케이싱 높이를 뺀 천공 깊이를 측정한다.

- 서비스 크레인으로 철근망 인양 시 철근망이 변형되지 않도록 천천히 인양한다. 사전에 철근 변형을 방지하기 위한 보조 철근들을 조립한다.

- 철근망은 중심에 위치하도록 근입 한다. 중심에 위치하는 방법으로는 철근망 하부에서 철근 링을 용접하거나 철근 토막을 용접하는 방법이 있다. 철근망 선조립 제작 시 이를 반영하여 제작한다. 철근망 상부에서 철근 스페이스 프레임을 삽입하여 철근망을 중심에 위치하도록 하고, 콘크리트 타설 후 철근 스페이스 프레임을 꺼낸다.

- 철근망을 근입 한 후 케이싱 위에 철근망 거치대를 설치하여 철근망을 케이싱 위에 거치한다.

- 철근을 근입 한 후 콘크리트 재료 분리 방지를 위해 트레미관을 집어넣고 콘크리트를 타설한다. 트레미관은 콘크리트 속에 약 1m 묻혀서 콘크리트를 타설하여 재료 분리를 방지한다.

- 트레미관 속에 콘크리트가 채워지면서 트레미관 속에 있는 지하수가 배출된다.

- 콘크리트 타설을 완료한 후 콘크리트가 경화하기 전에 천공기로 케이싱을 뽑아낸다.

- 콘크리트 타설 완료 후 콘크리트를 양생하여 콘크리트 강도가 발휘될 수 있도록 한다.

- 콘크리트가 충분히 양생된 후에 지반 보강 파일의 두부 정리를 한다. 두부 정리는 굴삭기의 브레이커로 지반 보강 파일의 상부 콘크리트를 파쇄하면서 시작한다. 굴삭기의 브레이커 소음으로 민원 발생이 예상되면 콘크리트 소우컷 장비와 병행하여 두부 정리 작업을 한다.

- 지반 보강 파일은 지반 보강 역할을 하므로 상부 콘크리트 파쇄를 완료한 후 지반 보강 파일의 수직 철근은 제거하여 매트 기초의 철근과 결합하지 않는다.

- 지반 보강 파일의 두부 정리를 완료한 후 그 위에 높이 200mm 합성수지 원통관을 설치하고 두께 200mm로 모래를 포설하여 샌드쿠션 작업을 한다. 샌드쿠션 작업을 완료한 후 버림 콘크리트를 200mm 타설하여 바닥 레벨을 맞추어 평평하게 한다. 이상이 초고층 하부 지반에 지반 보강 파일을 설치하여 지반 보강을 수행한 사례이다. 그 위에 매트 기초를 설치한다.

■ 그림 2-1 설명: 초고층 매트 기초 하부 지반 보강 파일을 시공하기 위해 파일 천공기, 서비스 크레인, 굴삭기, 트레미관을 설치하고 지반 보강 파일 위치 근처에 철근 조립장을 설치하여 원형 철근망을 사전에 제작한다.

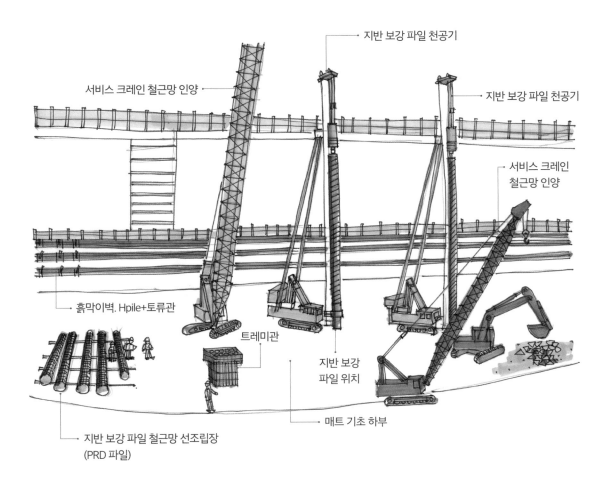

지반 보강 파일 천공기

서비스 크레인 철근망 인양

지반 보강 파일 천공기

서비스 크레인 철근망 인양

흙막이벽. Hpile+토류관

트레미관

지반 보강 파일 위치

지반 보강 파일 철근망 선조립장 (PRD 파일)

매트 기초 하부

그림 2-1. 초고층 매트 기초 지반 보강 파일 천공

■ 그림 2-2 설명: 파일 천공기는 리더, 상부 오거, 하부 오거로 구성되는데, 상부 오거에는 스크루 비트, T4 비트, 토네이도 비트, 트리콘 비트를 장착하고, 하부 오거에는 케이싱을 장착한다. 케이싱을 토사 구간에 근입하여 토사 구간의 붕괴를 방지하고, 비트로 토사와 암반을 천공한다. 천공기에는 토사 비산 방지용 가림막과 분진망을 설치하여 토사 비산과 분진 발생을 억제한다. 천공 완료 후 서징(Air Surging) 작업을 수행하여 굴착 바닥에 있는 슬라임을 제거한다. 서징작업을 완료 후 심도 줄자(추)를 이용하여 굴착 하단에서 케이싱 상단까지 높이를 측정하고, 지표면에 나온 케이싱 높이를 뺀 천공 깊이를 측정한다.

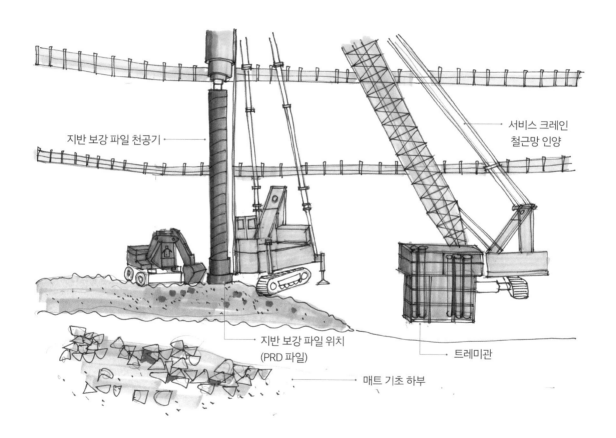

그림 2-2. 초고층 매트 기초 지반 보강 파일 천공

■ 그림 2-3 설명: 지반 보강 파일의 원형 철근망 철근 조립장은 지반 보강 파일 근처에 설치한다. 원형 철근망 제작을 정확하고 용이하게 하기 위해 조립시설의 템플릿을 사용한다. 철근망을 제작한 후에는 서비스 크레인으로 인양하여 이동한 후 천공 구멍 속으로 근입 한다.

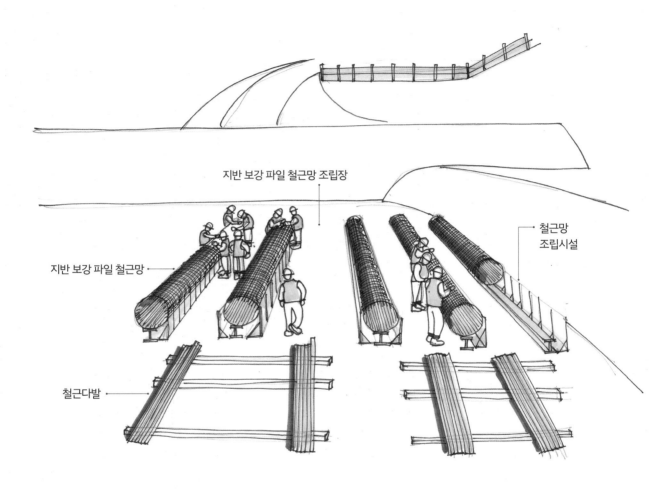

지반 보강 파일 철근망 조립장

철근망
조립시설

지반 보강 파일 철근망

철근다발

그림 2-3. 지반 보강 파일 철근망 선조립 제작

■ 그림 2-4,5 설명: 지반 보강 파일 원형 철근망 제작이 완료된 후 서비스 크레인에 인양 템플릿을 장착하고 원형 철근망의 인양 고리에 체결하여 인양한다. 원형 철근망은 길이가 길어서 인양 시 쉽게 휘어져 철근 변형이 발생할 수 있다. 철근 변형을 방지하기 위해 인양 지점과 휘어지는 부위에 보강용 철근을 설치한다.

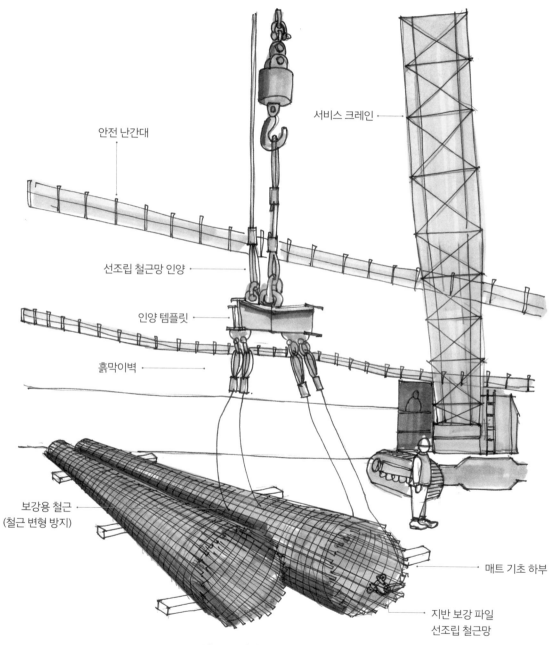

안전 난간대

서비스 크레인

선조립 철근망 인양

인양 템플릿

흙막이벽

보강용 철근
(철근 변형 방지)

매트 기초 하부

지반 보강 파일
선조립 철근망

그림 2-4. 지반 보강 파일 철근망 인양

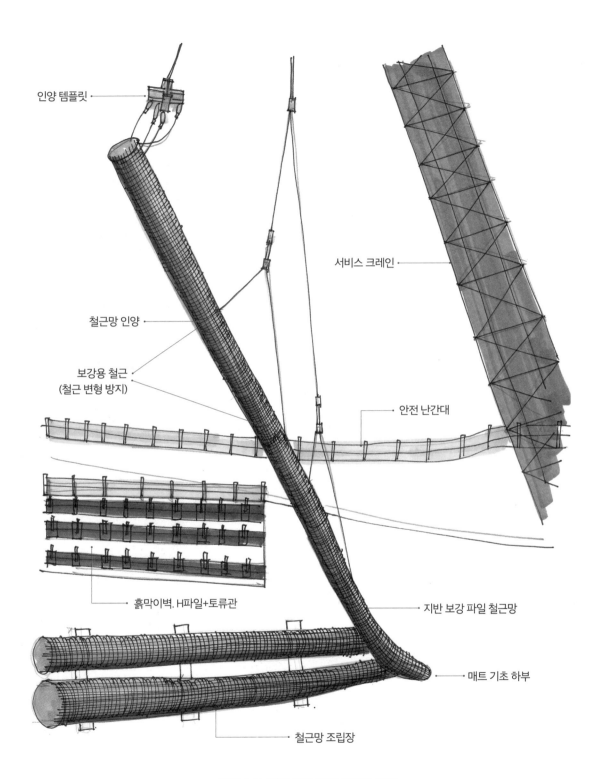

인양 템플릿

철근망 인양

보강용 철근
(철근 변형 방지)

서비스 크레인

안전 난간대

흙막이벽. H파일+토류관

지반 보강 파일 철근망

매트 기초 하부

철근망 조립장

그림 2-5. 지반 보강 파일 철근망 인양

■ 그림 2-6,7,8 설명: 원형 철근망을 서비스 크레인으로 인양한 후 파일 위치로 이동하고 케이싱 속으로 근입 한다. 철근망은 중심에 위치하도록 근입 한다. 중심에 위치하는 방법으로는 철근망 하부에서 철근링을 용접하거나 철근 토막을 용접하는 방법이 있다. 철근망 선조립 제작 시 이를 반영하여 제작한다. 철근망 상부에서 철근 스페이스 프레임을 삽입하여 철근망을 중심에 위치하도록 하고, 콘크리트 타설 후 철근 스페이스 프레임을 꺼낸다. 철근망을 근입 한 후 케이싱 위에 철근망 거치대를 설치하여 철근망을 케이싱 위에 거치한다.

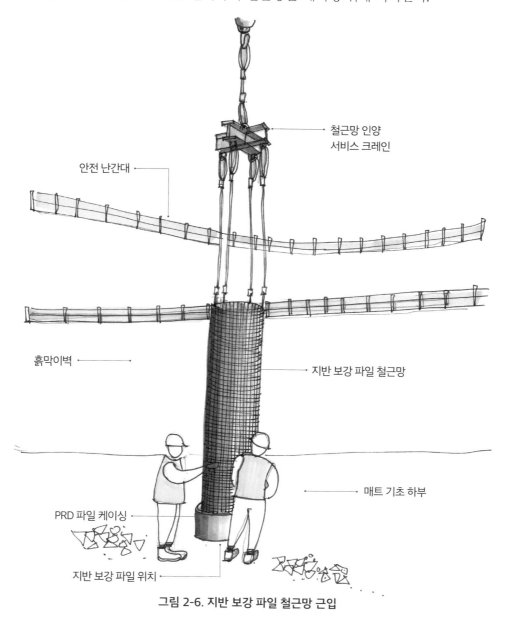

그림 2-6. 지반 보강 파일 철근망 근입

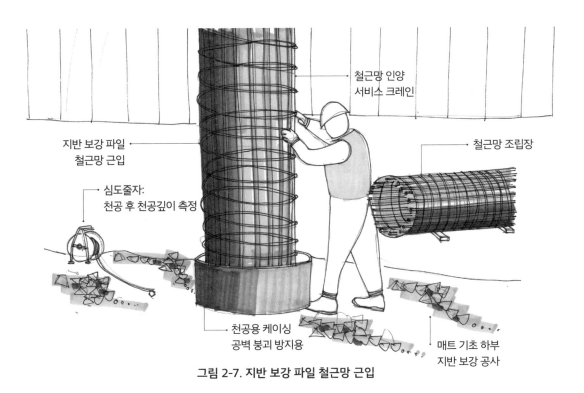

철근망 인양
서비스 크레인

지반 보강 파일
철근망 근입

철근망 조립장

심도줄자:
천공 후 천공깊이 측정

천공용 케이싱
공벽 붕괴 방지용

매트 기초 하부
지반 보강 공사

그림 2-7. 지반 보강 파일 철근망 근입

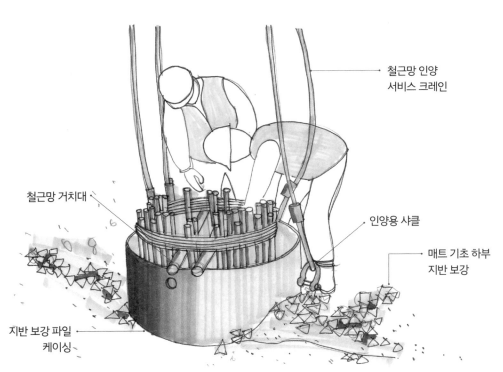

철근망 인양
서비스 크레인

철근망 거치대

인양용 샤클

매트 기초 하부
지반 보강

지반 보강 파일
케이싱

그림 2-8. 지반 보강 파일 철근망 근입

■ 그림 2-9 설명: 철근을 천공 구멍 속에 근입 한 후 콘크리트 재료 분리 방지를 위해 트레미 관을 집어 넣고 콘크리트를 타설한다. 트레미관은 콘크리트 속에 약 1m 묻혀서 콘크리트를 타설하여 재료 분리를 방지한다. 트레미관 속에 콘크리트가 채워지면서 트레미관 속에 있는 지하수가 배출된다. 콘크리트 타설 완료 후 콘크리트를 양생하여 충분한 강도가 발휘될 수 있도록 한다.

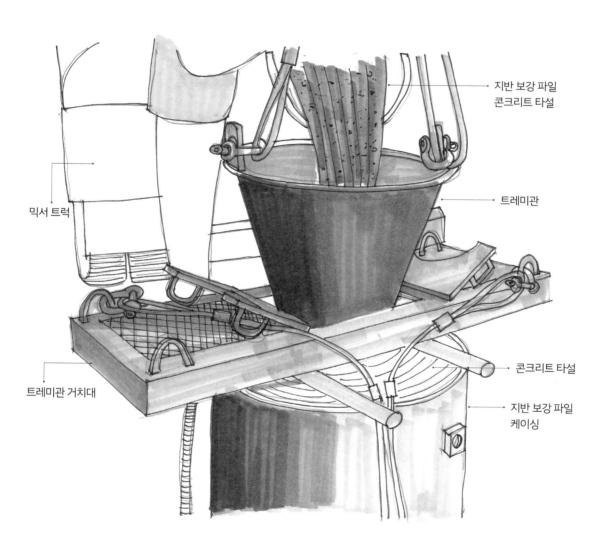

그림 2-9. 지반 보강 파일 콘크리트 타설

■ 그림 2-10,11 설명: 콘크리트가 충분히 양생된 후에 지반 보강 파일의 두부 정리를 한다. 두부 정리는 굴삭기의 브레이커로 지반 보강 파일의 상부 콘크리트를 파쇄하면서 시작한다. 굴삭기의 브레이커 소음으로 민원 발생이 예상되면 콘크리트 소우컷 장비로 지반 보강 파일의 두부 정리 작업을 한다.

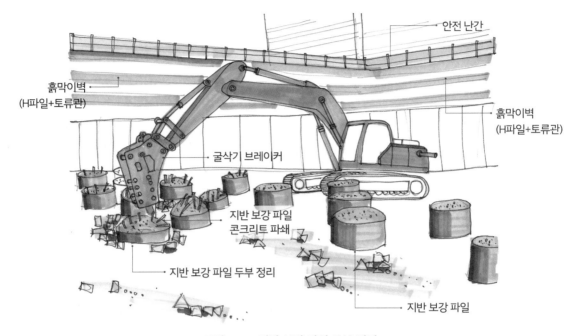

그림 2-10. 지반 보강 파일 두부 정리

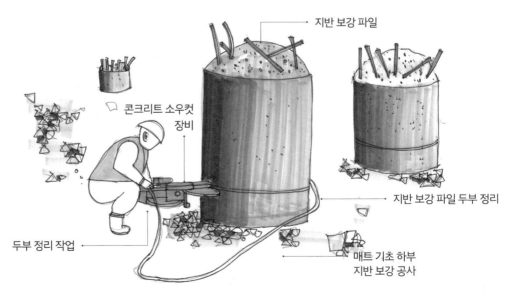

그림 2-11. 지반 보강 파일 두부 정리

■ 그림 2-12 설명: 지반 보강 파일은 지반 보강 역할을 하므로 상부 콘크리트 파쇄를 완료한 후 지반 보강 파일의 수직 철근을 제거하여 매트 기초의 철근과 결합하지 않도록 한다. 지반 보강 파일의 두부 정리를 완료한 후 그 위에 높이 200mm 합성수지 원통관을 설치하고, 두께 200mm로 모래를 포설하여 샌드쿠션 작업을 한다. 버림 콘크리트를 200mm 타설하여 바닥 레벨을 맞추어 평평하게 한다. 이상이 초고층 하부 지반에 지반 보강 파일을 설치하여 지반 보강을 수행한 사례이다. 그 위에 매트 기초를 설치한다.

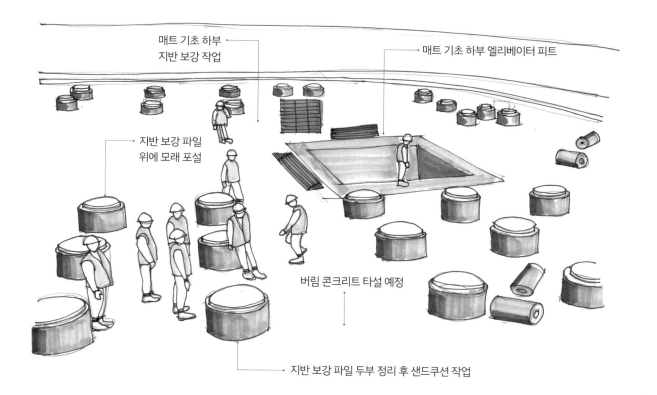

그림 2-12. 지반 보강 파일 두부 정리 후 모래 포설 작업

3 품질 관리

1) 콘크리트 받아들이기 시험

■ 굳지 아니한 콘크리트의 받아들이기 시험 기준은 다음과 같다.

– 슬럼프 시험, 공기량 시험, 염화물 시험, 온도 시험의 빈도는 배합이 다를 때마다 시험하고, 콘크리트 1일 타설량이 150m³ 미만인 경우 1일 타설량마다 시험하고, 콘크리트 1일 타설량이 150m³ 이상인 경우 150m³마다 시험한다.

– 슬럼프 시험 판정 기준은 30mm 이상, 80mm 미만인 경우 허용오차 ±15mm이고, 80mm 이상, 180mm 이하인 경우 허용오차 ±25mm이다.

– 공기량 시험 판정 기준은 보통 콘크리트 기준 4.5% 이하, 고강도 콘크리트(40MPa 이상) 기준 3.5% 이하이고, 허용오차 ±1.5퍼센트이다.

– 염화물 시험 판정 기준은 원칙적으로 0.3kg/m³ 이하이다.

– 온도 시험은 정해진 조건에 적합해야 한다.

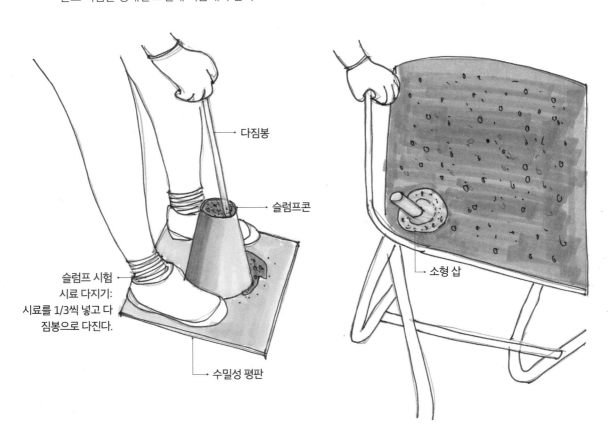

그림 2-13. 콘크리트 받아들이기 시험 - 슬럼프 시험

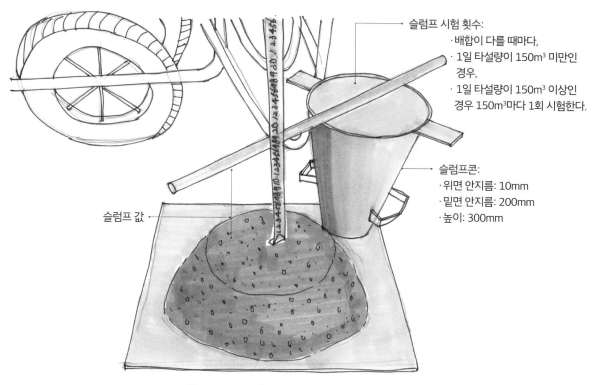

슬럼프 시험 횟수:
· 배합이 다를 때마다,
· 1일 타설량이 150m³ 미만인
   경우,
· 1일 타설량이 150m³ 이상인
   경우 150m³마다 1회 시험한다.

슬럼프콘:
· 위면 안지름: 10mm
· 밑면 안지름: 200mm
· 높이: 300mm

슬럼프 값

그림 2-14. 콘크리트 받아들이기 시험 - 슬럼프 시험

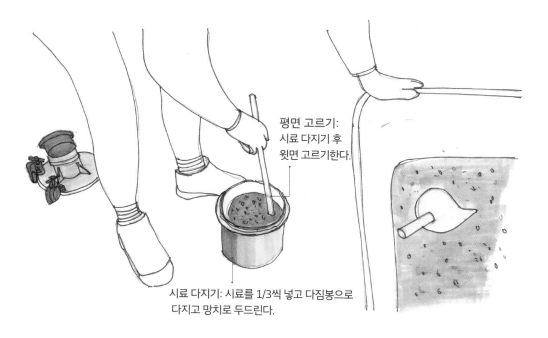

평면 고르기:
시료 다지기 후
윗면 고르기한다.

시료 다지기: 시료를 1/3씩 넣고 다짐봉으로
다지고 망치로 두드린다.

그림 2-15. 콘크리트 받아들이기 시험 - 공기량 시험

공기량 시험 횟수:
· 배합이 다를 때마다,
· 1일 타설량이 150m³ 미만인 경우,
· 1일 타설량이 150m³ 이상인 경우 150m³마다
  1회 시험한다.

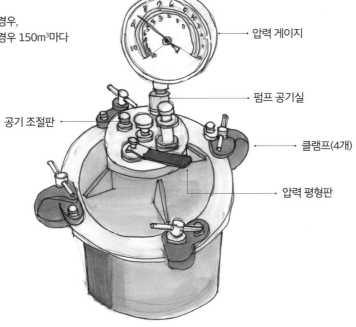

압력 게이지

펌프 공기실

공기 조절판

클램프(4개)

압력 평형판

그림 2-16. 콘크리트 받아들이기 시험 - 공기량 시험

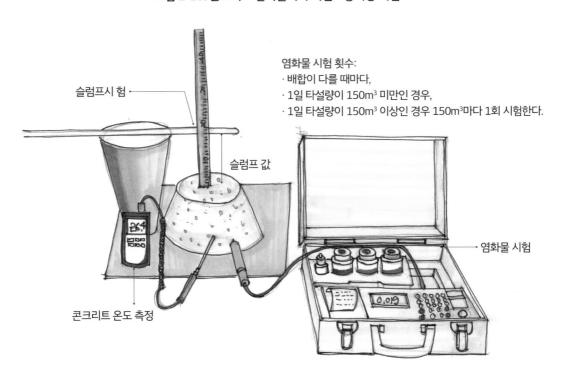

염화물 시험 횟수:
· 배합이 다를 때마다,
· 1일 타설량이 150m³ 미만인 경우,
· 1일 타설량이 150m³ 이상인 경우 150m³마다 1회 시험한다.

슬럼프시험

슬럼프 값

염화물 시험

콘크리트 온도 측정

그림 2-17. 콘크리트 받아들이기 시험 - 염화물 시험

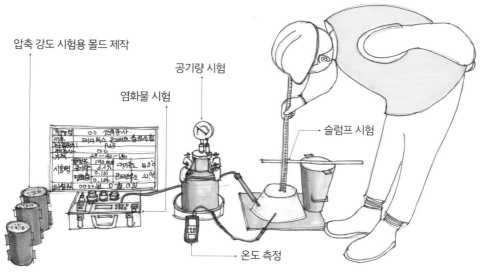

그림 2-18. 콘크리트 받아들이기 시험 전체

2) 콘크리트 압축 강도 시험

■ 굳은 콘크리트(콘크리트 포함)의 압축 강도 시험 기준은 다음과 같다.

- 압축 강도(재령 28일) 시험 시기와 횟수는 배합이 다를 때마다, 1일 타설량마다, 150m³마다 1회 시험한다. 단, 압축 강도 시험용 몰드는 타설량 450m³ 이하인 경우 3조 9개를 만들고, 타설량 450m³ 초과인 경우 450m³의 3조 9개를 만들고, 150m³마다 1조 3개를 만들고, 잔여 타설량이 150m³ 미만은 1조 3개를 만든다.

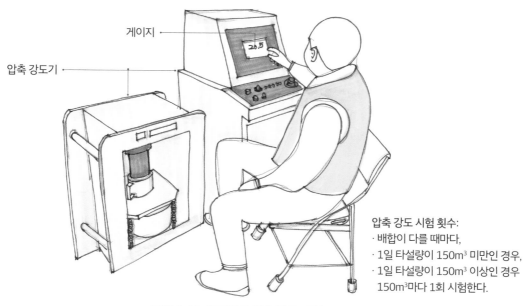

압축 강도 시험 횟수:
· 배합이 다를 때마다,
· 1일 타설량이 150m³ 미만인 경우,
· 1일 타설량이 150m³ 이상인 경우 150m³마다 1회 시험한다.

그림 2-19. 콘크리트 압축 강도 시험

- 압축 강도 판정 기준은 설계 강도가 35MPa 이하인 경우 연속 3회 시험 값의 평균이 설계 기준 압축 강도 이상이고, 1회 시험 값이 설계 기준 압축 강도-3.5MPa 이상인 경우 합격이다. 단, 1회 시험 값은 공시체 3개의 압축 강도 시험 값의 평균 값을 의미한다.
- 압축 강도 판정 기준은 설계 강도 35MPa을 초과하는 경우 연속 3회 시험 값의 평균이 설계 기준 압축 강도 이상이고, 1회 시험 값(공시체 3개의 압축 강도 시험 값의 평균 값)이 설계 기준 압축 강도의 90% 이상인 경우 합격이다.

4 안전 관리

■ 지반 보강 파일 작업 시 장비 충돌 방지: 지반 보강 파일 작업 시 위험 요인으로는 다수의 파일 천공기, 서비스 크레인, 굴삭기 등 장비 충돌, 협착, 전도 등이 있다. 안전 대책으로는 작업 반경 내 출입 금지 및 신호수 배치, 장비 사전 점검, 작업장 이동통로를 확보한다.

■ 파일 천공기 천공 시 소음 진동 저감: 파일 천공기 천공 시 위험 요인으로는 파일 천공기 천공 소음과 진동으로 인한 잦은 민원 발생으로 천공 작업이 어려울 수 있다. 안전 대책으로는 소음과 진동이 큰 T4 비트 대신 토네이도 비트, 혹은 트리콘 비트로 교체하여 저소음 저진동 공법으로 민원 발생을 방지해야 한다. 또한 천공 시 민원 발생 지역에 소음과 진동 계측기를 설치하여 소음과 진동 값을 측정하여 법적 기준 이내로 관리하도록 한다.

■ 파일 천공 시 토사 비산과 분진 억제: 파일 천공기로 천공 시 위험 요인으로는 파일 천공기 천공 시와 서징 작업 시 토사 비산과 분진이 발생하여 민원이 발생할 수 있다. 안전 대책으로는 파일 천공기에 토사 비산 방지용 가림막과 분진망을 설치하여 토사 비산과 분진 발생을 억제한다.

■ 지반 보강 파일 원형 철근망 인양 시 파손 및 추락 방지: 지반 보강 파일 원형 철근망 인양 시 위험 요인으로는 원형 철근망은 길이가 길고 무게가 무거워 인양 시 쉽게 휘어져 철근 변형이 발생할 수 있고, 인양 시 원형 철근망이 추락할 수 있다. 안전 대책으로는 원형 철근망 인양 지점과 휘어지는 부위에 보강용 철근을 설치하고, 인양 로프 및 샤클 점검 후 사용 필증을 부착하고 작업반경 내 출입 금지 및 신호수 배치, 작업장 이동통로를 확보한다.

■ 지반 보강 파일 두부 정리 시 브레이커와 소우컷장비 안전 대책: 지반 보강 파일 두부 정리 시 위험 요인으로는 굴삭기의 브레이커 소음 진동으로 민원 발생이 예상된다. 안전 대책으로는 브레이커 대신에 소우컷 장비를 사용하여 저소음 저진동 공법으로 민원 발생을 저감한다.

■ 지반 보강 파일 기술 용어 해설

용어1 지반 보강 파일: 초고층 건물 매트 기초 하부 지반의 파쇄대 및 암반 전리 등을 보강하여 초고층 구조물의 침하를 방지하기 위한 목적으로 지반에 철근 콘크리트 현장 타설 파일을 시공하는 것을 말한다. 지반 보강 파일은 지반 보강 역할을 하므로 두부 정리 후 노출된 수직 철근은 제거하여 매트 기초의 철근과 결합하지 않는다.

용어2 파일 천공기: 파일 천공기는 리더, 상부 오거, 하부 오거로 구성되는데, 상부 오거에는 스크루 비트, T4 비트, 토네이도 비트, 트리콘 비트를 장착하여 천공할 수 있고, 하부 오거에는 케이싱을 장착한다. 천공기에는 토사 비산 방지용 가림막과 분진망을 설치하여 토사 비산과 분진 발생을 억제한다. 천공 중에 천공기 운전석 내부 모니터를 통하여 리더 전후좌우 각도에 의한 수직도를 측정한다. 외부에서 트랜싯과 다림추를 이용한 수직도는 1/200로 관리한다.

용어3 서징(Air Surging) 작업: 천공 후 공기압(Air Compressor)으로 굴착 선단에 굴착토와 지하수가 혼합된 슬라임을 배출하는 작업을 말한다. 굴착심도를 확보할 수 있도록 하는 작업을 말한다.

용어4 굴착심도 측정: 굴착심도 측정은 굴착심도를 확인하는 작업이다. 굴착 후 서징 작업을 통하여 굴착 하단에 슬라임을 제거한 후 심도줄차(추)를 이용하여 굴착 하단에서 케이싱 상단까지 높이를 측정하고 지표면에 나온 케이싱 높이를 뺀 천공 깊이를 측정하는 작업을 말한다.

용어5 철근망 인양: 서비스 크레인으로 철근망을 인양하는 작업을 말한다. 서비스 크레인으로 철근망 인양 시 철근망이 변형되지 않도록 천천히 인양한다. 사전에 철근 변형을 방지하기 위한 보조 철근들을 조립한다.

용어6 철근망 근입: 철근망을 천공 구멍 속의 중심에 위치하도록 집어넣는 작업을 말한다. 철근망을 중심에 위치하는 방법으로는 철근망 하부에서 철근링을 용접하거나 철근토막을 용접하는 방법이 있다. 철근망 선조립 제작 시 이를 반영하여 제작한다. 철근망 상부에서 철근 스페이스 프레임을 삽입하여 철근망을 중심에 위치하도록 하고, 콘크리트 타설 후 철근 스페이스 프레임을 꺼낸다.

용어7 트레미관 타설: 지반 보강 파일 천공 구멍 속에 콘크리트를 재료 분리 없이 타설하는 방법을 말한다. 철근을 천공 구멍 속에 근입한 후 트레미관을 집어넣고 콘크리트를 타설한다. 트레미관은 콘크리트 속에 약 1m 묻혀서 콘크리트를 타설하여 재료 분리를 방지한다. 트레미관 속에 콘크리트가 채워지면서 트레미관 속에 있는 지하수가 배출된다.

용어8 파일 두부 정리: 일정한 높이로 파일의 두부를 정리하는 작업을 말한다. 지반 보강 파일은 순수 지반 보강 역할을 하므로 지반 보강 파일의 수직 철근을 제거하여 매트 기초의 철근과 결합하지 않는다. 지반 보강 파일의 두부 정리를 완료한 후 그 위에 높이 200mm 합성수지 원통관을 설치하고, 두께 200mm로 모래를 포설하여 샌드쿠션 작업을 한다. 버림 콘크리트를 200mm 타설하여 바닥 레벨을 맞추어 평평하게 한다. 그 위에 매트 기초를 설치한다.

CHAPTER 3
매트 기초 기술

1 기술 개요

- 매트 기초 기술이란, 초고층 건물의 거대 하중을 받아서 지반 보강 파일과 지반에 전달하는 역할을 하는 철근 콘크리트 직육면체 형태의 기초를 시공하는 기술을 말한다.
- 매트 기초 사례를 보면 크기는 72m(가로)×72m(세로)×6.5m(높이)이고, 콘크리트 물량이 약 33,000m³인 초대형 콘크리트 구조물도 있다.

2 시공 계획 및 시공 시 유의 사항

- 초고층 건물은 지하 주차장이 많이 필요하므로 지하 40m를 굴착하고, 초고층 건물의 수직도가 중요하므로 매트 기초와 지하층 구조물을 하부에서 상부로 시공하는 공법을 적용한다. 따라서 매트 기초는 지하 40m를 굴착한 곳에 위치하므로 지하 연속벽과 같은 흙막이 공법을 병행해서 계획해야 한다.
- 지하 연속벽은 대부분 지반에서는 다각형 형태로 계획한다. 연약한 지반에서는 구조적으로 유리한 원형 형태로 계획하는데, 이를 원형 지하 연속벽(Circular Diaphragm Wall)이라 부른다. 원형 지하 연속벽인 경우에는 매트 기초도 원형 형태로 계획한다.
- 초고층 건물 매트 기초는 초고층 건물의 거대 하중을 받아야 하므로 두께가 6m를 초과하는 경우가 있다. 프로젝트 사례를 보면 6.5m에 이른다.

- 매트 기초는 하부 철근, 철골 프레임(Bar Chair), 상부 철근으로 구성되었고, 하부 철근은 버림 콘크리트를 타설한 후 대구경 철근 10개를 X, Y축으로 겹쳐서 설치하고, 이음은 커플러 이음으로 한다. 상부근 설치용 철골 프레임(Bar Chair)을 6m 간격으로 철골 기둥과 철골 보를 설치한다. 철골 프레임 위에 상부근을 설치하는데, 대구경 철근 6개를 X, Y축으로 겹쳐서 설치하고, 이음은 커플러 이음으로 한다.

- 철근은 직경 51mm 대구경 철근을 사용하며, 12m 철근 1개의 중량이 약 183kg으로 설치 시 작업자 8명을 1개 조로 설치한다.

- 매트 기초 시공 순서는 버림 콘크리트 타설 → 경사 구간 뒤채움 콘크리트 타설 → 피트 바닥 콘크리트 타설 → 피트 벽체 콘크리트 타설 → 매트 기초 하부근 배근 → 바체어 설치 → 매트 기초 상부근 배근 → 매트 기초 타설(4일 연속 타설) → 매트 기초 콘크리트 보양 및 양생 순으로 공사한다.

- 매트 기초 콘크리트의 내부 콘크리트 온도는 높고, 표면 콘크리트 온도는 낮다. 콘크리트 내·외부 온도 차이로 인해서 콘크리트 표면에 힘이 생기는데, 이 힘이 콘크리트 표면에 균열을 발생시킨다. 콘크리트 내·외부 온도 차이를 줄이기 위해 콘크리트 내부 중심부 온도를 낮추어야 한다. 따라서 매트 기초 콘크리트는 중심부 수화열 온도를 낮추기 위해 초저발열 콘크리트로 배합 설계한다.

- 초저발열 콘크리트 배합은 시멘트, 플라이애시, 고로슬래그 미분말의 3성분계 배합 및 프리믹싱 한다.

- 매트 기초 콘크리트 초저발열 콘크리트 배합 사례를 보면 강도가 50MPa인 고강도 콘크리트이며, 중심부 최대온도가 71도 이하, 내·외부 온도 차이를 20도로 유지한다.

- 매트 기초는 규모가 커서 타설 면적이 크고, 타설 높이가 높아 안전을 고려하여 타설 시 매트 기초 위에 진동기 작업자들을 배치하지 않는다. 따라서 타설 시 진동기를 사용하지 않아도 콘크리트가 철근 사이를 스스로 충진하도록 자기 다짐 콘크리트로 배합 설계한다.

- 자기 다짐 콘크리트는 굵은골재 최대치수가 20mm이고, 유동성 확보를 위해 고성능 감수제를 사용한다.

- 매트 기초의 콘크리트 타설은 펌프카, 고압펌프, 고압몰리 등 총 23대로 32시간 밤낮으로 중단없이 연속적으로 타설한다. 사전에 가설 철골 구대와 가설 철골 램프를 설치하여 가설 철골 구대 상부에 펌프카를 배치하고 가설 철골 램프를 통하여 하부로 내려가서 매트 기초 측면

에 펌프카를 배치한다. 믹서 트럭은 펌프카가 배치한 곳으로 가서 콘크리트를 타설할 수 있도록 한다.

- 비가 올 경우를 대비하여 매트 기초 중앙에 천막을 설치하여 비가 올 경우 천막을 펼쳐 콘크리트에 빗물이 들어가지 않도록 한다. 천막은 철골 프레임(Bar Chair)을 상부로 연장하여 천막용 철골 프레임을 설치한 후 천막을 설치한다.

- 콘크리트 타설이 완료된 후 천막을 펼쳐서 매트 기초를 덮고, 버블시트 2겹으로 콘크리트 면을 덮어 양생하면서 수화열을 모니터링한다.

- 그림 3-1 설명: 초고층 매트 기초 72m(가로)×72m(세로)×6.5m(높이) 시공 사례를 보면, 버림 콘크리트 타설 후 하부 철근을 설치하는데, 철근 직경이 51mm인 대구경 철근을 10개 층(레이어)으로 배근한다. 상부 철근 설치용 바체어 철골 프레임은 6m 간격으로 철골 기둥과 철골 보를 설치한다. 바체어 철골 프레임 위에 상부 철근을 6개 층(레이어)으로 설치하는데, 설치 높이는 피복두께를 감안하여 설치한다. 대구경 철근의 이음은 커플러 이음으로 한다.

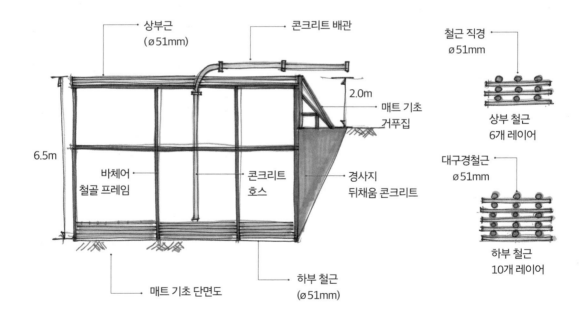

그림 3-1. 매트 기초 시공 계획

■ 그림 3-2 설명: 매트 기초 콘크리트는 초저발열 콘크리트와 자기 충진 콘크리트로 배합 설계를 하는데, 이 배합 설계가 적정한지 확인하기 위해 목업 시험을 한다. 매트 기초 목업 시험은 콘크리트 품질 시험, 수화열 시험, 압축 강도 시험 등의 시험 값을 측정하여 배합 설계에 피드백한다. 목업 시험 장소가 흙막이벽 근처에 있으면 펌프카로 목업 시험 콘크리트 타설 시 펌프카의 진동으로 흙막이벽에 변형이 생길 수 있으므로 특히 유의해야 한다.

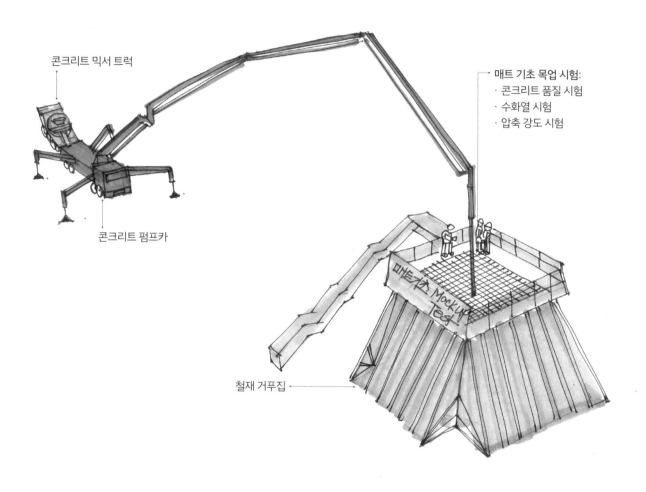

콘크리트 믹서 트럭

콘크리트 펌프카

매트 기초 목업 시험:
· 콘크리트 품질 시험
· 수화열 시험
· 압축 강도 시험

철재 거푸집

그림 3-2. 매트 기초 목업 시험

■ 그림 3-3,4 설명: 지반 보강 파일의 두부 정리를 완료한 후 보강 파일 상부에 합성수지 원통
관(높이 200mm)을 설치하고, 버림 콘크리트를 높이 200mm로 타설하여 높이를 맞춘다. 버
림 콘크리트를 타설한 후 원통관에 200mm 모래를 포설하는 샌드쿠션 작업을 한다.

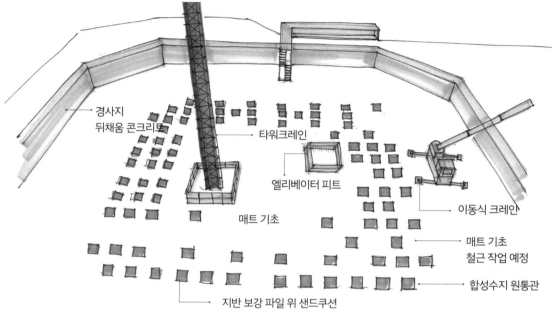

그림 3-3. 매트 기초 버림 콘크리트 타설

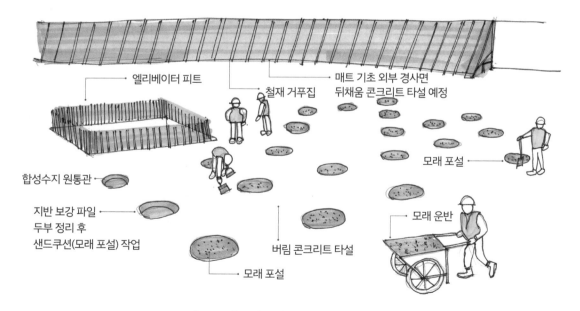

그림 3-4. 매트 기초 지반 보강 파일 상부 모래 포설

■ 그림 3-5,6 설명: 매트 기초 콘크리트 외부 경사지에 뒤채움 콘크리트를 타설하기 위해 솔저 철제 거푸집 지지용 철근을 바닥에 설치하고 솔저 철제 거푸집을 설치한다. 외부 경사지에 접지 탄소봉을 설치하고 접지선을 연결한 후 상부 연결을 위해 접지선을 모아 관리한다. 상기 준비 작업이 완료되면 뒤채움 콘크리트를 타설한다.

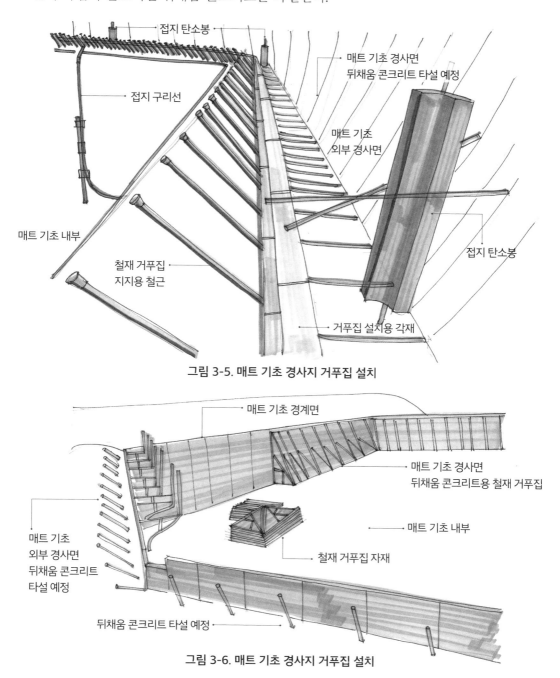

그림 3-5. 매트 기초 경사지 거푸집 설치

그림 3-6. 매트 기초 경사지 거푸집 설치

■ 그림 3-7 설명: 매트 기초 철근은 대구경 철근이고 길이가 12m, 무게 183kg으로 8명이 1개 조가 되어 철근 배근 작업을 수행한다. 철근 이음은 커플러 이음으로 하고, 커플러 이음은 한 곳에서 집중적으로 하지 않고 분산하여 엇갈리게 이음을 한다.

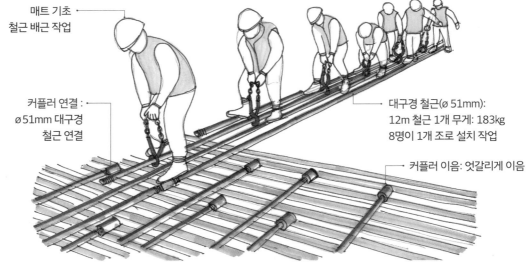

매트 기초
철근 배근 작업

커플러 연결 :
ø51mm 대구경
철근 연결

대구경 철근(ø 51mm):
12m 철근 1개 무게: 183kg
8명이 1개 조로 설치 작업

커플러 이음: 엇갈리게 이음

그림 3-7. 매트 기초 철근 배근 작업

■ 그림 3-8 설명: 매트 기초 철근 작업의 순서는 하부 철근을 설치한 후 상부 철근 설치용 바체 어 철골 프레임을 설치하고 그 위에 상부 철근을 배근한다.

매트 기초
내부 모습

바체어 보

상부 철근

상부 철근을
설치하기 위한
바체어

바체어 기둥

콘크리트
타설 예정

철근 바체어
철골 프레임

하부 철근

그림 3-8. 매트 기초 바체어 설치 및 철근 배근 작업

■ 그림 3-9 설명: 매트 기초 콘크리트 타설 중에 비가 올 경우를 대비하여 매트 기초 바체어 철골 프레임 상부를 연장하여 천막 설치용 철골 프레임을 설치한다. 천막 설치용 철골 프레임에 우천 대비 천막을 설치한다. 매트 기초 콘크리트 타설 중에 비가 오면 천막을 펼쳐 덮어서 콘크리트에 빗물이 들어가지 않도록 한다.

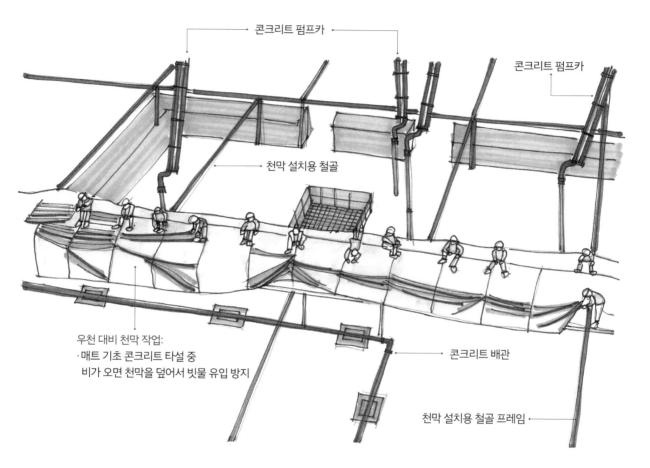

콘크리트 펌프카

콘크리트 펌프카

천막 설치용 철골

우천 대비 천막 작업:
·매트 기초 콘크리트 타설 중
 비가 오면 천막을 덮어서 빗물 유입 방지

콘크리트 배관

천막 설치용 철골 프레임

그림 3-9. 매트 기초 우천 대비 천막 설치

■ 그림 3-10,11 설명: 매트 기초의 콘크리트 타설 사례를 보면 펌프카, 고압펌프, 고압몰리 등 총 23대로 3일(32시간) 밤낮으로 중단없이 연속적으로 타설한다. 사전에 가설 철골 구대와 가설 철골 램프를 설치하여 가설 철골 구대 상부에 펌프카를 배치하고, 가설 철골 램프를 통하여 매트 기초 측면에 펌프카를 배치한다. 믹서 트럭은 가설 철골 램프를 통하여 펌프카가 배치한 곳으로 가서 콘크리트를 공급한다.

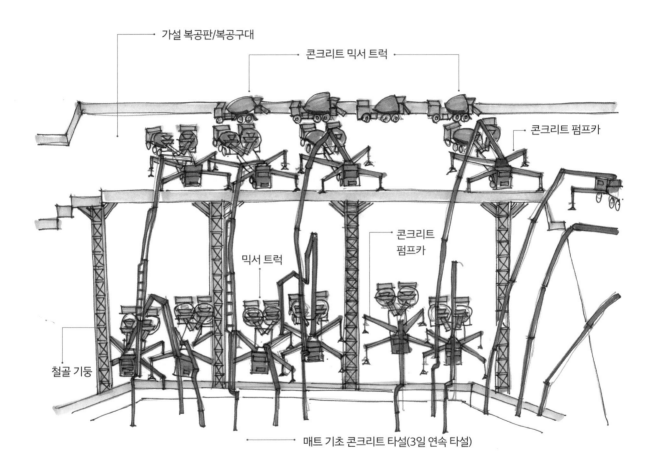

가설 복공판/복공구대

콘크리트 믹서 트럭

콘크리트 펌프카

콘크리트
펌프카

믹서 트럭

철골 기둥

매트 기초 콘크리트 타설(3일 연속 타설)

그림 3-10. 매트 기초 콘크리트 타설

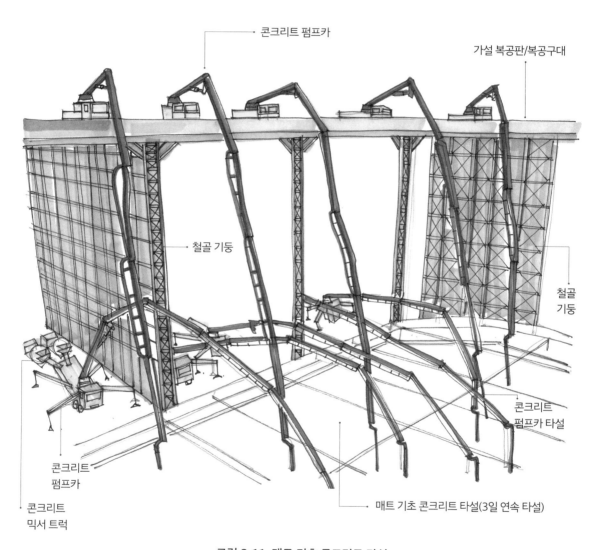

콘크리트 펌프카

가설 복공판/복공구대

철골 기둥

철골
기둥

콘크리트
펌프카 타설

콘크리트
펌프카

콘크리트
믹서 트럭

매트 기초 콘크리트 타설(3일 연속 타설)

그림 3-11. 매트 기초 콘크리트 타설

■ 그림 3-12,13,14 설명: 매트 기초 콘크리트 타설 시 믹서 트럭으로 펌프카에 콘크리트를 공급하여 콘크리트를 타설한다. 매트 기초는 자기 충진 콘크리트로 배합 설계되어 콘크리트 진동기가 필요 없으나, 표면 마감 작업을 할 때 일부 콘크리트 진동기를 사용한다. 또한 매트 기초 상부 마감 면은 원형 기계 마감장비에 의하여 표면 마감 작업을 한다.

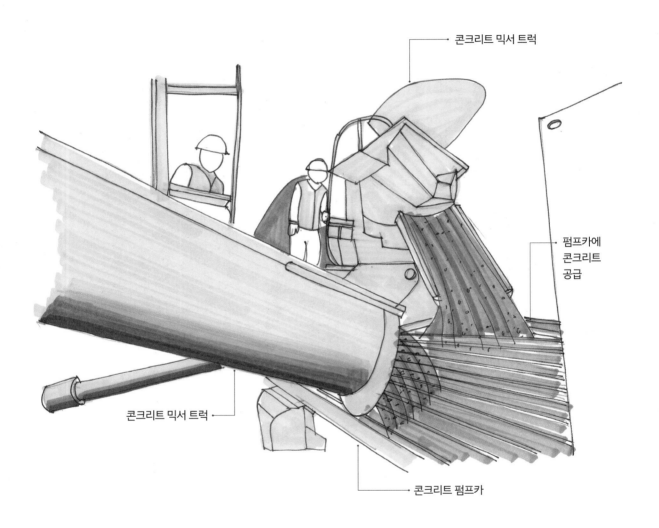

그림 3-12. 매트 기초 콘크리트 타설

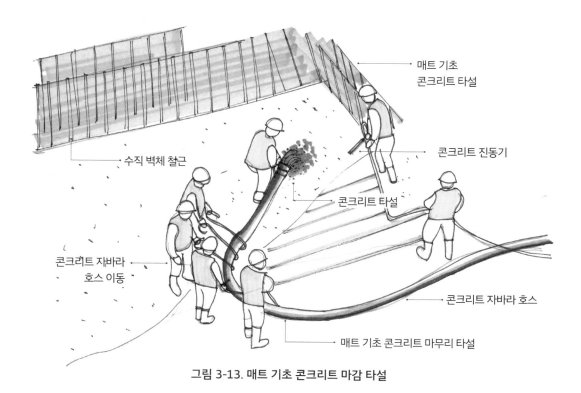

매트 기초
콘크리트 타설

콘크리트 진동기

수직 벽체 철근

콘크리트 타설

콘크리트 자바라
호스 이동

콘크리트 자바라 호스

매트 기초 콘크리트 마무리 타설

그림 3-13. 매트 기초 콘크리트 마감 타설

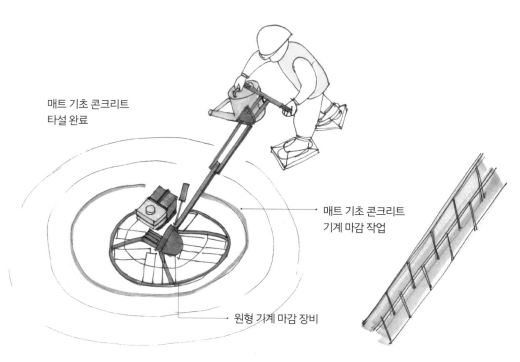

매트 기초 콘크리트
타설 완료

매트 기초 콘크리트
기계 마감 작업

원형 기계 마감 장비

그림 3-14. 매트 기초 콘크리트 타설 후 기계 마감 작업

■ 그림 3-15,16 설명: 매트 기초 콘크리트 타설이 완료된 후 천막을 펼쳐서 매트 기초를 덮어 보양작업을 한다. 양생작업은 천막 내부에 버블시트 2겹으로 콘크리트 면을 덮어서 양생한다. 매트 기초는 초저발열 콘크리트로 중심부 최대온도 71도 이하, 내·외부 온도 차이를 20도로 유지되도록 배합 설계되어 이를 검증하기 위해 수화열을 측정하고 기록한다.

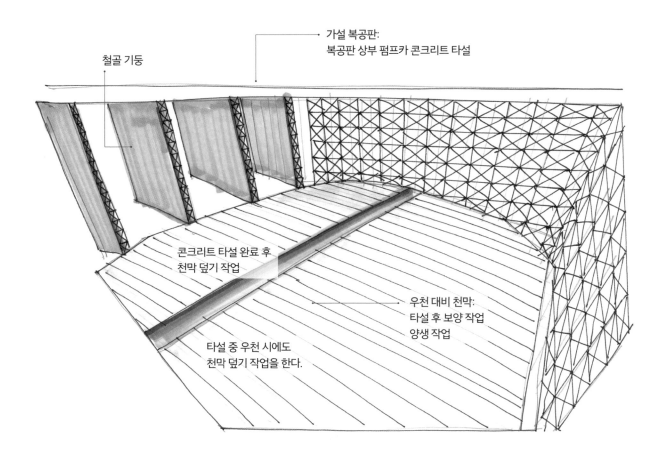

그림 3-15. 매트 기초 콘크리트 타설 후 천막 양생

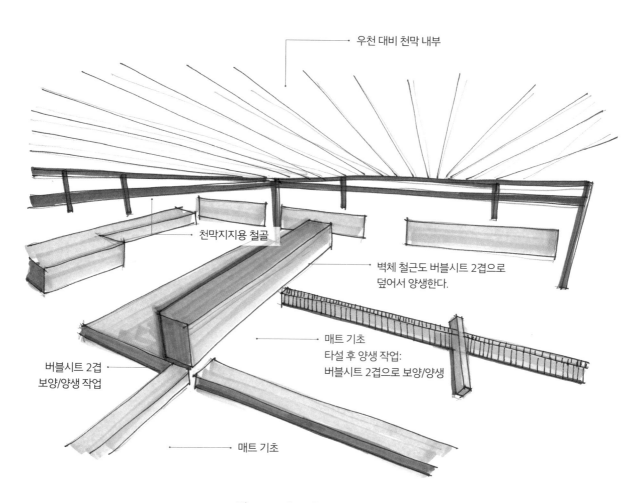

우천 대비 천막 내부

천막지지용 철골

벽체 철근도 버블시트 2겹으로
덮어서 양생한다.

매트 기초
타설 후 양생 작업:
버블시트 2겹으로 보양/양생

버블시트 2겹
보양/양생 작업

매트 기초

그림 3-16. 매트 기초 콘크리트 양생

3 품질 관리

1) 콘크리트 받아들이기 시험

■ 굳지 아니한 콘크리트의 받아들이기 시험 기준은 다음과 같다.

- 슬럼프 시험, 공기량 시험, 염화물 시험, 온도 시험의 빈도는 배합이 다를 때마다 시험하고, 콘크리트 1일 타설량 이 150m³ 미만인 경우 1일 타설량마다 시험하고, 콘크리트 1일 타설량이 150m³ 이상인 경우 150m³마다 시험한다.

- 슬럼프 시험 판정 기준은 30mm 이상, 80mm 미만인 경우 허용오차 ±15mm이고, 80mm 이상, 180mm 이하인 경우 허용오차 ±25mm이다.

- 공기량 시험 판정 기준은 보통 콘크리트 기준 4.5% 이하, 고강도 콘크리트(40MPa 이상) 기준 3.5% 이하이고, 허용오차 ±1.5퍼센트이다.

- 염화물 시험 판정 기준은 원칙적으로 0.3kg/m³ 이하이다.

- 온도 시험은 정해진 조건에 적합해야 한다.

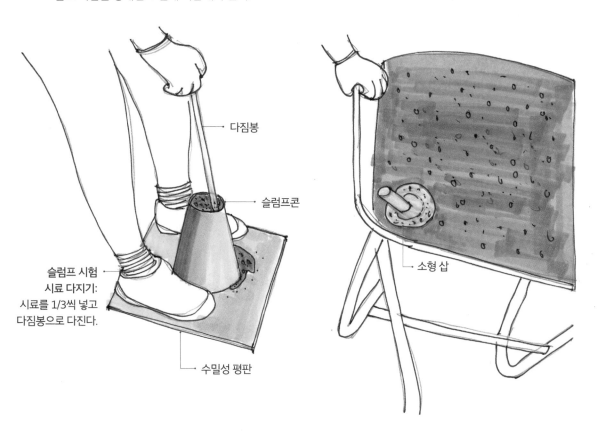

다짐봉

슬럼프콘

슬럼프 시험
시료 다지기:
시료를 1/3씩 넣고
다짐봉으로 다진다.

수밀성 평판

소형 삽

그림 3-17. 콘크리트 받아들이기 시험 - 슬럼프 시험

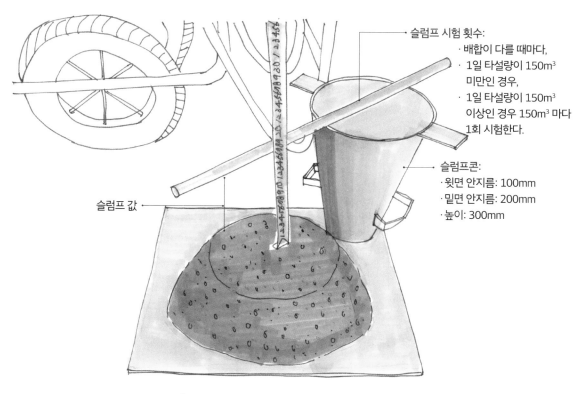

슬럼프 시험 횟수:
· 배합이 다를 때마다,
· 1일 타설량이 150m³ 미만인 경우,
· 1일 타설량이 150m³ 이상인 경우 150m³ 마다 1회 시험한다.

슬럼프콘:
·윗면 안지름: 100mm
·밑면 안지름: 200mm
·높이: 300mm

슬럼프 값

그림 3-18. 콘크리트 받아들이기 시험 – 슬럼프 시험

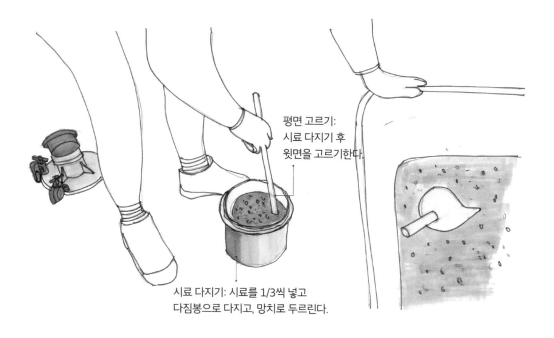

평면 고르기:
시료 다지기 후 윗면을 고르기한다.

시료 다지기: 시료를 1/3씩 넣고 다짐봉으로 다지고, 망치로 두르린다.

그림 3-19. 콘크리트 받아들이기 시험 – 공기량 시험

공기량 시험 횟수:
· 배합이 다를 때마다,
· 1일 타설량이 150m³ 미만인 경우,
· 1일 타설량이 150m³ 이상인 경우 150m³마다
  1회 시험한다.

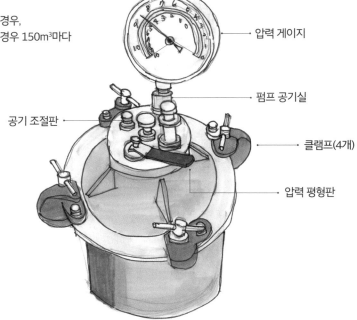

압력 게이지

펌프 공기실

공기 조절판

클램프(4개)

압력 평형판

그림 3-20. 콘크리트 받아들이기 시험 – 공기량 시험

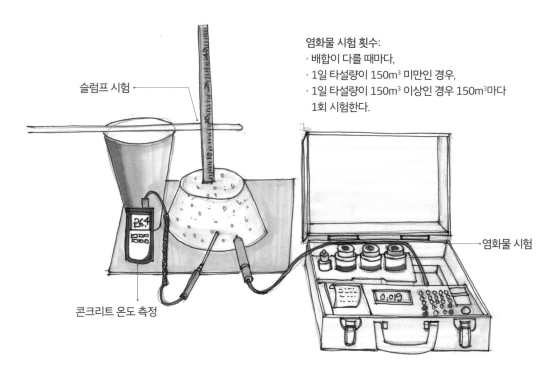

염화물 시험 횟수:
· 배합이 다를 때마다,
· 1일 타설량이 150m³ 미만인 경우,
· 1일 타설량이 150m³ 이상인 경우 150m³마다
  1회 시험한다.

슬럼프 시험

콘크리트 온도 측정

염화물 시험

그림 3-21. 콘크리트 받아들이기 시험 – 염화물 시험

압축 강도 시험용 몰드 제작

염화물 시험

공기량 시험

슬럼프 시험

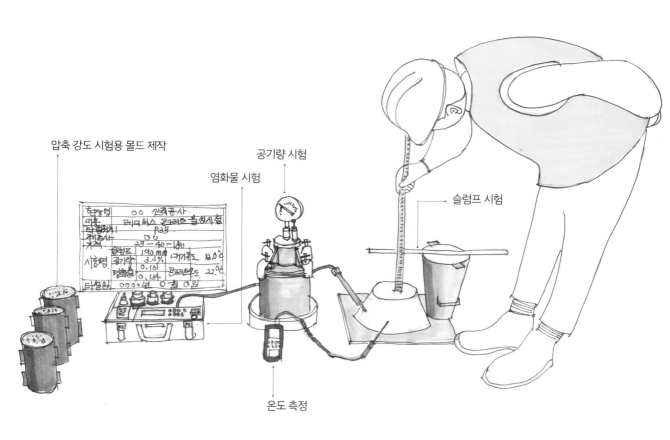

온도 측정

그림 3-22. 콘크리트 받아들이기 시험 전체

2) 콘크리트 압축 강도 시험

■ 굳은 콘크리트(콘크리트 포함)의 압축 강도 시험 기준은 다음과 같다.

- 압축 강도(재령 28일) 시험 시기와 횟수는 배합이 다를 때마다, 1일 타설량마다, 150m³마다 1회 시험한다. 단, 압축 강도 시험용 몰드는 타설량 450m³ 이하인 경우 3조 9개를 만들고, 타설량 450m³ 초과인 경우 450m³의 3조 9개를 만들고, 150m³마다 1조 3개를 만들고, 잔여 타설량이 150m³ 미만은 1조 3개를 만든다.

- 압축 강도 판정 기준은 설계 강도가 35MPa 이하인 경우 연속 3회 시험 값의 평균이 설계 기준 압축 강도 이상이고, 1회 시험 값이 설계 기준 압축 강도 −3.5MPa 이상인 경우 합격이다. 단, 1회 시험 값은 공시체 3개의 압축 강도 시험 값의 평균 값을 의미한다.

- 압축 강도 판정 기준은 설계 강도 35MPa을 초과하는 경우 연속 3회 시험 값의 평균이 설계 기준 압축 강도 이상이고, 1회 시험 값(공시체 3개의 압축 강도 시험 값의 평균 값)이 설계 기준 압축 강도의 90% 이상인 경우 합격이다.

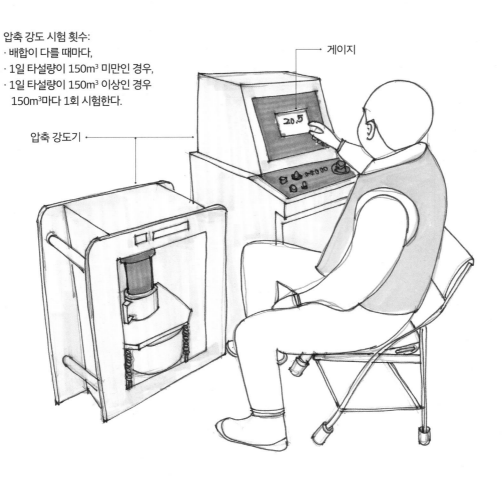

압축 강도 시험 횟수:
· 배합이 다를 때마다,
· 1일 타설량이 150m³ 미만인 경우,
· 1일 타설량이 150m³ 이상인 경우
  150m³마다 1회 시험한다.

압축 강도기

게이지

그림 3-23. 콘크리트 압축 강도 시험

4 안전 관리

■ 매트 기초 버림 콘크리트 타설 시 장비 충돌 방지: 매트 기초의 버림 콘크리트 타설 시 위험 요인으로는 펌프카와 믹서 트럭 등 장비 충돌, 협착, 전도, 전기 감전 등이 있다. 안전 대책으로는 작업반경 내 출입 금지 및 신호수 배치, 전기기계기구 사전점검, 작업장 이동통로를 확보해야 한다.

■ 매트 기초 경사지 뒤채움 콘크리트 타설 시 스틸폼 전도 방지: 매트 기초 경사지 뒤채움 콘크리트 타설 시 위험 요인으로는 철제 거푸집 지지용 철근에 의한 작업자 상해, 스틸폼 설치 및 해체 시 전도와 협착, 사다리 말비계 작업 시 추락 및 전도 등이 있다. 안전 대책으로는 철제 거푸집 지지용 철에 안전캡 설치, 스틸폼 작업구간 작업자 외 출입 통제, 사다리 말비계 작업 시 2인 1조 작업 수행, 규정된 사다리 및 말비계를 사용한다.

■ 매트 기초 철근 공사 시 작업자 부상 방지: 매트 기초 철근 공사 시 위험 요인으로는 대구경 철근(직경 51mm, 길이 12m, 무게 183kg) 인력 운반 시 손가락 협착과 허리 요통, 대구경 철근 배근 시 손가락 협착, 발 빠짐, 전도 등이 있다. 안전 대책으로는 인력 운반 시 스트레칭을 실시하고, 철근 상부 작업자 이동통로에 안전 발판을 설치한다.

■ 매트 기초 바체어 철골 설치 시 자재 낙하 방지: 매트 기초 바체어 철골 설치 시 위험 요인으로는 고소 작업 시 추락, 접합부 볼팅 작업 시 부속 자재 낙하, 용접 작업 시 불티 비산에 의한 화재, 발판 고정 불량에 따른 전도 등이 있다. 안전 대책으로는 작업자 이동통로에 안전 발판 및 생명줄 설치, 바체어 하부 추락 방지망 설치, 불티 비산 방지 조치 및 화재감시자 배치 등을 한다.

■ 매트 기초 콘크리트 타설 시 차량 충돌 방지: 매트 기초 콘크리트 타설 시 위험 요인으로는 펌프카, 레미콘 등 충돌 협착, 펌프카 전도, 전기 감전 등이 있다. 안전 대책으로는 신호수 배치, 펌프카 아웃리거 설치 상태 확인, 붐대 경사각 준수, 기계기구 사전 점검 등을 한다.

■ 매트 기초 콘크리트 보온 양생 시 질식사고 방지: 매트 기초 콘크리트 보온 양생 시 위험 요인으로는 산소 부족에 의한 질식사고 등이 있다. 안전 대책으로는 작업자 외 출입을 금지하고 2인 1조 작업을 실시한다.

■ 매트 기초 기술 용어 해설

용어 1 매트 기초: 매트 기초란, 초고층 건물의 거대 하중을 받아서 지반 보강 파일과 지반에 전달하는 역할을 하는 철근 콘크리트 직육면체 형태의 기초를 말한다. 매트 기초 사례를 보면 크기는 72m(가로)×72m(세로)×6.5m(높이)이고, 콘크리트 물량이 약 33,000m³인 초대형 콘크리트 구조물도 있다.

용어 2 매트 기초 철근: 매트 기초 철근은 하부 철근, 철골 프레임(Bar Chair), 상부 철근으로 구성되었고, 하부 철근은 버림 콘크리트를 타설한 후 대구경 철근 10개를 X, Y축으로 겹쳐서 설치하고, 이음은 커플러 이음으로 한다. 상부근 설치용 철골 프레임(Bar Chair)을 6m 간격으로 철골 기둥과 철골 보를 설치한다. 철골 프레임 위에 상부근을 설치하는데 대구경 철근 6개를 X, Y축으로 겹쳐서 설치하고, 이음은 커플러 이음으로 한다. 철근은 직경이 51mm 대구경 철근을 사용하는데, 12m 철근 1개의 중량이 약 183kg으로 설치 시 작업자 8명이 1개 조로 설치한다.

용어 3 매트 기초 콘크리트: 매트 기초 콘크리트는 2가지 중요한 특성이 있는데, 첫째, 초저발열 콘크리트이고, 매트 기초 내부 콘크리트 온도는 높고, 표면 콘크리트 온도는 낮다. 콘크리트 내·외부 온도 차이로 인해서 콘크리트 표면에 온도 응력이 발생하여 콘크리트 표면에 균열을 발생시킨다. 콘크리트 내부 중심부 온도를 낮추어 콘크리트 내·외부 온도 차이를 줄이기 위해 초저발열 콘크리트를 배합 설계한다. 초저발열 콘크리트 배합 사례를 보면 강도가 50MPa인 고강도 콘크리트이며, 중심부 최대온도 71도 이하, 내·외부 온도 차이 20도를 유지한다. 둘째, 자기 다짐 콘크리트이고, 매트 기초는 규모가 커서 타설 면적이 크고, 타설 높이가 높아 안전을 고려하여 타설 시 매트 기초 내에 콘크리트 진동기를 사용하지 않아도 철근 사이를 스스로 충진하기 위해 자기 다짐 콘크리트로 배합 설계한다.

용어 4 매트 기초 타설: 매트 기초의 콘크리트 타설은 중단없이 연속적으로 타설한다. 타설 사례를 보면 펌프카, 고압펌프, 고압몰리 등 총 23대로 32시간 연속 타설한 사례가 있다. 사전에 가설 철골 구대와 가설 철골 램프를 설치하여 가설 철골 구대 상부에 펌프카를 배치하고, 가설 철골 램프를 통하여 하부로 내려가서 매트 기초 측면에 펌프카를 배치한다. 믹서 트럭은 펌프카가 배치한 곳으로 가서 콘크리트를 공급한다. 비가 올 경우를 대비하여 매트 기초 중앙에 천막을 설치하고, 양측으로 천막을 펼쳐서 콘크리트에 빗물이 들어가지 않도록 한다.

용어 5 매트 기초 양생: 콘크리트 타설을 완료한 후 천막을 펼쳐서 매트 기초를 덮고, 버블시트 2겹으로 콘크리트 면을 덮어서 양생한다. 양생하는 동안 수화열을 모니터링하고 수화열 온도 추이를 보면서 양생 종료 시점을 결정한다.

용어 6 매트 기초 목업 시험: 매트 기초 콘크리트의 초저발열 콘크리트와 자기 충진 콘크리트를 배합 설계한 후 이 배합 설계가 적정한지 확인하기 위해 목업 시험을 한다. 매트 기초 목업 시험은 콘크리트 품질 시험, 수화열 시험, 압축 강도 시험 등의 시험 값을 측정하여 배합 설계에 피드백한다.

memo

CHAPTER 4
철근 기술

1 기술 개요

■ 철근 기술이란, 코어 선행 공법에서 코어 벽체와 슬래브와의 철근 접합, 코어 벽체와 보의 철근 접합, 메가 기둥의 임베디드 플레이트와 슬래브 철근 접합, 보와 보의 철근 접합, 메가 기둥 간의 철근을 접합하는 기술을 말한다. 철근 접합은 기계식 접합 방식인 커플러 접합을 수행하는데, 선·후행의 철근에 사전에 나사선을 만들고 커플러로 접합하는 방식이다.

2 시공 계획 및 시공 시 유의 사항

■ 코아 선행 공법에서 다음과 같은 위치에서 철근 접합을 계획하는데, 철근은 사전에 나사선을 만들고 기계식 접합 방식인 커플러 접합을 계획한다.
  - 코어 벽체와 슬래브의 철근 접합
  - 코어 벽체와 보의 철근 접합
  - 메가 기둥의 임베디드 플레이트와 슬래브의 철근 접합
  - 보와 보의 철근 접합
  - 메가 기둥 내에서 대구경 철근 접합
■ 코어 벽체에 선시공한 커플러가 분실되었을 때 케미컬 앵커 공법을 계획하는데, 드릴로 코어 벽체를 천공하고 케미컬을 주입 후 슬래브 철근을 근입하여 접합하는 방식이다.

■ 임베디드 플레이트에 철근 접합 시 임베디드 플레이트 접합 부위에 용접용 커플러를 용접한 후 철근에 나사선을 만들어 커플러에 끼워 접합한다.

■ 메가 기둥 내에 대구경 철근을 커플러 접합 시, 철근의 커플러 접합 위치는 높이 차이를 두어 엇갈리게 배치하여 전단력 약화를 방지한다.

■ 그림 4-1 설명: 코어 벽체와 슬래브 철근 접합 사례를 보면 선행 공정인 코어 벽체에 커플러를 선시공하고, 코어 벽체의 커플러에 후행 공정인 슬래브 철근을 접합하는 것으로 코어 벽체와 슬래브를 연결한다. 선시공한 커플러가 분실되었을 때는 드릴로 코어 벽체에 구멍을 천공하고 케미컬을 주입 후 슬래브 철근을 근입하여 접합한다.

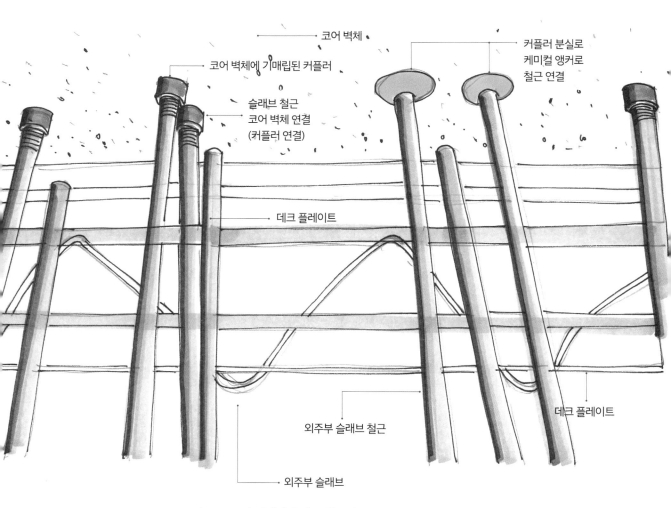

그림 4-1. 코어 벽체와 슬래브 철근의 커플러 접합 및 케미컬 접합

■ 그림 4-2 설명: 코어 벽체와 보 철근 접합 사례를 보면 선행 공정인 코어 벽체에 커플러를 선
시공하고, 코어 벽체의 커플러에 후행 공정인 보 철근을 접합하는 것으로 코어 벽체와 보를
연결한다. 선시공한 커플러가 분실되었을 때는 드릴로 코어 벽체에 구멍을 천공하고 케미컬
을 주입 후 보 철근을 근입하여 접합한다.

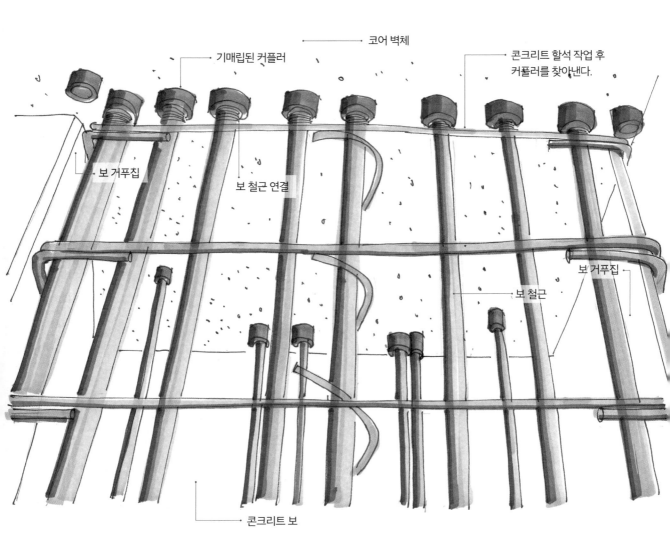

그림 4-2. 코어 벽체와 보 철근의 커플러 접합

■ 그림 4-3 설명: 메가 기둥의 임베디드 플레이트와 슬래브 철근 접합 사례를 보면, 선행 공정인 메가 기둥의 임베디드 플레이트를 시공한 후 슬래브 철근 접합 부위에 마킹하고, 커플러를 용접한 후 슬래브 철근을 접합한다.

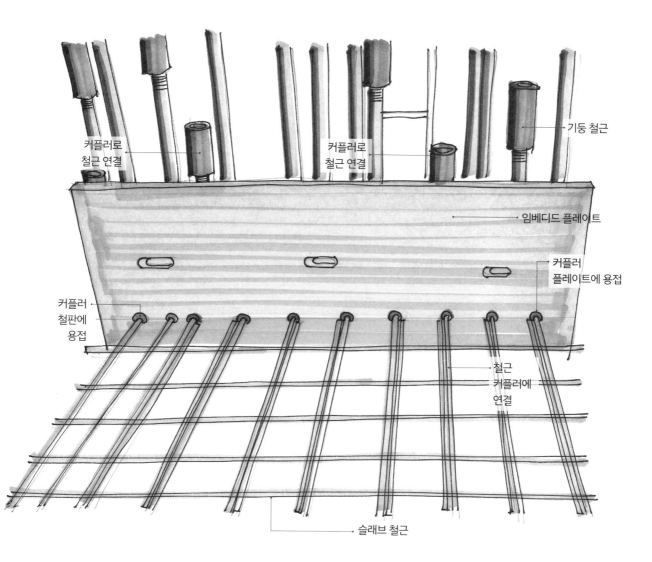

기둥 철근

커플러로
철근 연결

커플러로
철근 연결

임베디드 플레이트

커플러
플레이트에 용접

커플러
철판에
용접

철근
커플러에
연결

슬래브 철근

그림 4-3. 메가 기둥의 임베디드 플레이트와 슬래브 철근의 커플러 접합

■ 그림 4-4 설명: 보와 보의 철근 접합 사례를 보면 콘크리트 보를 끊어치기 후 철근을 커플러에 접합하여 보와 보의 철근을 접합하는 것이다. 철근의 단부는 커플러의 나사선과 같게 철근의 나사선을 사전에 제작한다.

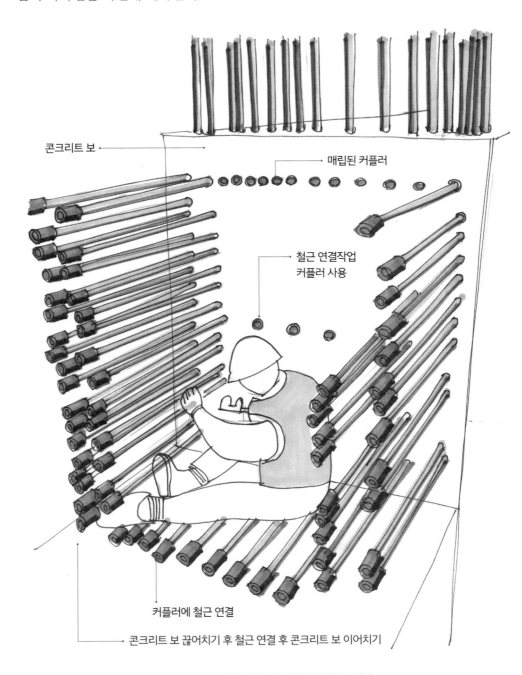

그림 4-4. 콘크리트 보 커플러에 철근 연결

■ 그림 4-5 설명: 메가 기둥과 메가 기둥의 철근 접합 사례를 보면 메가 기둥의 철근 접합에는 두 가지가 있는데, 겹침 이음과 커플러 접합으로 수행한다. 커플러 접합은 커플러 연결 위치를 3단계로 하되 엇갈리게 하여 전단력 약화를 방지한다.

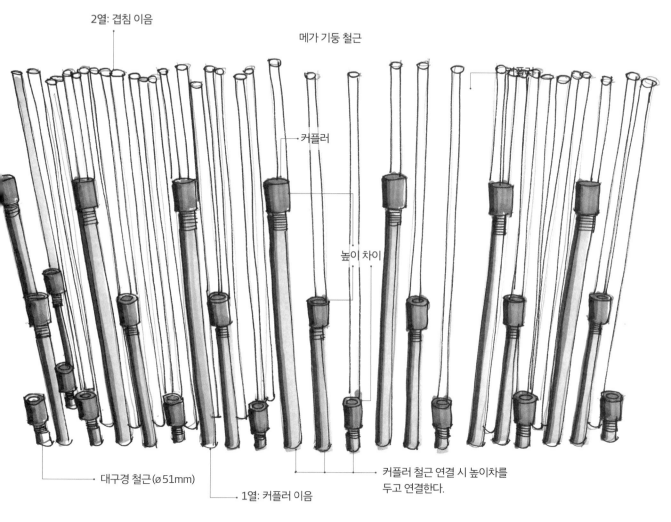

그림 4-5. 메가 기둥 철근 커플러에 연결

■ 그림 4-6 설명: 메가 기둥 내부 철근 보강 작업 사례를 보면, 메가 기둥의 크기가 커서 메가 기둥의 내부 공간을 보강 플레이트와 철근으로 공장 용접 작업한 후 현장에서 설치하여 보강 작업을 실시한다.

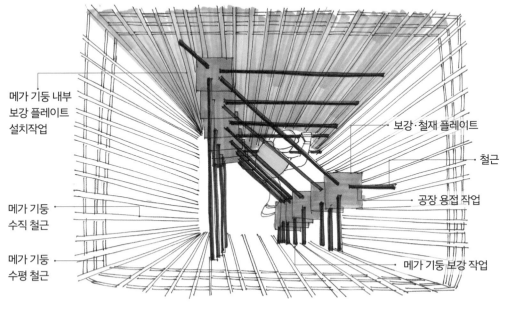

메가 기둥 내부
보강 플레이트
설치작업

보강·철재 플레이트

철근

공장 용접 작업

메가 기둥
수직 철근

메가 기둥
수평 철근

메가 기둥 보강 작업

그림 4-6. 메가 기둥 내부 철근 보강 작업

3 안전 관리

■ 철근 인양 시 철근 낙하 방지: 철근 인양 시 위험 요인으로는 철근 패킹 낙하 등이 있다. 안전 대책으로는 철근 인양 박스에 철근을 담아서 인양하고 전담 신호수를 배치하여 양중 하부 구간을 통제한다.

■ 철근 공사 시 작업자 부상 방지: 철근 공사 시 위험 요인으로는 손가락 찔림, 협착, 허리 요통, 발 빠짐, 전도 등이 있다. 안전 대책으로는 스트레칭을 실시하고, 철근 상부 작업자 이동 통로에 안전 발판을 설치한다.

■ 임베디드 플레이트에 커플러 용접 시 화재 방지: 임베디드 플레이트에 커플러 용접 시 위험 요인으로는 용접 시 불티로 화재 발생 우려가 있다. 안전 대책으로는 임베디드 플레이트에 커플러 용접 시 소화기와 불티 보양 시설을 설치하고, 하부에 고무판을 설치하여 용접 작업을 하고, 용접 작업 후 고무판 위에 물을 뿌려 잔불 정리를 한다.

■ 철근 기술 용어 해설

용어 1 **코어 선행 공법:** 코어 벽체가 선행하고 외주부 슬래브가 후행하는 공법을 말한다. 코어 선행 공법에서 코어 벽체의 테두리 벽체부터 내부 벽체 순으로 선조립 철근 인양 및 설치하고 임베디드 플레이트를 설치한다. ACS 거푸집을 설치한 후 CPB를 사용하여 콘크리트를 타설하고 타설 종료 후 보양 및 양생한다. 코어 선행 공법은 층마다 코어 벽체에 임베디드 플레이트를 설치해야 하는데, 외주부 철골보 개수만큼 설치해야 한다. 코어 벽체 공기가 외주부 슬래브 공기보다 빨라 코어 벽체와 외주부 슬래브 층 차이가 많이 벌어질 수 있다. 메인 호이스트는 지상에서 외주부 슬래브 완료 층까지 도달하므로 코어 벽체로 가기 위해서는 외주부 슬래브와 코어 벽체 사이에 점핑 호이스트를 설치 운영해야 한다. 커튼월은 외주부 슬래브 완료 층 전에 약 2~3개 층까지 설치할 수 있으므로 코어 벽체와 외주부 슬래브 층 차이가 벌어지면 커튼월 설치가 늦어져 전체적으로 공기가 지연될 수 있다. 코어 선행 공법은 철근 선조립이 가능하고 GNSS 측량이 가능하다.

용어 2 **철근 접합 기술:** 코어 선행 공법에서 코어 벽체와 슬래브와의 철근 접합, 코어 벽체와 보의 철근 접합, 메가 기둥의 임베디드 플레이트와 슬래브와의 철근 접합, 보와 보의 철근 접합, 메가 기둥 간의 철근을 접합하는 기술을 말한다. 철근 접합은 기계식 접합 방식인 커플러 접합을 수행하는데, 사전에 철근에 나사선을 만들고 커플러로 접합하는 방식이다.

용어 3 **케미컬앵커 접합:** 코어 선행 공법에서 코어 벽체에 선시공한 커플러가 분실되었을 때 드릴로 코어 벽체에 구멍을 천공하고 케미컬을 주입 후 슬래브 철근을 근입하여 접합하는 방식이다.

용어 4 **임베디드 플레이트에 철근 접합:** 임베디드 플레이트 접합 부위에 마킹하고 용접용 커플러를 용접한 후 철근에 나사선을 만들어 커플러에 끼워 접합한다.

용어 5 **커플러 연결 시 엇갈림 배치:** 매트 기초 철근 커플러 접합 혹은 메가 기둥과 메가 기둥의 철근 커플러 접합의 경우, 철근의 커플러 접합 위치를 엇갈리게 배치한 후 커플러 접합을 하여 전단력 약화를 방지한다.

CHAPTER 5
철근 선조립 기술

1 기술 개요

■ 철근 선조립 기술이란, 기둥과 벽체 철근을 지상의 조립장에서 미리 조립하고 타워크레인으로 양중하여 기둥과 벽체에 설치하는 기술을 말한다. 철근 선조립 기술의 목적은 지상 조립장에서 조립하므로 일정한 품질을 유지할 수 있고, 사전 제작하고 양중하여 설치하므로 공기를 단축할 수 있는 것이다.

2 시공 계획 및 시공 시 유의 사항

■ 지상 철근 조립장에 순간격과 피복 확보를 위한 기준틀을 설치하여 발판에서 철근을 조립하면, 간격이 맞을 수 있도록 하여 철근 선조립 생산성을 높이도록 해야 한다.

■ 기둥 및 벽체 철근 선조립 후 인양 시 기둥과 벽체 철근 선조립 각각에 적합한 인양용 지그를 준비하여 안전한 인양이 될 수 있도록 해야 한다.

■ 벽체 철근 선조립 하부는 겹침 이음이 될 수 있도록 수평 철근을 조립하지 않고, 인양 후 설치 시 인력으로 겹침 이음을 한다.

■ 메가 기둥 사례를 보면 1열 철근 직경은 51mm, 2~3열 철근 직경은 35mm이고, 1열은 커플러 이음을 하고, 2~3열은 겹침 이음으로 한다. 1열은 직선 지그를 사용해 인양하여 커플러를 연결하고, 2~~3열은 선조립 철근으로 사각형 철골 지그를 사용해 인양하여 겹침 이음을 한다.

■ 그림 5-1 설명: 가설 철골 복공판 위에 철근 선조립장을 만들어 코어 벽체 철근 선조립, 코어 벽체 모서리 선조립, 메가 기둥 철근 선조립을 한 후 타워크레인으로 양중하여 철근 연결 부위에 설치한다.

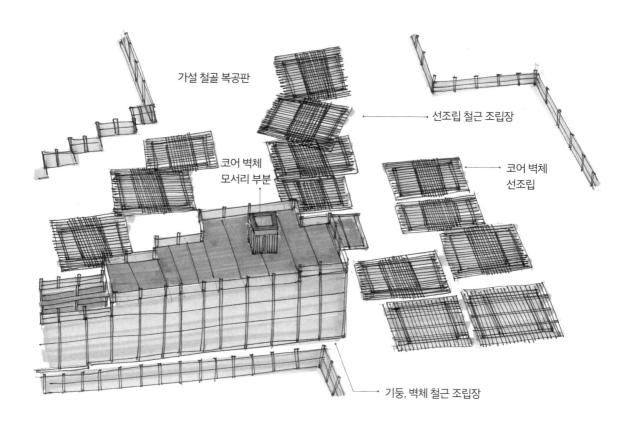

그림 5-1. 코어 벽체 선조립 철근 조립

■ 그림 5-2 설명: 코어 벽체 철근 선조립은 특수 제작한 인양용 지그 위에 코어 벽체 수직 철근과 수평 철근을 선조립한다. 수직 철근은 겹침 이음으로 설치하고, 하단 수평 철근은 설치하지 않고 인양 후 설치 시 인력으로 수평 철근을 배근한다.

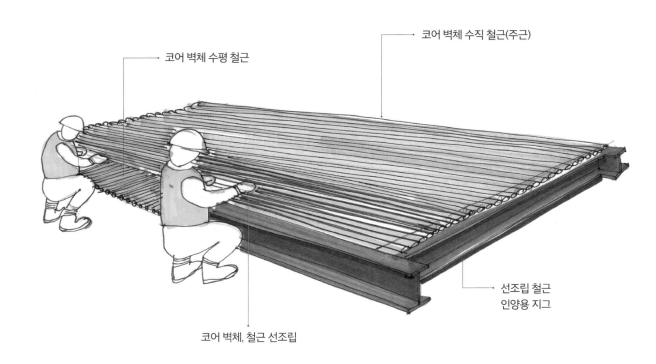

그림 5-2. 코어 벽체 철근 선조립 작업

■ 그림 5-3 설명: 지상 철근 조립장에서 상부 코어 벽체 축소에 따른 철근 축소 작업을 하는 경우는 철근 시공 상세도에 맞게 치수 정밀도를 높여 조립하여야 하며, 일반적이며 반복적인 철근 작업에는 철근 순간격과 피복 확보를 위한 기준틀을 설치하여 발판에서 철근을 조립하면 간격이 맞을 수 있도록 한다.

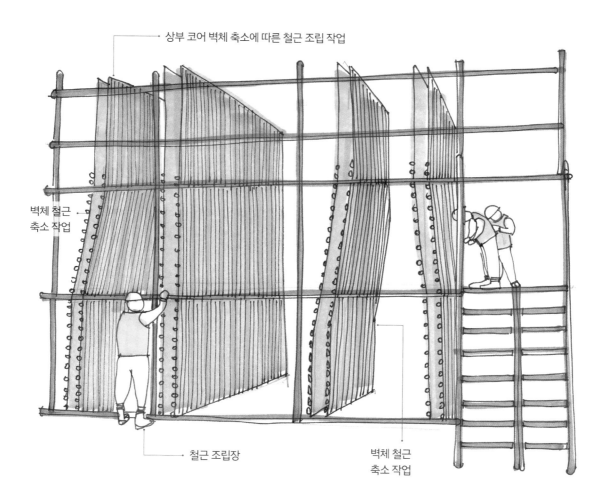

상부 코어 벽체 축소에 따른 철근 조립 작업

벽체 철근
축소 작업

철근 조립장

벽체 철근
축소 작업

그림 5-3. 코어 벽체 축소에 따른 철근 선조립 작업

■ 그림 5-4 설명: 벽체 철근 선조립 시 인양용 지그 위에서 철근을 조립하고, 타워크레인 인양 시 인양용 지그와 선조립 철근을 함께 인양한다.

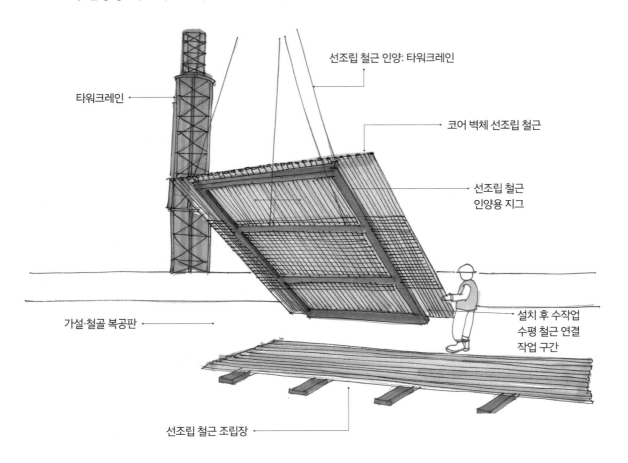

선조립 철근 인양: 타워크레인

타워크레인

코어 벽체 선조립 철근

선조립 철근
인양용 지그

가설·철골 복공판

설치 후 수작업
수평 철근 연결
작업 구간

선조립 철근 조립장

그림 5-4. 코어 벽체 선조립 철근 인양

■ 그림 5-5 설명: 코어 벽체의 모서리 선조립 철근의 사례를 보면, 직각 방향으로 코어 벽체 수평 철근이 배근되어 코어 벽체 간의 수평 연결을 인력으로 할 수 있도록 한다. 타워크레인에 인양용 지그를 연결하고 모서리 선조립 철근을 인양한다.

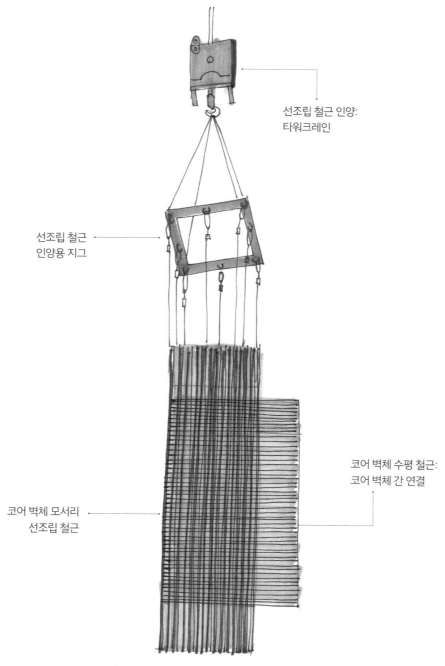

선조립 철근 인양:
타워크레인

선조립 철근
인양용 지그

코어 벽체 수평 철근:
코어 벽체 간 연결

코어 벽체 모서리
선조립 철근

그림 5-5. 코어 벽체 모서리 선조립 철근 인양

■ 그림 5-6,7,8 설명: 코어 벽체 철근 선조립은 인양용 지그 위에 코어 벽체 철근을 선조립한 후 타워크레인으로 지그와 선조립 철근을 함께 인양한다. 코어 벽체 철근 선조립의 하부는 겹침 이음이 될 수 있도록 수평 철근을 조립하지 않고 인양 후 인력으로 겹침 이음을 한다.

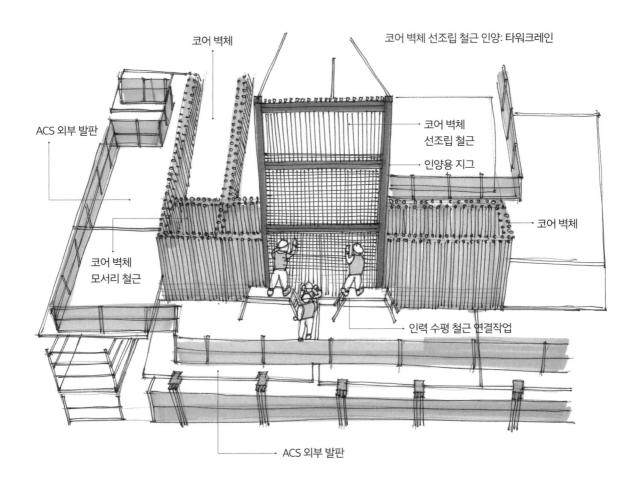

그림 5-6. 코어 벽체 선조립 철근 설치

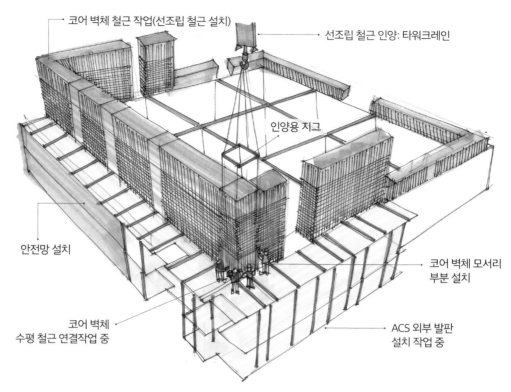

코어 벽체 철근 작업(선조립 철근 설치)

선조립 철근 인양: 타워크레인

인양용 지그

안전망 설치

코어 벽체 모서리
부분 설치

코어 벽체
수평 철근 연결작업 중

ACS 외부 발판
설치 작업 중

그림 5-7. 코어 벽체 모서리 선조립 철근 설치

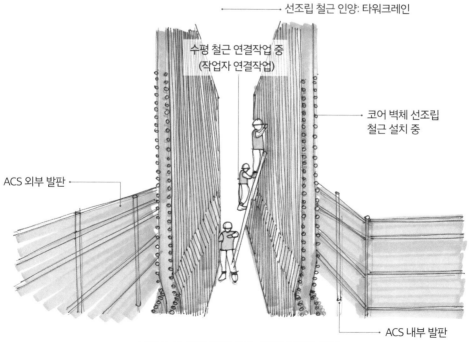

선조립 철근 인양: 타워크레인

수평 철근 연결작업 중
(작업자 연결작업)

코어 벽체 선조립
철근 설치 중

ACS 외부 발판

ACS 내부 발판

그림 5-8. 코어 벽체 축소 선조립 철근 설치

■ 그림 5-9,10 설명: 코어 벽체 선조립 철근의 창호는 목재로 제작한 개구부 박스를 설치한다. 코어 벽체 선조립 철근 설치 시 ACS 시스템의 내부 발판 및 외부 발판에서 작업자들이 벽체 이음 작업을 수행한다.

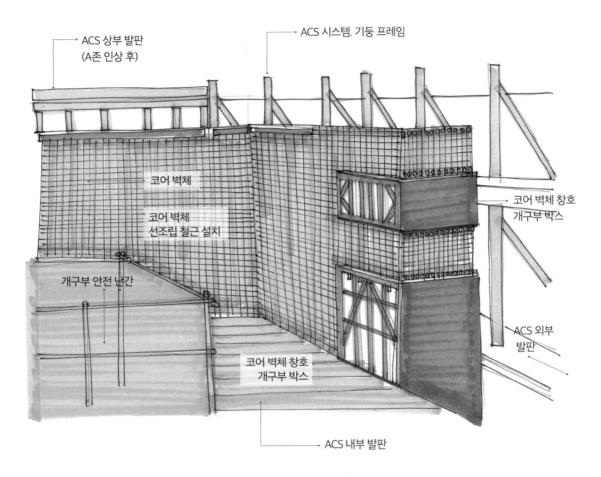

그림 5-9. 코어 벽체 선조립 철근 설치

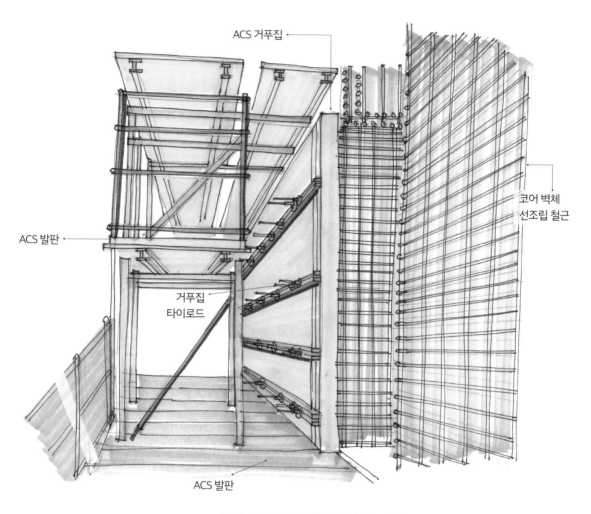

ACS 거푸집

ACS 발판

거푸집
타이로드

코어 벽체
선조립 철근

ACS 발판

그림 5-10. 코어 벽체 선조립 철근 설치

■ 그림 5-11,12,13,14 설명: 메가 기둥 철근 사례를 보면 철근 1열(그림 5-11, 그림 5-12, 그림 5-14) 직경은 51mm, 2~3열(그림 5-13) 직경은 35mm이다. 1열은 커플러 이음이고, 2~3열은 겹침 이음이다. 1열은 직선 지그와 함께 선조립 철근을 조립하고 인양한 후 커플러 이음 위치를 분산하여 3개 높이 차이로 커플러를 연결한다. 2~3열은 선조립 철근을 조립한 후 사각형 지그를 사용하고 인양하여 겹침 이음으로 설치한다.

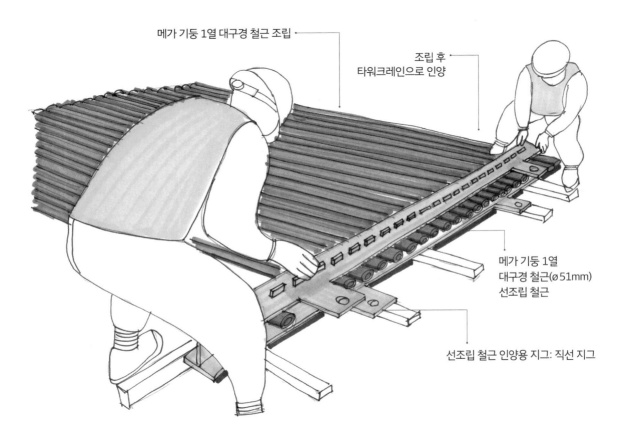

메가 기둥 1열 대구경 철근 조립

조립 후
타워크레인으로 인양

메가 기둥 1열
대구경 철근(ø51mm)
선조립 철근

선조립 철근 인양용 지그: 직선 지그

그림 5-11. 메가 기둥 1열 대구경 선조립 철근 조립

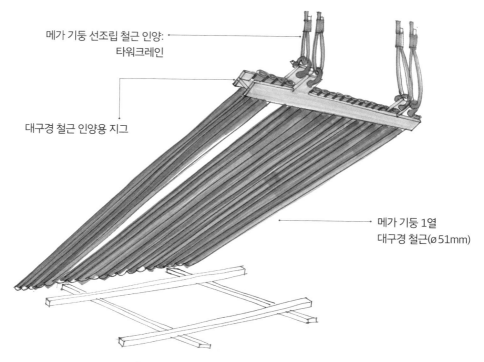

메가 기둥 선조립 철근 인양:
타워크레인

대구경 철근 인양용 지그

메가 기둥 1열
대구경 철근(ø51mm)

그림 5-12. 메가 기둥 1열 대구경 선조립 철근 인양

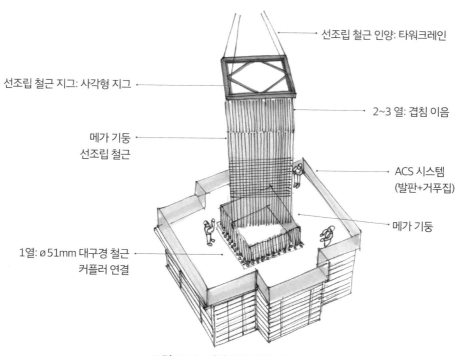

선조립 철근 인양: 타워크레인

선조립 철근 지그: 사각형 지그

2~3 열: 겹침 이음

메가 기둥
선조립 철근

ACS 시스템
(발판+거푸집)

메가 기둥

1열: ø51mm 대구경 철근
커플러 연결

그림 5-13. 메가 기둥 철근 선조립 인양 및 설치

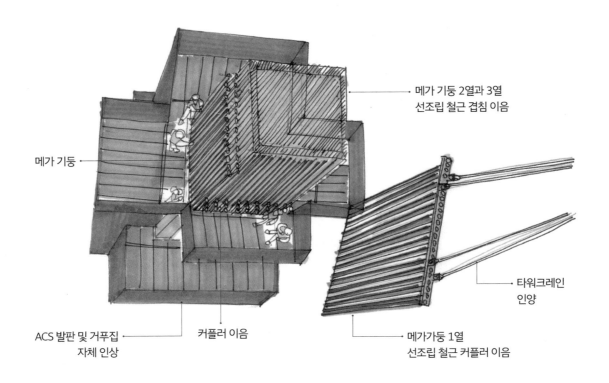

메가 기둥 2열과 3열
선조립 철근 겹침 이음

메가 기둥

타워크레인
인양

ACS 발판 및 거푸집
자체 인상

커플러 이음

메가가둥 1열
선조립 철근 커플러 이음

그림 5-14. 메가 기둥 1열 대구경 선조립 철근 인양

3 안전 관리

- 코어 벽체에 선조립 철근 인양 시 철근 낙하 방지: 코어 벽체에 선조립 철근 인양 시 위험 요인으로는 철근 결속 불량으로 선조립 철근 낙하 등이 있다. 안전 대책으로는 선조립 철근 양중 전에 철근 결속 상태를 점검하고 전담 신호수를 배치하여 양중 하부 구간을 통제한다.
- 코어 벽체에 선조립 철근 연결 시 2인 1조 작업: 코어 벽체에 선조립 철근 작업자 철근 연결 작업 시 위험 요인으로는 ACS 발판 공간이 협소하여 사다리 이동식비계, 말비계 작업 시 추락, 전도 등이 있다. 안전 대책으로는 규정된 사다리 이동식비계, 말비계를 사용하고 ACS 발판 위에서 2인 1조로 작업하고 안전 관리자를 배치한다.

■ 철근 선조립 기술 용어 해설

용어 1 철근 선조립: 기둥과 벽체 철근을 지상의 조립장에서 미리 조립하고 타워크레인으로 양중하여 기둥과 벽체에 설치하는 것을 말한다. 철근 선조립의 목적은 지상 조립장에서 조립하므로 일정한 품질을 유지할 수 있고, 사전 제작한 후 양중하여 설치하므로 공기를 단축할 수 있다.

용어 2 철근 선조립장: 지상에 철근 선조립을 위해 만든 조립장을 말한다. 선조립장에는 순간격과 피복 확보를 위한 기준틀을 설치하여 발판에서 철근을 조립하면 철근 간격이 맞을 수 있게 하여 생산성을 높인다.

용어 3 철근 선조립 인양 지그: 기둥 선조립 철근과 벽체 철근 선조립 인양 시 선조립 철근의 변형 없이 인양하여 설치할 수 있도록 만든 철재 인양 도구를 말한다. 철재 인양 지그는 기둥과 벽체에 선조립 철근 형태에 맞추어 각각 지그 형태가 다르지만, 인양에 적합하다. 타워크레인에 철재 인양 지그를 달고 철근 선조립을 인양한다.

용어 4 철근 선조립 설치: 타워크레인으로 벽체 선조립 철근을 인양하여 설치할 경우, 벽체 철근 선조립 하부는 겹침 이음이 될 수 있도록 수직 철근만 조립하고, 수평 철근을 조립하지 않고 인양 후 인력으로 겹침 이음을 한다.

용어 5 겹침 이음과 커플러 이음: 철근 직경이 35mm 이하이면 겹침 이음 혹은 커플러 이음을 모두 할 수 있으나 35mm를 초과하는 경우에는 커플러 이음만을 할 수 있다.

CHAPTER 6
ACS 시스템과 프로텍션 스크린 기술

1 기술 개요

- ACS 시스템이란, 콘크리트 코어 벽체와 메가 기둥의 골조 공사를 수행하기 위해 안전망, 작업 발판, 거푸집과 인양 장비를 시스템으로 결합하여 한 개 층씩 철근 작업과 콘크리트 타설 작업을 완료한 후 스스로 인양하는 거푸집 시스템을 말한다. ACS 시스템은 층당 3~4일에 콘크리트를 타설하기 위해 초고층 건물에 필수적으로 사용하는 발판 및 거푸집 시스템이다.
- 프로텍션 스크린이란, 외주부 슬래브의 골조 공사를 수행하기 위해 안정망, 작업 발판과 인양 장비를 결합하여 외주부 슬래브의 철근 작업과 콘크리트 타설 작업을 안전하게 수행하도록 도와주고 스스로 인상하는 외부 발판 시스템을 말한다.

2 ACS 시스템 시공 계획 및 시공 시 유의 사항

- ACS 시스템 계획 및 설계는 최종 벽체 벽두께 및 경사각 등이 반영되어야 하며, 작업계획에 따른 코어 벽체 분할에 맞추어 발판 및 거푸집 계획을 해야 한다.
- ACS 시스템 계획 및 설계에는 코어 벽체의 선조립 철근, 코어 내부 타워크레인 위치와 크기, 층당 3~4일 공정, 철골 임베디드 플레이트에 거셋 플레이트 용접용 −3 발판, 점핑 호이스트 위치와 케이지 크기, CPB 중량 크기와 위치, 동절기 열선 보양, 화재방지용 방염 처리 등을 반영한다.

- 코어 벽체는 지상에서 ACS 발판과 거푸집을 조립하는 동안 코어 벽체 지하 6층과 지하 5층을 갱폼으로 콘크리트 공사를 수행한 후 ACS 거푸집과 거푸집 조립이 완료된 시점에서 갱폼을 탈형한 후 ACS 발판과 거푸집을 설치하여 공기 손실을 최소화한다.

- 코어 벽체 기준층 시공 순서는 지상 조립장에서 벽체 철근 조립 → 벽체 철근 양중 → 벽체 철근 설치 → 슈 앵커 설치 → 콘크리트 타설 → 서스펜션 슈 설치 → 프로파일 인상 → ACS 발판 인상 → ACS 거푸집 설치 → 콘크리트 타설 → 콘크리트 양생 → 거푸집 해체 및 박리제 도포 → 반복 작업을 한다.

- 동절기 콘크리트 양생을 위해 ACS 거푸집에 열선을 설치하고, 그 위에 난연 보온재를 설치하고 전기 히터와 방염 천막을 설치한다.

- ACS 해체는 CPB를 가장 먼저 해체하고 CPB 발판을 해체한다. 나머지 ACS 발판과 거푸집을 해체하고, 점핑 호이스트가 있는 ACS 발판은 작업자가 운송되므로 가장 늦게 해체한다.

- 그림 6-1,2 설명: ACS 거푸집과 발판 제작은 운영 주체인 콘크리트 파트너사와 협의하여 직접 참여한다. 초기 ACS 시스템은 전용 조립장을 마련하여 발판과 거푸집을 조립하고, 조립된 발판과 거푸집을 인양하여 벽체 내·외부에 부착하는 기간이 4~5개월 소요된다. 발판 사례는 내부 발판 5개, 외부 발판 7개로 구성되기도 한다.

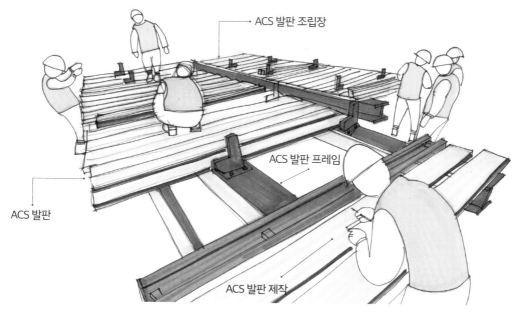

ACS 발판 조립장

ACS 발판 프레임

ACS 발판

ACS 발판 제작

그림 6-1. 초고층 ACS 발판 제작

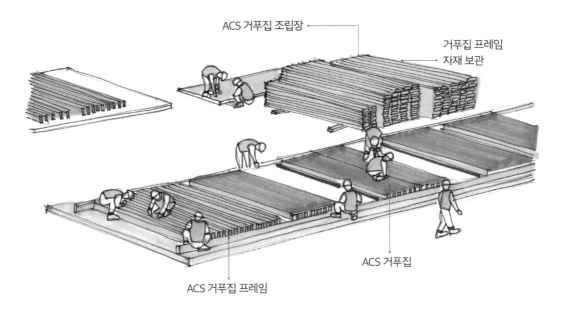

ACS 거푸집 조립장
거푸집 프레임
자재 보관
ACS 거푸집
ACS 거푸집 프레임

그림 6-2. 초고층 ACS 거푸집 제작

■ 그림 6-3,4 설명: ACS 거푸집은 거푸집 합판, 거푸집 프레임, 폼타이용 웨일, 인양 고리로 제작된다. 타워크레인으로 인양 고리에 연결하여 인양한다.

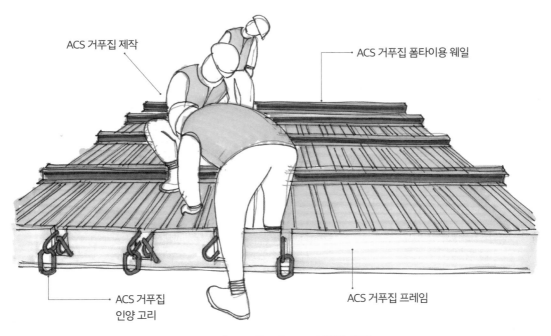

ACS 거푸집 제작
ACS 거푸집 폼타이용 웨일
ACS 거푸집 인양 고리
ACS 거푸집 프레임

그림 6-3. 초고층 ACS 거푸집 제작

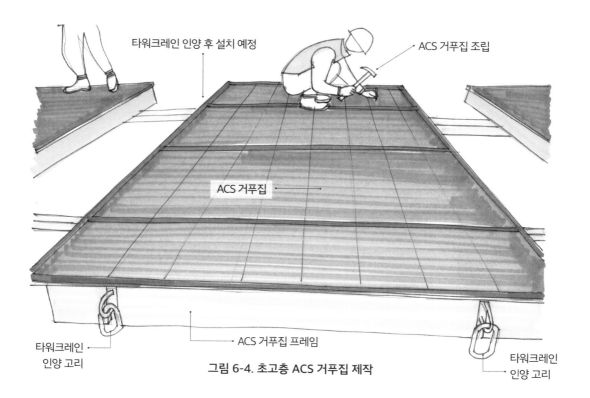

그림 6-4. 초고층 ACS 거푸집 제작

■ 그림 6-5 설명: ACS 시스템 코어 벽체와 엘리베이터 벽체 내·외부에 설치하여 한 개 층씩 인양한다. 코어 벽체 지하층 하단 2개 층(⑩ 지하 5~6층)을 갱폼으로 콘크리트 벽체 공사를 완료한다. 벽체에 슈 앵커와 서스펜션 슈에 의하여 내·외부 발판을 설치하고 콘크리트 타설 및 양생 후 발판을 유압 장비로 인상하고 최하단 슈 앵커를 회수한다.

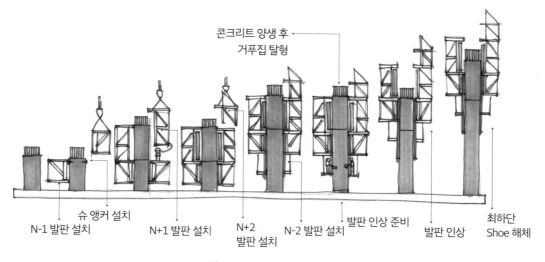

그림 6-5. 초고층 ACS 설치 순서

■ 그림 6-6,7,8 설명: 골조의 개구부와 보 위치를 피해서 슈 앵커를 계획하여야 하며, 골조평면 변경 시 ACS 거푸집과 발판을 해체, 수정, 설치하는 작업이 쉽도록 계획되어야 한다. 코어 벽체와 메가 기둥 철근 배근 시 슈 앵커를 설치하는데, 이는 유니버설 클라이밍 콘을 스톱바에 노란색 표기까지 근입하여 벽체에 매립하는 것을 말한다. 양생 후 서스펜션 슈를 붙이고 콘 스크루를 돌려서 연결하여 ACS 시스템을 벽체와 기둥에 부착한다. 1차 슈 앵커의 설치와 2차 콘 스크루 접합 후 점검하여 부적합한 경우에는 반드시 보완작업을 하여 ACS 시스템의 추락을 방지해야 한다.

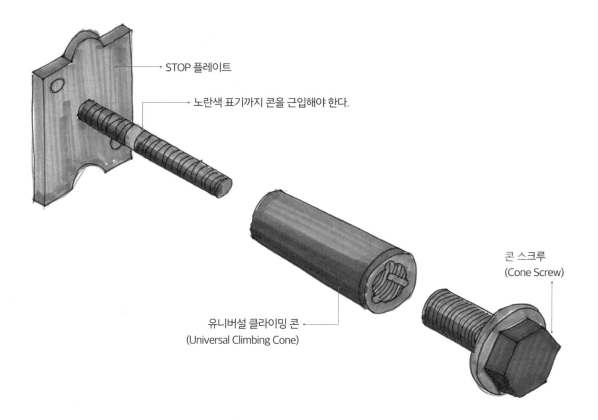

그림 6-6. 초고층 ACS 슈 앵커 설치 개념

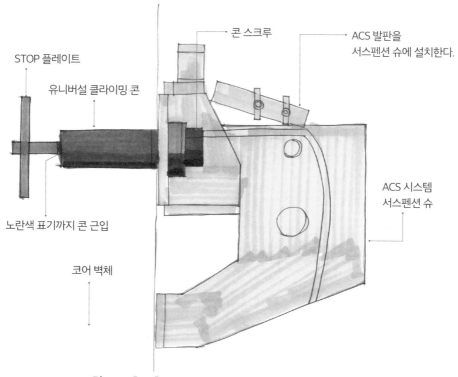

콘 스크루

ACS 발판을
서스펜션 슈에 설치한다.

STOP 플레이트

유니버설 클라이밍 콘

ACS 시스템
서스펜션 슈

노란색 표기까지 콘 근입

코어 벽체

그림 6-7. 초고층 ACS 슈 앵커 및 서스펜션 슈 설치 개념

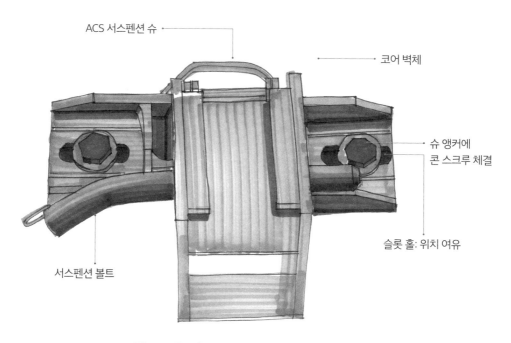

ACS 서스펜션 슈

코어 벽체

슈 앵커에
콘 스크루 체결

슬롯 홀: 위치 여유

서스펜션 볼트

그림 6-8. 초고층 ACS 슈 앵커 및 서스펜션 슈 설치

■ 그림 6-9,10,11 설명: ACS 발판을 제작한 후 인양 장소까지 지게차로 ACS 발판을 이동한 후 타워크레인으로 인양한다. 타워크레인으로 내부 발판을 인양 후 코어 벽체에 기존에 설치된 슈 앵커와 서스펜션 슈에 의하여 내부 발판을 설치한다.

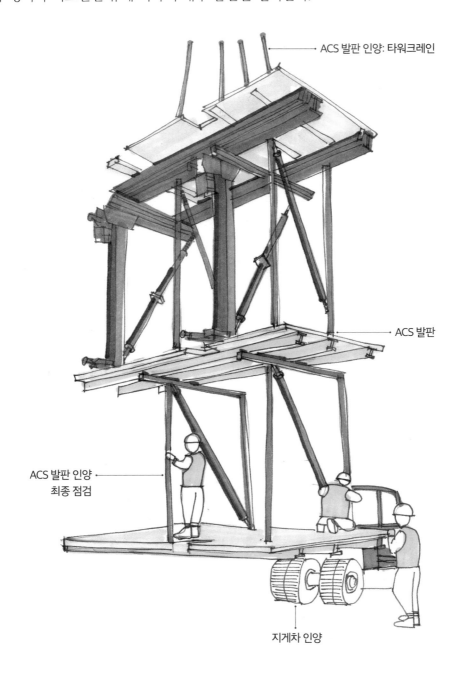

ACS 발판 인양: 타워크레인

ACS 발판

ACS 발판 인양
최종 점검

지게차 인양

그림 6-9. 초고층 ACS 발판 인양

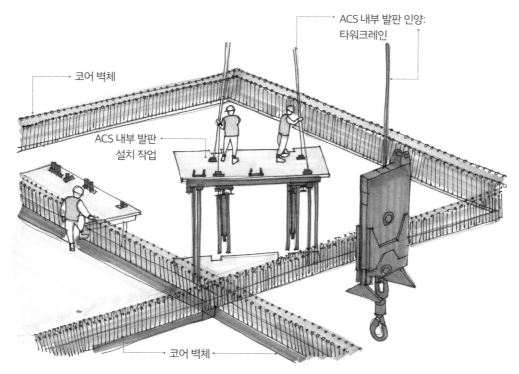

ACS 내부 발판 인양:
타워크레인

코어 벽체

ACS 내부 발판
설치 작업

코어 벽체

그림 6-10. 초고층 ACS 발판 인양

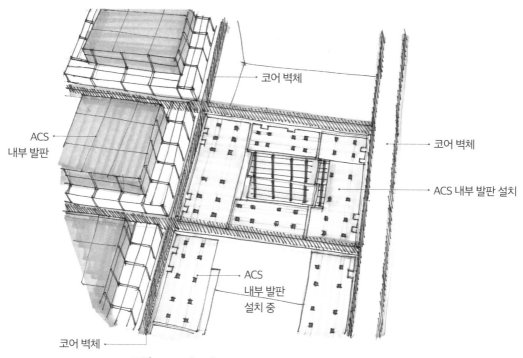

코어 벽체

ACS
내부 발판

코어 벽체

ACS 내부 발판 설치

ACS
내부 발판
설치 중

코어 벽체

그림 6-11. 초고층 ACS 내부 발판 코어 벽체에 설치

■ 그림 6-12,13 설명: ACS 발판 설치 완료 후 타워크레인으로 ACS 거푸집을 인양하여 ACS 발판 프레임에 매달아 설치한다. 벽체 선조립 철근을 설치 후 ACS 거푸집은 인력으로 밀어서 위치하고, 폼타이용 웨일에 타이로드를 끼워 거푸집을 고정한다.

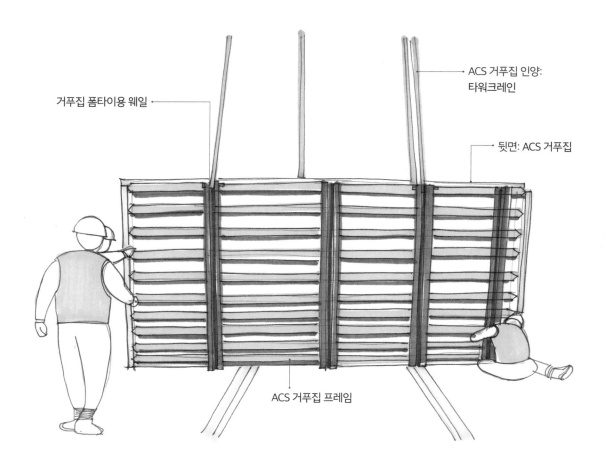

거푸집 폼타이용 웨일

ACS 거푸집 인양:
타워크레인

뒷면: ACS 거푸집

ACS 거푸집 프레임

그림 6-12. 초고층 ACS 거푸집 인양

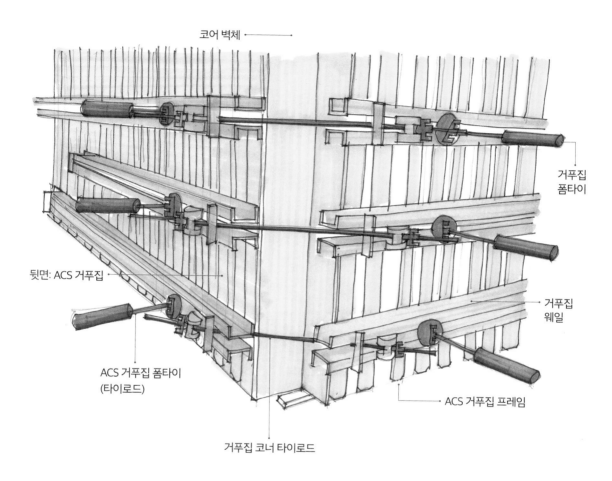

코어 벽체

거푸집
폼타이

뒷면: ACS 거푸집

거푸집
웨일

ACS 거푸집 폼타이
(타이로드)

ACS 거푸집 프레임

거푸집 코너 타이로드

그림 6-13. 초고층 코어 벽체 ACS 거푸집 설치

■ 그림 6-14 설명: 코어 벽체 두께가 변화하는 경우 두께 축소 200mm까지는 ACS 허용경사각 ±15도로 아무 보조 장치 없이 기울여서 벽체 두께 변화에 대응할 수 있다. 두께 축소 200mm 초과 시는 익스텐션 슈를 사용하여 대응한다. 실제로 ACS 시스템의 스핀들을 돌려서 ACS 발판을 기울이거나 수평을 맞춘다.

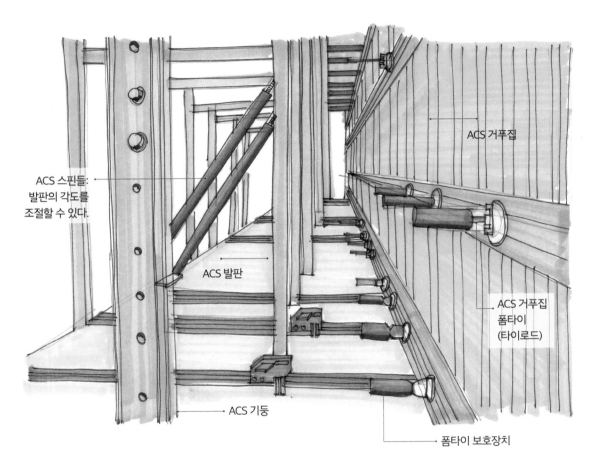

ACS 거푸집

ACS 스핀들:
발판의 각도를
조절할 수 있다.

ACS 발판

ACS 거푸집
폼타이
(타이로드)

ACS 기둥

폼타이 보호장치

그림 6-14. 초고층 ACS 발판 및 거푸집 설치

■ 그림 6-15 설명: ACS 발판을 설치한 후 발판과 코어 벽체에 틈새가 발생하여 자재 등의 낙하 위험이 발생할 수 있다. 이를 방지하기 위해 ACS 발판에 합판 힌지를 설치하는데, 힌지는 접었다 펼 수 있어서 코어 벽체 틈새를 막아준다.

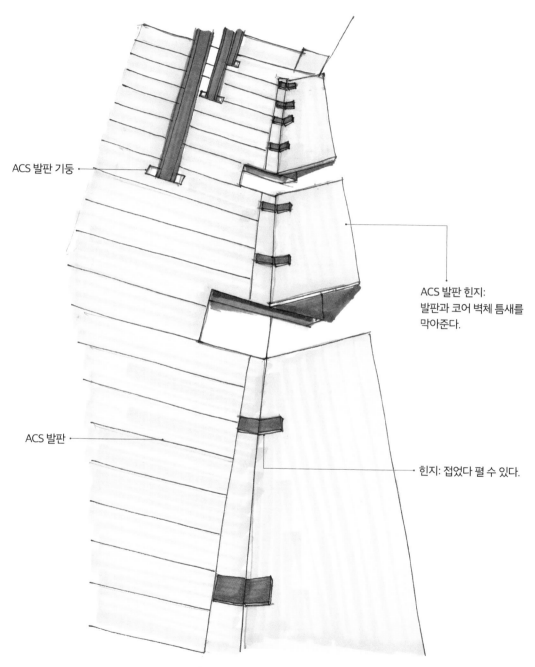

ACS 발판 기둥

ACS 발판 힌지:
발판과 코어 벽체 틈새를
막아준다.

ACS 발판

힌지: 접었다 펼 수 있다.

그림 6-15. 초고층 ACS 발판 힌지

■ 그림 6-16,17,18 설명: ACS 시스템은 사다리 역할을 하는 클라이밍 프로파일, 클라이밍 프로파일을 상단부에서 고정해 주는 슈 앵커와 서스펜션 슈, 프로파일을 하단부에서 잡아주는 서포팅 케리지 등으로 구성된다. 클라이밍 프로파일에 2개 상·하부 리프팅 메커니즘을 설치하고 2개 사이를 연결한 유압 실린더를 설치하여 상부 리프팅 메커니즘을 밀어 올린 후, 상부 리프팅 메커니즘의 발톱을 클라이밍 프로파일 철골 홈에 걸고 하부 리프팅 메커니즘을 당겨서 하부 리프팅 메커니즘의 발톱을 다시 프로파일 철골 홈에 걸면서 ACS 발판을 인상시킨다. 유압 장비에서 유압 에너지를 공급하여 유압 실린더를 작동시킨다.

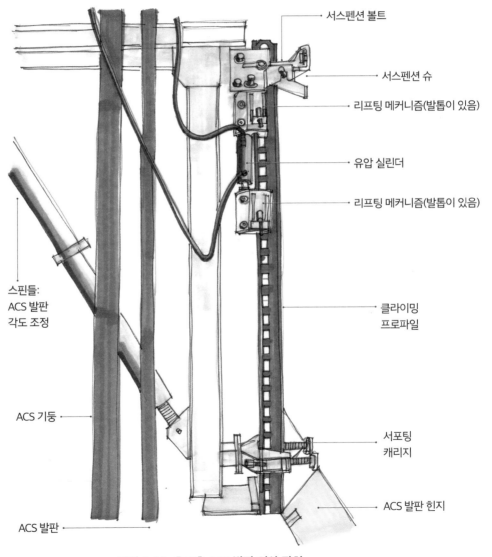

그림 6-16. 초고층 ACS 발판 인상 장치

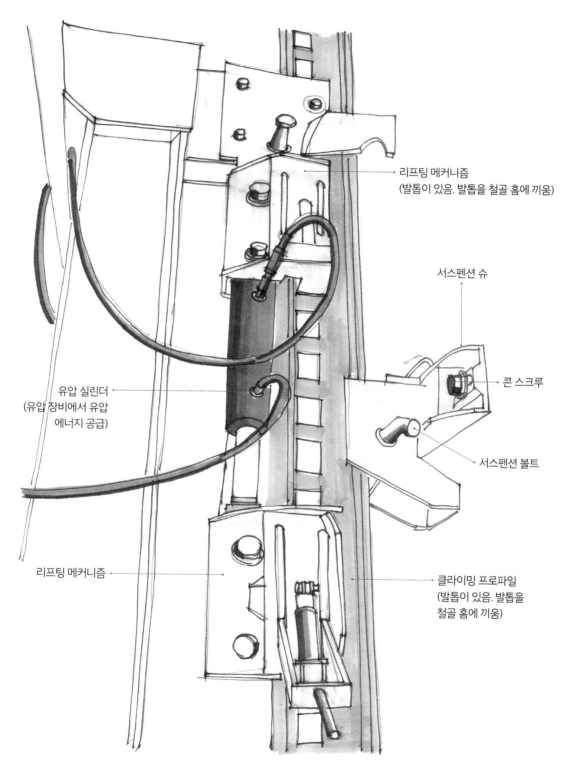

리프팅 메커니즘
(발톱이 있음. 발톱을 철골 홈에 끼움)

서스펜션 슈

콘 스크루

유압 실린더
(유압 장비에서 유압
에너지 공급)

서스펜션 볼트

리프팅 메커니즘

클라이밍 프로파일
(발톱이 있음. 발톱을
철골 홈에 끼움)

그림 6-17. 초고층 ACS 발판 인상 장치

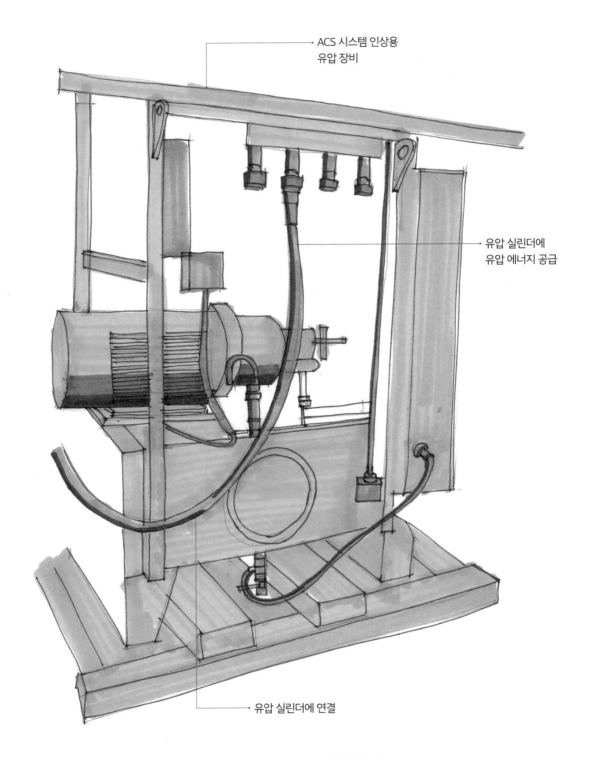

ACS 시스템 인상용
유압 장비

유압 실린더에
유압 에너지 공급

유압 실린더에 연결

그림 6-18. 초고층 ACS 발판 인상 유압 장비

■ 그림 6-19 설명: ACS 시스템은 전담 목수팀이 배정되어 콘크리트 타설 전에 거푸집 설치 및 인양 작업을 전담하여 수행한다. 코어 벽체는 2개 구역(Zooning)으로 구분하여 계획하고, 이에 맞추어 ACS 시스템도 2개 구역(Zooning)으로 구분하여 인상한다.

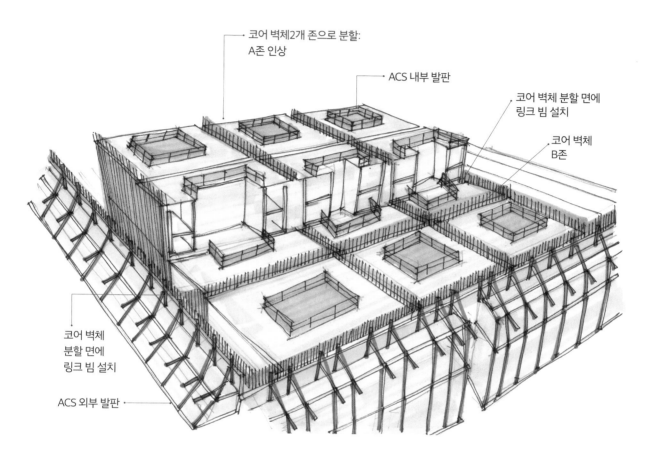

그림 6-19. 초고층 코어 벽체 ACS 자체 인상

■ 그림 6-20 설명: 코어 벽체와 같은 방식으로 메가 기둥의 지하층 하단 2개 층(예 지하 5~6층)을 사전에 제작된 거푸집으로 콘크리트 벽체 공사를 완료한다. 메가 기둥에 설치된 슈 앵커와 서스펜션 슈에 의하여 ACS 발판을 설치하고, 콘크리트 타설 및 양생 후 발판을 유압 장비로 인상하고 최하단 슈 앵커를 회수한다.

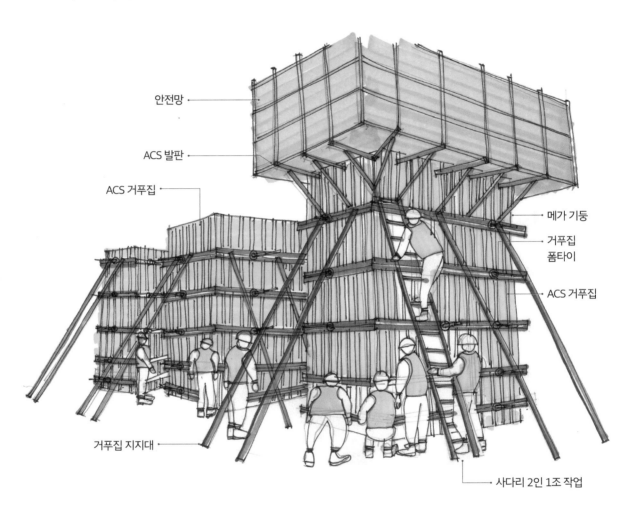

안전망

ACS 발판

ACS 거푸집

메가 기둥

거푸집 폼타이

ACS 거푸집

거푸집 지지대

사다리 2인 1조 작업

그림 6-20. 초고층 메가 기둥 ACS 거푸집 설치

■ 그림 6-21 설명: 코어 벽체에는 각각 내·외부 발판을 설치하고 메가 기둥도 각각 발판을 설치하여 운영한다. 콘크리트를 타설하는 CPB(Concrete Placing Boom)를 ACS 시스템 외부 발판에 설치하여 ACS 시스템 인양 시 CPB도 함께 인양한다. 사전에 CPB 장비의 하중과 제원을 ACS 시스템 설계에 반영해야 한다. 타워크레인을 코어 내부 벽체 공간에 설치하는 경우에는 타워크레인 마스트에서 내부 발판까지 500mm 이격 거리를 두도록 ACS 시스템 내부 발판 설계 시 반영해야 한다. 이는 바람 등으로 타워크레인의 흔들림으로 인해 내부 발판 충돌을 방지하기 위한 조치이다. 외주부 골조 상부 4개 층에는 프로텍션 스크린을 설치하여 슬래브 바닥 철근 및 거푸집 공사 시 안전망 역할을 하도록 한다.

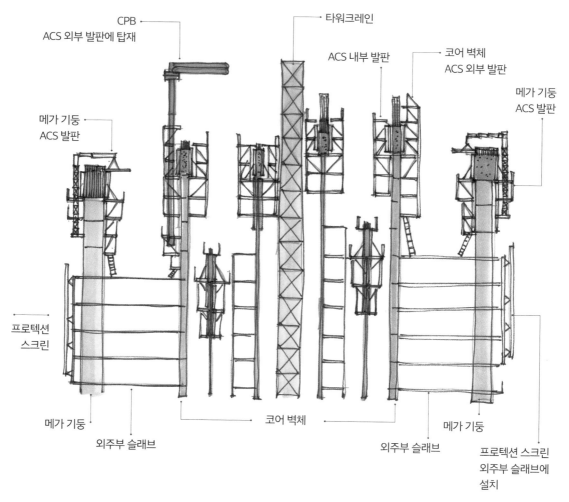

그림 6-21 초고층 ACS 시스템 설치 단면

3 프로텍션 스크린 시공 계획 및 시공 시 유의 사항

■ 프로텍션 스크린은 슬래브 콘크리트 타설 후 다음 날 인상을 해야 상부층 철근 배근 및 단부 시공 시 안전스크린 역할을 할 수 있다.

■ 프로텍션 스크린이 아웃리거 구간을 만나면 아웃리거 부재와의 간섭으로 프로텍션 스크린 앵커 지지가 불가할 수 있어 프로텍션 스크린 사용이 불가할 수 있다.

■ 그림 6-22 설명: 프로텍션 스크린은 야적장과 조립장에 필요하며, 조립장에서 상부 판넬과 하부 판넬을 분리하여 조립하고, 조립이 완료된 판넬은 지게차로 이동하여 타워크레인으로 양중한다.

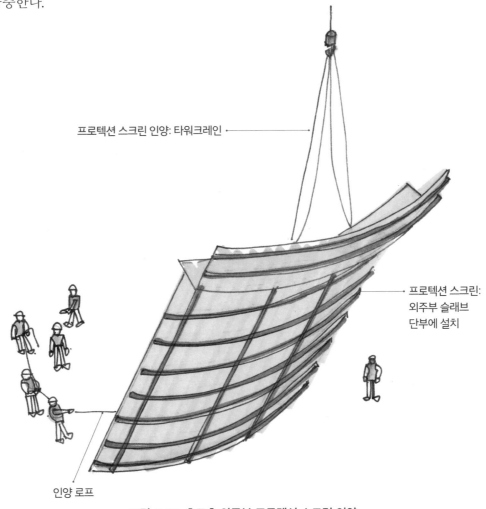

프로텍션 스크린 인양: 타워크레인

프로텍션 스크린:
외주부 슬래브
단부에 설치

인양 로프

그림 6-22. 초고층 외주부 프로텍션 스크린 인양

■ 그림 6-23,24 설명: 프로텍션 스크린은 슬래브 4개 층에서 지지하는 구조이므로 하부 판넬을 슬래브 2개 층에 지지하고, 상부 판넬을 슬래브 2개 층에 지지한다. 프로텍션 스크린은 데크 슬래브 단부에 바닥 앵커에 의해서 지지하므로 데크 슬래브 단부는 추가 철근으로 보강해야 한다.

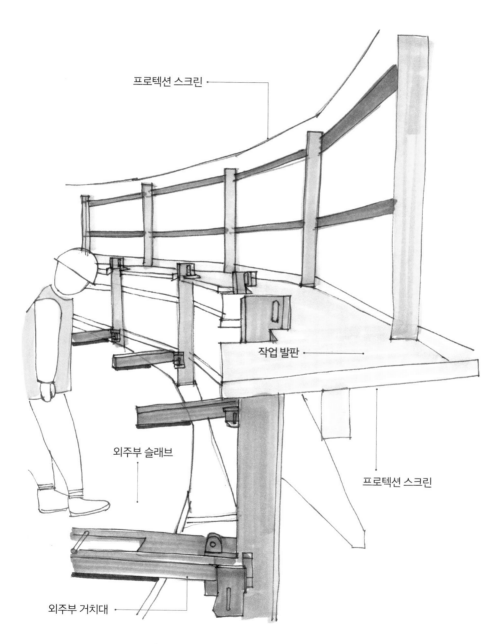

프로텍션 스크린

작업 발판

외주부 슬래브

프로텍션 스크린

외주부 거치대

그림 6-23. 외주부 슬래브 프로텍션 스크린 설치

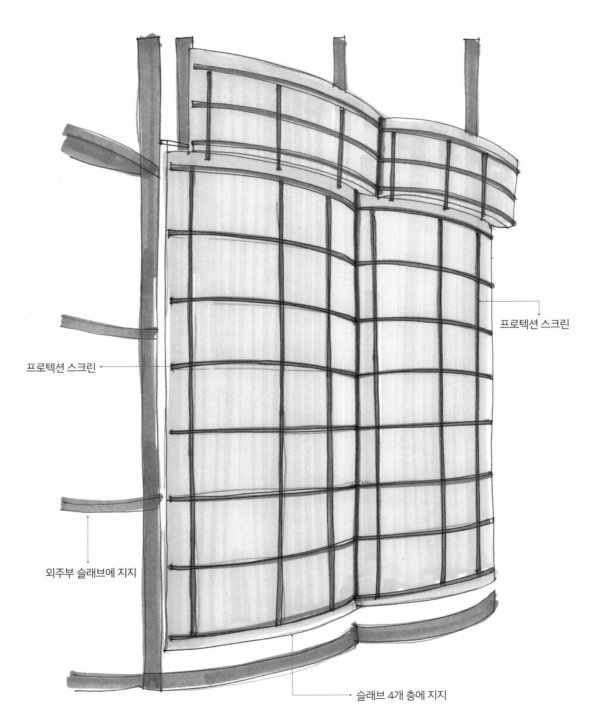

프로텍션 스크린

프로텍션 스크린

외주부 슬래브에 지지

슬래브 4개 층에 지지

그림 6-24. 초고층 외주부 프로텍션 스크린 설치

4 안전 관리

- ACS 시스템 안전망 설치: ACS 시스템 설치 후 ACS 수직 기둥에 수직망 설치, ACS 수직 개구부에 수직망 설치, ACS 발판 개구부에 안전망 설치, 발판과 벽체 틈새에 개폐식 힌지덮개 설치, 최하단 발판 하부에 안전망 설치, 코어 벽체 하부에 낙하물 방지망 등을 설치한다.
- ACS 시스템 방염도장 도포 및 소화기 비치: ACS 시스템은 주로 목재로 구성되어 ACS 발판에 방염도장을 도포하고, 발판 내부 공간에 가설소화전 설치, 분말소화기, 확산소화기 등을 설치하여 화재사고 예방에 대비한다.
- ACS 시스템 충돌 방지 시설 부착과 충돌주의 스티커 부착: ACS 발판은 공간이 협소하여 폼타이와 같은 날카로운 물체에는 충돌 방지용으로 탈착식 은박 스치로폼 등으로 충돌 방지 시설을 부착하고, 충돌주의 스티커를 부착하여 작업자 부상을 방지한다.
- ACS 발판 공간에 통로 이동 및 대피 안내표지 부착: ACS 발판 공간에는 통로 이동 및 대피 안내표지를 부착하여 작업자에게 평상시와 비상시 충분한 정보를 제공한다.
- ACS 하부 발판 용접 작업 시 화재감시자 배치: ACS 하부 발판에서 코어 벽체의 임베디드 플레이트에 거셋 플레이트 혹은 앵글을 부착하기 위한 용접 작업 시 화재감시자를 배치하고, 상부 용접 부위에 나팔관 모양의 불티보양 시설을 설치하고, 하부에 고무판을 설치하여 용접 작업을 하고, 용접 작업 후 고무판 위에 물을 뿌려 잔불 정리를 한다.
- ACS 거푸집 해체 및 박리제 도포 시 추락 방지: ACS 거푸집 해체 및 박리제 도포 시 위험 요인으로는 발판 공간 협소로 박리제 도포 작업 중 작업자 추락이 있다. 안전 대책으로는 개인보호장구 착용 및 안전 고리를 체결하고 2인 1조로 작업한다.
- ACS 발판 인상 전 콘크리트 강도 준수: ACS 발판 인상은 콘크리트 양생 1일 이상, 압축 강도 10MPa 이상 발현 후에 실시하여 ACS 발판 추락을 방지해야 한다.
- ACS 발판 클라이밍 프로파일 인상 시 전담 작업자 수행: ACS 발판 클라이밍 프로파일 인상 시 위험 요인으로는 작업자 조작 미숙으로 고정부 탈락에 의한 클라이밍 프로파일 낙하 등이 있다. 안전 대책으로는 ACS 시스템 교육을 이수한 전담자가 클라이밍 프로파일을 인상하고, 클라이밍 프로파일을 서스펜션 슈까지 인상 후 웨지핀과 안전핀을 체결하고 점검한다. 신호수를 배치하여 작업구간 하부구역을 통제한다.
- ACS 발판 인상 시 매뉴얼 준수: ACS 발판 인상 시 위험 요인으로는 슈 앵커 매입 불량, 서스펜션 슈 볼트 체결 불량, 발판 과적재로 인한 ACS 추락 등이 있고, ACS 구역 분할(Zooning)

에 의한 인상 후 단차 발생 구간에 작업자의 추락이 있다. 안전 대책으로는 슈 앵커 노란색 라인까지 체결 점검, 슈 앵커 설치 상태 점검, 서스펜션 슈 볼트 체결 점검(3.5cm 이상 체결), 인상 전 발판 자재 정리, 인상 후 단차 발생 구간에 안전 난간대 설치 등이 있다.

■ 콘크리트 양생 후 바닥 접합면 바닥할석 작업 시 안구 손상 방지: 콘크리트 양생 후 바닥 접합면 바닥할석 작업 시 위험 요인으로는 바닥할석 시 콘크리트 조각 비산으로 안구 손상 등이 있다. 안전 대책으로는 개인보호구 및 보안경 착용이 있다.

■ ACS 발판 내 동절기 콘크리트 양생 시 화재 발생 방지: ACS 발판 내 동절기 콘크리트 양생 시 위험 요인으로는 ACS 거푸집에 열선 및 난연보온재를 설치하기 때문에 화재 위험이 있다. 안전 대책으로는 ACS 거푸집에 열선 및 난연보온재를 설치한 곳에는 소화기를 추가로 배치하고, 전기히터와 방염천막에도 소화기를 추가로 배치하고, 야간에 전담 방화 관리자를 배치하여 화재 사고를 예방한다.

■ 비상시 ACS 작업자 대피 방법: 코어 선행 공법에서 화재 발생 등 비상 상황에서 ACS 작업자를 대피시키는 방법에는 외주부와 ACS 발판을 운행하는 점핑 호이스트를 통한 대피, 타워크레인 마스트의 수직 승강 사다리를 통한 대피, 타워크레인으로 인양구조함, 인양구조 컨테이너를 통한 대피 등이 있으나, 이를 통한 대피 불가 상황을 대비하여 코어 벽체 내부에 피난용 계단 1개소를 시공하여 작업자를 대피시킬 수 있도록 제안한다.

■ ACS 발판 강풍 및 태풍 대비 체결 및 결속 강화: ACS 발판 강풍 및 태풍 시 ACS 발판 위에 자재를 정리 후 결속하고, 수직망을 재결속하고, 강풍 영향 우려가 있는 수직망은 부분 제거하고, ACS 거푸집은 폼타이 볼트를 체결하고, CPB는 와이어 로프로 결속하여 강풍 및 태풍에 대비한다.

■ ACS 기술 용어 해설

용어 1 ACS 시스템: 콘크리트 코어 벽체와 메가 기둥의 골조 공사를 수행하기 위해 안전망, 작업 발판, 거푸집과 인양 장비를 시스템으로 결합하여 한 개 층씩 철근 작업, 거푸집 작업, 콘크리트 타설 작업을 완료한 후 스스로 인양하는 발판과 거푸집 시스템을 말한다. ACS 시스템은 층당 3~4일에 콘크리트를 타설하기 위해 초고층 건물에 필수적으로 사용한다.

용어 2 ACS 시스템 반영 사항: 코어 벽체의 선조립 철근, 코어 내부 타워크레인 위치와 크기, 층당 3~4일 공정, 철골 임베디드 플레이트에 거셋 플레이트 용접용 -3 발판, 점핑 호이스트 위치와 케이지 크기, CPB 제원인 중량 크기와 위치, 동절기 열선 보양, 화재 방지용 방염 처리 등을 반영한다.

용어 3 ACS 시스템 조립 및 설치: ACS 발판과 ACS 거푸집 전용 조립장을 마련하여 발판과 거푸집 순으로 조립하고, 조립된 발판과 거푸집을 인양하여 벽체 내·외부에 부착하는 기간이 4~5개월 소요된다. 발판 사례를 보면 내부 발판 5개, 외부 발판 7개로 구성되기도 한다.

용어 4 ACS 발판 설치: 코어 벽체와 메가 기둥 철근 배근 시 슈 앵커를 설치하는데, 이는 유니버설 클라이밍 콘을 스톱바에 노란색 표기까지 근입하여 벽체에 매립하는 것을 말한다. 양생 후 서스펜션 슈를 붙이고 콘 스크루로 돌려서 연결하여 ACS 시스템을 벽체와 기둥에 부착한다. 1차 슈 앵커의 설치와 2차 콘 스크루 조임 후 점검하여 부적합한 경우에는 보완 작업을 필히 하여 ACS 시스템의 추락을 방지해야 한다.

용어 5 ACS 거푸집 설치: ACS 발판 설치 완료 후 타워크레인으로 ACS 거푸집을 인양하여 ACS 발판 프레임에 매달아 설치한다. 벽체 선조립 철근을 설치 후 ACS 거푸집은 인력으로 밀어서 위치하고, ACS 거푸집의 폼타이용 웨일에서 타이로드를 끼워 거푸집을 고정한다.

용어 6 ACS 발판의 코어 벽체 두께 변화 대응: 코어 벽체 두께가 변화하는 경우 두께 축소 200mm까지는 ACS 허용 경사각 ±15도로 아무 보조 장치 없이 기울여서 벽체 두께 변화에 대응할 수 있다. 두께 축소 200mm 초과 시는 익스텐션 슈를 사용하여 대응한다. 실제로 ACS 시스템의 스핀들을 돌려서 ACS를 기울이거나 수평을 맞춘다.

용어 7 ACS 발판 힌지 설치: ACS 발판을 설치한 후 발판과 코어 벽체에 틈새가 발생하여 자재 등의 낙하 위험이 발생할 수 있다. 이를 방지하기 위해 ACS 발판에 합판 힌지를 설치하는데, 힌지는 접었다 펼 수 있어서 코어 벽체 틈새를 막아준다.

용어 8 ACS 발판 인상: ACS 시스템은 사다리 역할을 하는 프로파일, 프로파일을 상단부에서 고정해 주는 슈 앵커와 서스펜션 슈, 프로파일 하단부에서 잡아주는 서포팅 케리지 등으로 구성된다. 프로파일에 2개 상하부 리프팅 메커니즘를 설치하고 2개 사이를 연결한 유압 실린더를 설치하여 상부 리프팅 메커니즘을 밀어 올린 후, 상부 리프팅 메커니즘의 발톱을 프로파일 철골 홈에 걸고, 하부 리프팅 메커니즘을 당겨서 하부 리프팅 메커니즘의 발톱을 다시 프로파일 철골 홈에 걸면서 ACS 발판을 인상시킨다. 유압 장비에서 유압 에너지를 공급하여 유압 실린더를 작동시킨다.

용어 9 ACS 발판 분할(Zooning) : 코어 벽체의 공사 분할(Zooning)에 맞추어 ACS 발판도 분할하여 운영하는데, ACS 분할 사례를 보면 코어 벽체 공사 분할을 2개로 하면 ACS 발판도 2개로 분할하여 인상한다. ACS 시스템에는 ACS 목수팀이 전담으로 배정되어 ACS 발판 인양 작업과 ACS 거푸집 설치 작업 등을 전담하여 수행해야 한다.

용어 10 ACS 발판에 타워크레인 반영: 타워크레인을 코어 벽체 내부 공간에 설치하는 경우에는 타워크레인 마스트에서 내부 발판까지 500mm 이격 거리를 두도록 ACS 시스템 내부 발판 설계 시 반영해야 한다. 이는 바람 등으로 타워크레인의 흔들림으로 인해 내부 발판 충돌을 방지하기 위한 조치이다.

용어 11 ACS 발판에 CPB 반영: 콘크리트를 타설하는 CPB(Concrete Placing Boom)를 ACS 시스템 외부 발판에 설치하여 ACS 시스템 인양 시 CPB도 함께 인양한다. 사전에 CPB 장비의 하중과 제원을 ACS 시스템 설계에 반영해야 한다.

용어 12 ACS 거푸집 동절기 양생: 동절기 콘크리트 양생을 위해 ACS 거푸집에 열선을 설치하고, 그 위에 난연보온재를 설치하고 방염천막을 설치한 후 발판 내부에 전기히터를 설치한다.

용어 13 ACS 시스템 해체: ACS 해체는 CPB를 가장 먼저 해체하고 CPB 발판을 해체한다. 나머지 ACS 발판과 거푸집을 해체하고, 호이스트가 있는 ACS 발판은 작업자가 운송되므로 가장 늦게 해체한다.

용어 14 프로텍션 스크린: 외주부 슬래브의 골조 공사를 수행하기 위해 안전망, 작업 발판과 인양 장비를 결합하여 외주부 슬래브의 철근 작업과 콘크리트 타설 작업을 안전하게 수행하도록 도와주고 스스로 인상하는 외부 발판 시스템을 말한다.

용어 15 프로텍션 스크린 구성: 프로텍션 스크린은 슬래브 4개 층에서 지지하는 구조이므로 하부 판넬을 슬래브 2개 층에 설치하고, 상부 판넬을 슬래브 2개 층에 설치한다. 프로텍션 스크린은 데크 슬래브 단부에 바닥 앵커에 의해서 지지하므로 데크 슬래브 단부는 추가 철근으로 보강해야 한다.

memo

CHAPTER 7
고강도 콘크리트 기술
(메가 기둥, 코어 벽체 타설)

1 기술 개요

- 초고층 콘크리트 기술에는 고강도 콘크리트 기술, 고유동 콘크리트 기술, 조기 강도 발현 기술, 내화 콘크리트 기술 등이 필요하다.

2 시공 계획 및 시공 시 유의 사항

- 고강도 콘크리트 기술이란, 초고층 건물의 수직 부재인 코어 벽체와 메가 기둥에 사용할 콘크리트 강도가 80MPa인 고강도 콘크리트를 배합 설계하는 기술을 말한다.
- 고유동 콘크리트 기술이란, 초고층 코어 벽체에 설치된 수직 배관을 통한 콘크리트 압송이 가능한 고유동 콘크리트를 배합 설계하는 기술을 말한다.
- 조기 강도 발현 기술이란, 코어 벽체의 층당 3~4일 시공을 실현하기 위하여 재령 16시간에 10MPa을 발현하여 ACS 거푸집을 탈형하여 인상할 수 있도록 하는 기술을 말한다.
- 내화 콘크리트 기술이란, 국토해양부 고시에서 규정한 40MPa 이상 고강도 콘크리트 적용 시 기둥과 보에 3시간 내화 인증을 획득할 수 있는 기술을 말한다.
- 기둥과 보의 콘크리트 속에는 잉여수가 있는데, 화재 시 높은 온도에 의하여 잉여수가 액체에서 기체로 변하고 기체인 수증기의 압력이 점점 커지면 콘크리트 조각이 떨어지고 수증기가 밖으로 나오는데, 이를 폭열현상이라고 말한다. 폭열현상이 발생하면 콘크리트 조각이 떨

어지고 철근이 노출되어 주변의 높은 온도에 의해서 철근이 녹아서 건물이 붕괴할 수 있다.

■ 상기 폭열현상을 방지하는 3시간 내화 인증을 구현하기 위하여 콘크리트 배합 시 PP 섬유를 혼입하여 화재 시 높은 온도에 의하여 섬유가 먼저 녹아서 섬유가 있던 위치에 통로가 형성되고, 이 통로를 통하여 콘크리트 속의 높은 압력의 수증기를 외부로 방출하여 폭열을 방지하고 철근을 보호하여 건물이 붕괴하는 것을 막는 것이다. 상기 PP 섬유를 콘크리트 배합 시에 혼입하는 것을 폴리믹스 혼입공법이라고 말한다.

■ 고강도 콘크리트의 메가 기둥과 코어 벽체 목업 시험을 계획하는데, 목업 시험용 철근과 거푸집을 시공한 후 펌프카로 콘크리트 타설 전·후의 콘크리트 품질 시험을 수행하여 시험 값을 고강도 콘크리트 배합 설계에 반영한다.

■ 콘크리트 품질 시험은 슬럼프 플로우 시험, L-플로우 시험, V-로트 시험, U-박스 시험 등을 수행한다.

■ 코어 벽체 공사의 고강도 콘크리트 타설은 초고압 펌프의 배관 중 코어 벽체용 배관에 연결된 CPB를 이용하여 타설한다. CPB의 자바라 호스를 콘크리트 속에 넣고 타설에 따라 자바라 호스를 조금씩 올리면서 재료 분리가 발생하지 않도록 타설한다.

■ 코어 슬래브 공사는 외주부 슬래브 공사와 동일 층에서 공사하는 것으로 계획한다. 외주부 슬래브의 바로 위층 슬래브의 데크 플레이트 판개 작업 전에 철근 양중을 하여 외주부 슬래브 동일 층에서 코어 슬래브 층으로 철근을 이동하여 설치한다. 코어 슬래브 공사의 콘크리트 타설은 초고압 펌프의 외주부 슬래브용 배관을 이용하여 코어 슬래브에 콘크리트를 타설한다.

■ 메가 기둥 공사의 고강도 콘크리트 타설은 코어 벽체와 메가 기둥의 층 차이가 적을 경우에는 코어 벽체 외부 발판에 설치된 CPB를 이용하여 메가 기둥의 콘크리트를 타설할 수도 있다. 코어 벽체와 메가 기둥의 층 차이가 클 경우에는 CPB 대신에 버킷으로 콘크리트를 인양하여 메가 기둥에 콘크리트를 타설할 수도 있다.

■ 외주부 슬래브 공사의 콘크리트 타설은 초고압 펌프의 배관 중 외주부 슬래브용 배관을 이용하여 타설한다. 코어 벽체와 외주부 슬래브의 층 차이가 적을 경우에는 코어 벽체 외부 발판에 설치된 CPB를 이용하여 외주부 슬래브에 콘크리트를 타설할 수도 있다.

■ 코어 벽체 혹은 메가 기둥의 콘크리트 타설 후 익일 오전에 핸드 브레커로 할석 작업을 한 후 콘크리트 상부에 있는 레이턴스를 제거하여 기존 경화된 콘크리트와 새로운 콘크리트의 결합성을 높여준다.

■ 그림 7-1,2 설명: 초고층 메가 기둥과 코어 벽체의 단위부재를 철근과 거푸집으로 시공하여 펌프카로 콘크리트 타설 전에 콘크리트 시험을 수행하고, 타설 후 수화열과 압축 강도 시험을 수행하여 시험 값을 고강도 콘크리트 배합 설계에 피드백하기 위한 목적이다.

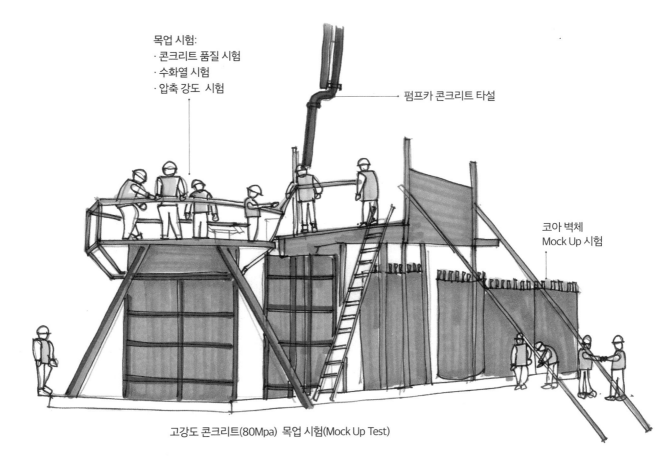

목업 시험:
· 콘크리트 품질 시험
· 수화열 시험
· 압축 강도 시험

펌프카 콘크리트 타설

코아 벽체
Mock Up 시험

고강도 콘크리트(80Mpa) 목업 시험(Mock Up Test)

그림 7-1. 초고층 메가 기둥 목업 콘크리트 타설

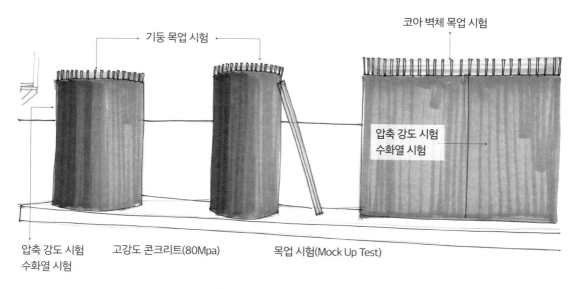

기둥 목업 시험

코아 벽체 목업 시험

압축 강도 시험
수화열 시험

압축 강도 시험
수화열 시험

고강도 콘크리트(80Mpa)

목업 시험(Mock Up Test)

그림 7-2. 초고층 메가 기둥 목업 시험

■ 그림 7-3 설명: 고강도 콘크리트 펌프카 타설 전에 콘크리트 품질시험을 시행하는데 시험 항목은 공기량 시험, 슬럼프 플로우 시험, L-플로우 시험, V-로트 시험, U-박스 시험 등이다.

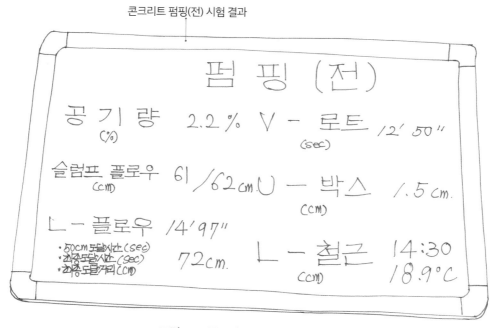

콘크리트 펌핑(전) 시험 결과

펌 핑 (전)

공기량 2.2 % V - 로트 12' 50"
(%)   (sec)

슬럼프 플로우 61/62cm U - 박스 1.5 cm.
(cm)   (cm)

L - 플로우 14' 97"
· 500cm 도달시간 (sec)
· 최종도달시간 (sec)   72cm.   L - 철근 14:30
· 최종 도달거리 (cm)   (cm)   18.9°C

그림 7-3. 콘크리트 펌핑 전 시험 결과

■ 그림 7-4 설명: 슬럼프 플로우 시험으로서 고유동 콘크리트 시공연도(Workability), 즉 유동성을 확인하는 시험이다. 콘크리트 콘에 콘크리트를 넣고 콘크리트 판 위로 콘크리트 콘을 들었을 때 콘크리트가 퍼져 직경 500mm에 도달할 때까지의 시간을 측정한다. 콘크리트 지름 500mm 도달 시간이 5±2초이면 합격이다. 슬럼프 값과 슬럼프 플로우 값의 관계는 슬럼프 값 200mm가 슬럼프 플로우 값 400mm에 해당한다. 슬럼프 플로우 시험 사례로는 고유동 콘크리트 지름 610mm 도달 시간이 6초이다.

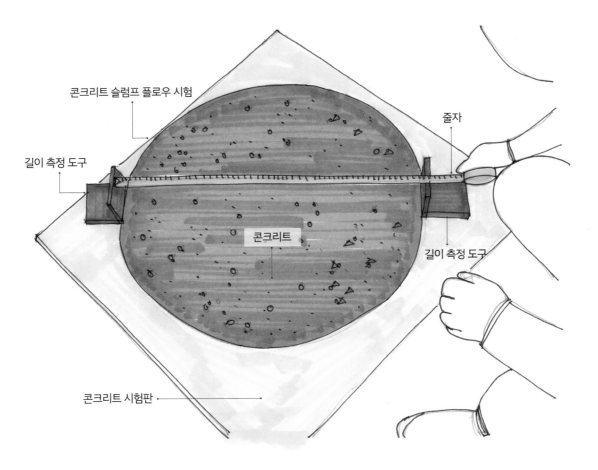

그림 7-4. 콘크리트 슬럼프 플로우 시험

■ 그림 7-5 설명: L-플로우 시험으로서 고유동 콘크리트의 유동성을 확인하는 시험이다. 수직실(8리터)에 콘크리트를 가득 채우고 칸막이 문을 위로 열어 콘크리트가 수평으로 흘러가는 도달 거리와 도달 시간을 측정한다. 수평 거리 25cm, 50cm, 75cm의 통과 시간, 최종 도달 거리, 최종 도달 시간을 측정한다. 도달 거리 60±5cm이면 유동성이 우수하다. L-플로우 시험 사례로는 최종 도달 거리 72cm, 최종 도달 시간 14분 97초이다.

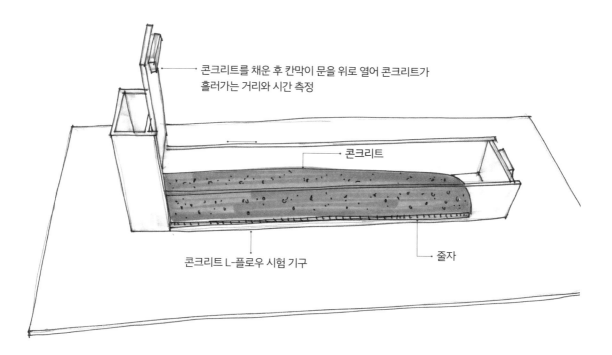

콘크리트를 채운 후 칸막이 문을 위로 열어 콘크리트가 흘러가는 거리와 시간 측정

콘크리트

콘크리트 L-플로우 시험 기구

줄자

그림 7-5. 콘크리트 슬럼프 플로우 시험

■ 그림 7-6 설명: V-로트 시험으로서 고유동 콘크리트의 간극 통과성을 확인하는 시험이다. V-로트 시험 장비(10리터)에 콘크리트를 가득 채우고 시험 장비 하부 문을 열어서 콘크리트가 흘러나오는 시간을 측정하는 것이다. V-로트 시험 사례로는 12분 50초이다.

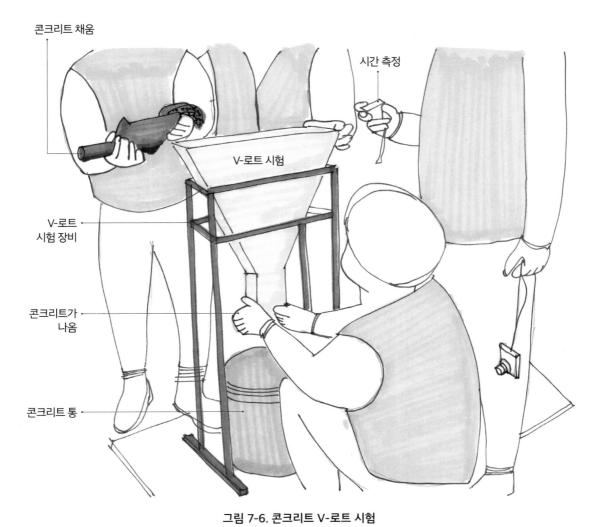

콘크리트 채움

시간 측정

V-로트 시험

V-로트
시험 장비

콘크리트가
나옴

콘크리트 통

그림 7-6. 콘크리트 V-로트 시험

■ 그림 7-7 설명: U-박스 시험으로서 고유동 콘크리트의 간극 통과성을 확인하는 시험이다. U-박스 A 실에 콘크리트를 채운 후 경계문을 열어서 콘크리트가 A 실에서 B 실로 이동한 후 정지할 때 콘크리트 높이 차이를 측정하여 콘크리트 유동성을 시험하는 것이다. U-박스 시험 사례로는 높이 차이 1.5cm이다.

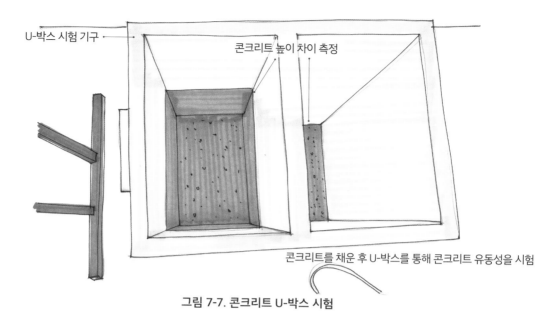

그림 7-7. 콘크리트 U-박스 시험

- 그림 7-8,9,10,11 설명: 저층부 매트 기초 콘크리트를 타설하는 것으로서 지상과 지하에 배치된 펌프카와 CPB를 이용하여 저층부 매트 기초 콘크리트를 타설한다. 콘크리트 믹서 트럭은 지하의 가설 철골 램프를 통하여 이동하여 콘크리트를 공급한다.

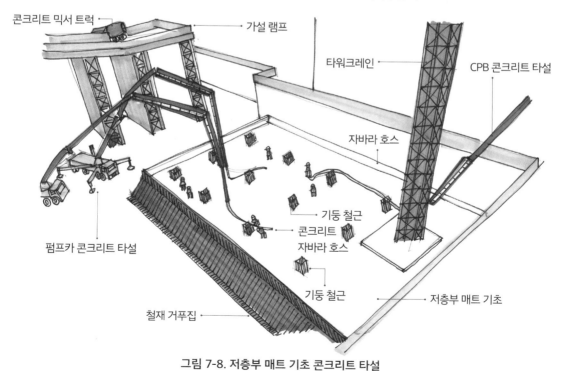

그림 7-8. 저층부 매트 기초 콘크리트 타설

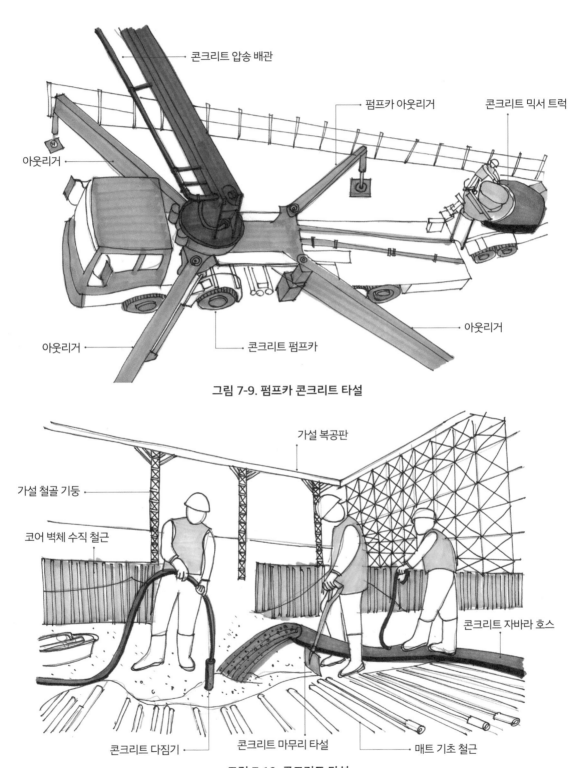

콘크리트 압송 배관

펌프카 아웃리거

콘크리트 믹서 트럭

아웃리거

아웃리거

아웃리거

콘크리트 펌프카

그림 7-9. 펌프카 콘크리트 타설

가설 복공판

가설 철골 기둥

코어 벽체 수직 철근

콘크리트 자바라 호스

콘크리트 다짐기

콘크리트 마무리 타설

매트 기초 철근

그림 7-10. 콘크리트 타설

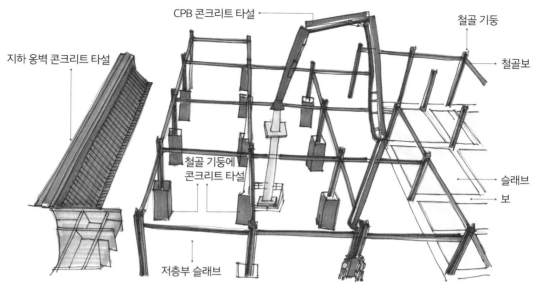

그림 7-11. 저층부 기둥 CPB 콘크리트 타설

■ 그림 7-12,13 설명: 메가 기둥의 철근 배근 후 고강도 콘크리트를 타설한다. 하부에서는 펌프 카를 사용하고, 상부에서는 CPB를 사용하여 타설한다. 타설 후 다음 날 오전에 핸드 브레이 커로 할석작업을 하여 콘크리트 타설 상부에 있는 레이턴스를 제거하여 기존 경화된 콘크리트와 새로운 콘크리트의 결합성을 높여준다.

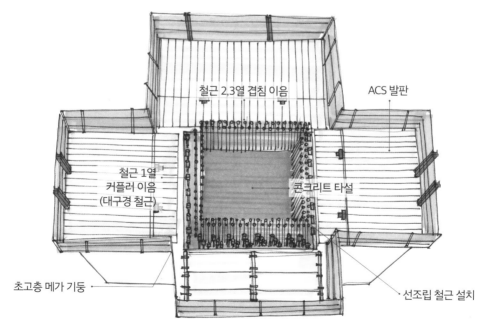

그림 7-12. 초고층 메가 기둥 콘크리트 타설

콘크리트 타설 후
다음 날 아침에
레이턴스 제거

코어 벽체

브레이커 장비

그림 7-13. 콘크리트 타설 후 레이턴스 할석작업

■ 그림 7-14 설명: 초고층 외주부 슬래브에서 메가 기둥 부위를 분리하기 위해 콘크리트 스토 퍼를 설치하여 콘크리트를 끊어치기 한다.

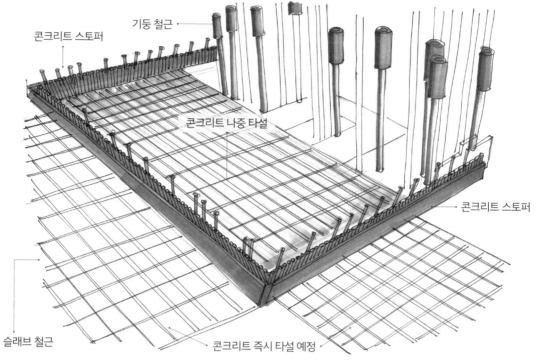

그림 7-14. 콘크리트 끊어치기용 스토퍼(Stopper) 설치

3 안전 관리

■ 콘크리트 타설 시 차량 장비 충돌 방지: 콘크리트 타설 시 위험 요인으로는 펌프카 및 레미콘 등 충돌, 협착, 펌프카 전도, 전기 감전 등이 있다. 안전 대책으로는 신호수 배치, 펌프카 아웃 리거 설치 상태 확인, 붐대 경사각 준수, 기계기구 사전 점검 등을 한다.

■ 목업 시험 철제 거푸집 설치 시 위험 요인으로는 철제 거푸집 지지용 철근에 의한 작업자 상 해, 스틸폼 설치 및 해체 시 전도와 협착, 사다리 말비계 작업 시 추락 및 전도 등이 있다. 안전 대책으로는 철제 거푸집 지지용 철근에 안전캡 설치, 스틸폼 작업구간 작업자 외 출입 통제, 사다리 말비계 작업 시 2인 1조 작업 수행, 규정된 사다리 및 말비계를 사용한다.

■ 콘크리트 양생 후 바닥 접합면 바닥할석 작업 시 안구 손상 방지: 콘크리트 양생 후 바닥 접 합면 바닥할석 작업 시 위험 요인으로는, 바닥할석 시 콘크리트 조각 비산으로 안구 손상 등 이 있다. 안전 대책으로는 개인보호구 및 보안경 착용이 있다.

■ 고강도 콘크리트 기술 용어 해설

용어 1 고강도 콘크리트: 압축 강도 40MPa 이상의 콘크리트를 말한다. 초고층 공사에서는 수직 부재인 코어 벽체와 메가 기둥에 사용할 콘크리트의 압축 강도를 80MPa로 배합 설계한다.

용어 2 고유동 콘크리트: 초고압 펌프, 배관 및 CPB를 사용하여 500m 이상 콘크리트를 압송하여 타설하기 위해 고유동 콘크리트로 배합 설계되어야 한다.

용어 3 조강 콘크리트: 코어 벽체 층당 공정 3~4일을 달성하기 위해 코어 벽체에 콘크리트를 타설한 후 다음 날 오전에 거푸집을 탈영해야 한다. 코어 벽체 콘크리트는 타설 15시간에 압축 강도 10MPa을 발현하기 위해 조강 콘크리트로 배합 설계되어야 한다.

용어 4 콘크리트 폭열현상: 기둥과 보의 콘크리트 속에는 잉여수가 있는데, 화재 시 높은 온도에 의하여 잉여수가 액체에서 기체로 변하고 기체인 수증기의 압력이 점점 커지면 콘크리트 조각이 떨어지고 수증기가 밖으로 나오는 현상을 말한다. 폭열현상이 발생하면 콘크리트 조각이 떨어지고 철근이 노출되어 높은 온도에 의해서 철근이 녹아서 건물이 붕괴될 수 있다.

용어 5 내화 콘크리트: 국토해양부 고시에서 규정한 40MPa 이상 고강도 콘크리트 적용 시 기둥과 보에 3시간 내화 인증을 획득하는 콘크리트를 말한다. 콘크리트는 화재 시 높은 온도로 인해 폭열현상이 발생하는데, 폭열현상이 발생하면 콘크리트 조각이 떨어지고 철근이 노출되어 높은 온도에 의해서 철근이 녹아서 건물이 붕괴될 수 있다. 상기 폭열현상을 방지하는 3시간 내화 인증을 구현하기 위하여 콘크리트 배합 시 PP 섬유를 혼입하여 화재 시 높은 온도에 의하여 섬유가 먼저 녹아서 섬유가 있던 위치에 통로가 형성되고, 이 통로를 통하여 콘크리트 속의 높은 압력의 수증기를 외부로 방출하여 폭열을 방지하고 철근을 보호하여 건물이 붕괴하는 것을 막는 것이다.

용어 6 고강도 콘크리트 목업 시험: 초고층 메가 기둥과 코어 벽체의 단위 부재를 철근과 거푸집으로 시공하여 펌프 카로 콘크리트 타설 전에 콘크리트 시험을 수행하고, 타설 후 수화열과 압축 강도 시험을 수행하여 시험 값을 고강도 콘크리트 배합 설계에 피드백하기 위한 목적이다.

용어 7 슬럼프 플로우 시험: 고유동 콘크리트 시공연도(Workability), 즉 유동성을 확인하는 시험이다. 콘크리트 콘에 콘크리트를 넣고 콘크리트 판 위로 콘크리트 콘을 들었을 때 콘크리트가 퍼져 직경 500mm에 도달할 때까지의 시간을 측정한다. 콘크리트 지름 500mm 도달 시간이 5±2초이면 합격이다. 슬럼프 값과 슬럼프 플로우 값의 관계는 슬럼프 값 200mm가 슬럼프 플로우 값 400mm에 해당한다. 슬럼프 플로우 시험 사례로는 고유동 콘크리트 지름 610mm 도달 시간이 6초이다.

용어 8 L-플로우 시험: 고유동 콘크리트의 유동성을 확인하는 시험이다. 수직실(8리터)에 콘크리트를 가득 채우고 칸막이 문을 위로 열어 콘크리트가 수평으로 흘러가는 도달 거리와 도달 시간을 측정한다. 수평 거리 25cm, 50cm, 75cm의 통과 시간, 최종 도달 거리, 최종 도달 시간을 측정한다. 도달 거리 60±5cm이면 유동성이 우수하다. L-플로우 시험 사례로는 최종 도달 거리 72cm, 최종 도달 시간 14분 97초이다.

용어 9 V-로트 시험 : 고유동 콘크리트의 간극 통과성을 확인하는 시험이다. V-로트 시험 장비(10리터)에 콘크리트를 가득 채우고 시험 장비 하부 문을 열어서 콘크리트가 흘러나오는 시간을 측정하는 것이다. V-로트 시험 사례로는 12분 50초이다.

용어 10 U-박스 시험 : 고유동 콘크리트의 간극 통과성을 확인하는 시험이다. U-박스 A 실에 콘크리트를 채운 후 경계문을 열어서 콘크리트가 A 실에서 B 실로 이동이 정지할 때 콘크리트 높이 차이를 측정하여 콘크리트 유동성을 시험하는 것이다. U-박스 시험 사례로는 높이 차이 1.5cm이다.

용어 11 콘크리트 타설 전 레이턴스 제거 : 코어 벽체 혹은 메가 기둥의 콘크리트 타설 후 다음 날 오전에 핸드 브레이커로 할석작업을 하여 콘크리트 타설 상부에 있는 레이턴스를 제거하여 기존 경화된 콘크리트와 새로운 콘크리트의 결합성을 높여준다.

CHAPTER 8
합성 슬래브 및 플랫 슬래브 기술

1 기술 개요

- 합성 슬래브 기술이란, 외주부 슬래브의 철골보 위에 슬래브를 형성하기 위해 데크 플레이트를 판개하고, 철골보 위에는 스터드 볼트를 부착하고, 데크 플레이트 단부에는 슬래브 형상의 엔드 플레이트를 설치하여 슬래브를 형성하는 기술이다.
- 플랫 슬래브 기술이란, 층고를 줄이기 위해 보 없이 슬래브를 기둥이 지탱할 수 있도록 만든 기술을 말한다. 플랫 슬래브는 슬래브와 드롭 판넬로 구성되어 기둥에 접하도록 한다.

2 합성 슬래브 시공 계획 및 시공 시 유의 사항

- 데크 플레이트 공사는 데크 판개 작업, 철골보 위에 스터드 볼트 작업, 단부에 엔드 플레이트 작업을 수행해야 한다. 엔드 플레이트 작업은 단부의 곡선 부위는 현장에서 가공해야 하므로 숙련공에 의한 정밀 제작이 요구된다.
- 데크 플레이트 용접철근이 철골보 위에 50~100mm 겹치게 설치되어야 하는데, 시공오차가 발생하여 데크 플레이트 판개가 불가한 경우에는 철골보에 앵글을 용접하여 데크 플레이트를 판개할 수 있도록 한다.
- 코어 벽체의 기매립된 커플러에 데크 플레이트의 철근을 연결해야 하는데, 코어 벽체의 콘크리트 타설 시 커플러의 이동 및 레벨 오차로 사용이 불가한 상황이 발생하면, 이를 해결하기 위해 케미컬 앵커를 시공하여 연결한다.

- 임베디드 플레이트에 데크 플레이트 철근을 연결해야 하는 경우에는 용접용 커플러를 임베디드 플레이트에 용접하여 부착하고 철근을 연결한다.

- 케미컬 앵커 시공은 구멍을 천공한 후 청소하고, 약액을 밀실하게 주입하고, 천공 깊이를 준수하여 철근을 근입하도록 한다.

- 데크 플레이트 위에 콘크리트 타설은 초고압 펌프에서 연결된 외주부 슬래브 타설용 배관을 사용하여 타설하도록 한다.

- 메가 기둥 부위의 외주부 슬래브는 콘크리트 끊어치기를 하는데, 후타설 구간 철근이음 길이를 확보해야 하고 기성 제품인 콘크리트 스토퍼를 사용한다. 콘크리트 타설 후 다음 날 콘크리트 스토퍼를 제거하고, 어어치기 면을 치핑 작업한 후 콘크리트 이어치기를 한다.

- 데크 플레이트 콘크리트를 타설 후 양생은 비닐과 천막 대신에 큐어링 컴파운드를 사용하여 시간과 비용을 줄인다.

- 그림 8-1,2 설명: 데크 플레이트 판개 시 데크 플레이트 용접철근이 철골보 위에 50~100mm 겹치게 설치한다. 판개 후 철골보 위에 스터드 볼트 용접기로 스터드 볼트를 용접한다. 외주부 슬래브 단부에는 콘크리트 타설을 할 수 있도록 엔드 플레이트를 설치한다.

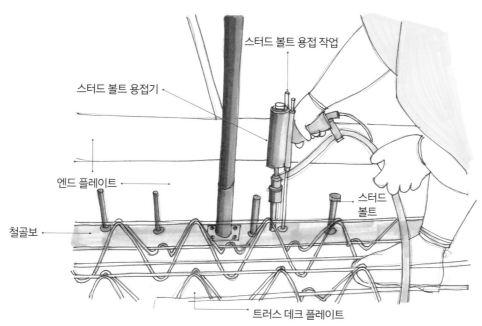

그림 8-1. 데크 플레이트 철골보 위 스터드 볼트 용접

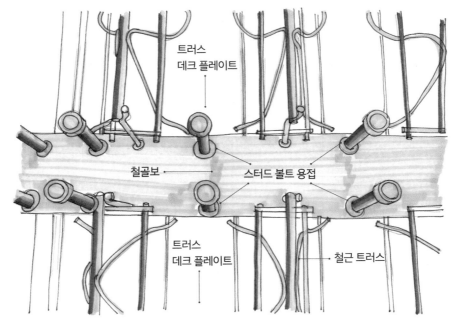

그림 8-2. 초고층 외주부 슬래브 데크 플레이트 철골보 위 스터드 볼트 설치

- 그림 8-3 설명: 메가 기둥에 데크 플레이트 철근을 연결하는 방법은 메가 기둥의 임베디드 플레이트에 커플러 용접기로 용접용 커플러를 용접하여 설치한 후 데크 플레이트 철근을 커플러에 끼워서 연결한다.

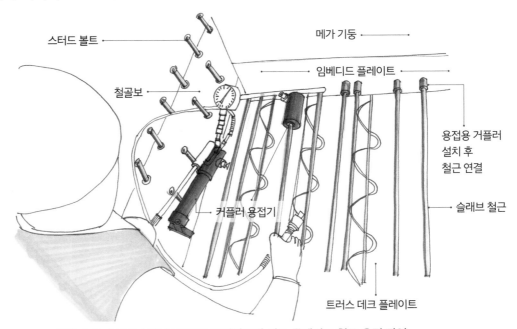

그림 8-3. 초고층 기둥 임베디드 플레이트에 데크 플레이트 철근 용접 작업

■ 그림 8-4 설명: 외주부 철골보 위에 데크 플레이트를 설치한 후 아래층에서 본 모습인데, 상세한 과정은 위에서 설명한 대로 외주부 철골 위에 데크 플레이트를 판개하고, 철골부 위에 스터드 볼트를 용접하고, 외주부 슬래브 단부에 엔드 플레이트를 설치하고, 메가 기둥 임베디드 플레이트에 커플러를 용접하고, 데크 플레이트 철근을 연결하는 방식으로 공사한다.

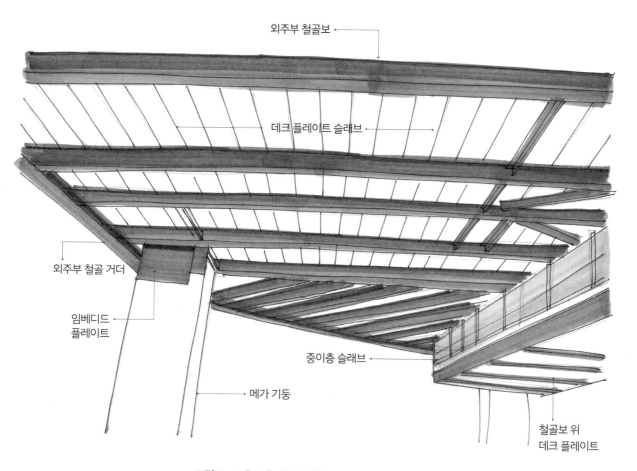

외주부 철골보

데크 플레이트 슬래브

외주부 철골 거더

임베디드
플레이트

중이층 슬래브

메가 기둥

철골보 위
데크 플레이트

그림 8-4. 초고층 외주부 철골보 위 데크 플레이트 설치

■ 그림 8-5,6 설명: 저층부 지하층의 기둥 구조는 철골 기둥과 철골 거더와 콘크리트의 합성 구조이다. 철골 기둥과 철골 거더에 철근을 배근하고 콘크리트를 타설한다. 슬래브 구조에서 보는 콘크리트 보이고, 슬래브는 데크 플레이트와 콘크리트의 합성구조이다. 슬래브의 보 거푸집은 합판 거푸집이고, 슬래브는 트러스 데크 플레이트를 설치한다. 온도철근을 배근한 후 콘크리트를 타설한다.

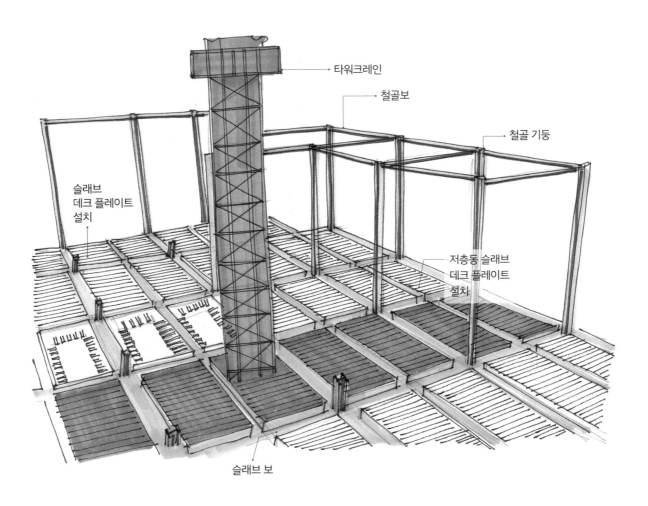

그림 8-5. 저층부 지하층 슬래브 데크 플레이트 설치

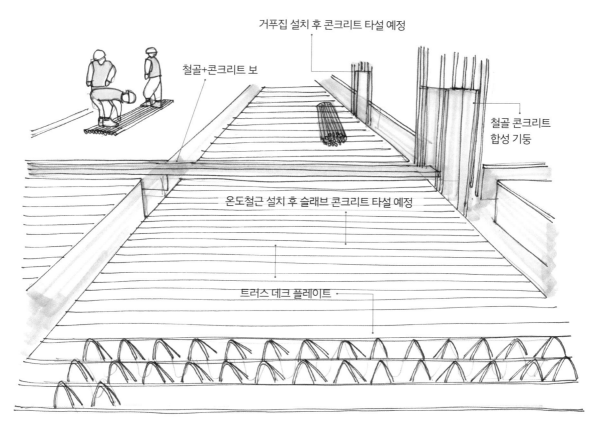

거푸집 설치 후 콘크리트 타설 예정

철골+콘크리트 보

철골 콘크리트 합성 기둥

온도철근 설치 후 슬래브 콘크리트 타설 예정

트러스 데크 플레이트

그림 8-6. 저층부 지하층 슬래브 데크 플레이트 설치

3 플랫 슬래브 시공 계획 및 시공 시 유의 사항

- 플랫 슬래브 사례를 보면 단부의 드롭 패널 두께는 약 500mm이고, 슬래브 두께는 약 280mm이다.

- 플랫 슬래브 거푸집 선정 시 타워크레인 양중 부하를 최소화할 수 있는 거푸집을 선정한다. 일반적으로 알루미늄 거푸집을 선정하는데 인력으로 양중이 가능하고, 경제적이고 평면변화 대응에 유리하다.

- 알루미늄 거푸집은 상부층 개구부를 이용하여 인력으로 인양할 수 있어 타워크레인 양중 부담을 줄여줄 수 있다.

- 플랫 슬래브 시공 전에 하부 2개 층은 보강용 동바리를 설치하여 하중을 분산시킨다.

4 안전 관리

■ 데크 플레이트 판개작업 시 낙하사고 방지: 데크 플레이트 판개작업 시 위험 요인으로는 판개작업 시 데크 플레이트 낙하사고가 발생할 수 있다. 안전 대책으로는 데크 플레이트 용접 철근이 철골보 위에 50~100mm 겹치게 설치해야 하고, 판개 불가한 경우는 철골보에 앵글을 용접한 후 판개하여 낙하사고가 발생하지 않도록 한다.

■ 데크 플레이트 단부에 엔드 플레이트 작업 시 작업자 추락사고 방지: 데크 플레이트 단부에 엔드 플레이트 작업 시 위험 요인으로는 작업자가 단부에서 작업 시 추락사고가 발생할 수 있다. 안전 대책으로는 생명줄 걸이대 안전 고리 체결, 신호수 배치, 수평 낙하물 방지망 설치 등이 있다.

■ 데크 플레이트 콘크리트 타설 시 붕괴사고 방지: 데크 플레이트 콘크리트 타설 시 위험 요인으로는 콘크리트 과재하로 데크 플레이트가 붕괴할 수 있다. 안전 대책으로는 타설 전에 하부 2개 층은 보강용 동바리를 설치하여 하중을 분산시키고, 콘크리트 과재하되지 않도록 일정한 두께로 콘크리트를 타설한다.

■ 합성 슬래브 및 플랫 슬래브 기술 용어 해설

용어1 데크 플레이트: 외주부 슬래브의 철골보 위에 슬래브를 형성하기 위해 데크 플레이트를 판개하고, 철골보 위에는 스터드 볼트를 부착하고, 데크 플레이트 단부에는 슬래브 형상의 엔드 플레이트를 설치하는 것을 말한다.

용어2 데크 플레이트 공사: 데크 플레이트 판개 시 데크 플레이트 용접철근이 철골보 위에 50~100mm 겹치게 설치한다. 판개 후 철골보 위에 스터드 볼트 용접기로 스터드 볼트를 용접한다. 외주부 슬래브 단부에는 콘크리트 타설을 할 수 있도록 엔드 플레이트를 설치한다. 시공오차가 발생하여 데크 플레이트 판개가 불가한 경우에는 철골보에 앵글을 용접하여 데크 플레이트를 판개할 수 있도록 한다.

용어3 데크 플레이트 철근 접합: 코어 벽체의 기매립된 커플러에 데크 플레이트의 철근 연결을 말한다. 코어 벽체의 콘크리트 타설 시 커플러의 이동 및 레벨 오차로 사용 불가한 커플러가 발생하면 케미컬 앵커를 시공하여 연결한다. 케미컬 앵커 시공은 구멍을 천공한 후 청소하고, 약액을 밀실하게 주입하고, 천공 깊이를 준수하여 철근을 근입하도록 한다. 임베디드 플레이트에 데크 플레이트 철근을 연결해야 하는 경우에는 용접용 커플러를 임베디드 플레이트에 용접한 후 철근을 연결한다.

용어4 데크 플레이트 콘크리트 끊어치기: 메가 기둥 부위의 데크 플레이트 슬래브는 콘크리트 끊어치기를 하는데, 후타설 구간 철근이음 길이를 확보해야 하고. 기성 제품인 콘크리트 스토퍼를 사용한다. 콘크리트 타설 후 익일 콘크리트 스토퍼를 제거하고, 어어치기 면을 치핑 작업한 후 콘크리트 이어치기를 한다.

용어5 플랫 슬래브: 층고를 줄이기 위해 보 없이 슬래브를 기둥이 지탱할 수 있도록 만든 것을 말한다. 플랫 슬래브는 슬래브와 드롭판넬로 구성되어 기둥에 접하도록 한다.

용어6 플랫 슬래브 시공: 플랫 슬래브 사례를 보면, 단부의 드롭패널 두께는 약 500mm이고, 슬래브 두께는 약 280mm이다. 플랫 슬래브 거푸집 선정 시 타워크레인 양중 부하를 최소화할 수 있는 거푸집을 선정한다. 일반적으로 알루미늄 거푸집을 선정하는데, 인력양중이 가능하고 경제적이고 평면변화 대응에 유리하다. 알루미늄 거푸집은 상부층 개구부를 이용하여 인력으로 인양하여 타워크레인 양중 부담을 줄여줄 수 있다. 플랫 슬래브 시공 전에 하부 2개 층은 보강용 동바리를 설치하여 하중을 분산시킨다.

CHAPTER 9
임베디드 플레이트 기술

1 기술 개요

■ 임베디드 플레이트 기술이란, 초고층 건물의 골조 공사에서 코어 벽체와 메가 기둥이 외주부 슬래브보다 선행하는 코어 선행 공법을 적용 시 외주부 철골을 코어 벽체와 메가 기둥에 설치할 수 있도록 코어 벽체와 메가 기둥 철근에 임베디드 플레이트를 설치하여 콘크리트를 타설하는 공법을 말한다.

2 시공 계획 및 시공 시 유의 사항

■ 임베디드 플레이트는 콘크리트와 철골의 이질 재료를 접합할 수 있도록 매개 역할을 하여 콘크리트 벽체와 콘크리트 기둥에 철골보를 접합할 수 있도록 해준다.
■ 임베디드 플레이트를 철근에 취부하는 면에는 스터드 볼트를 공장에서 용접하도록 한다.
■ 코어 벽체의 경우 임베디드 플레이트 크기가 작은 경우 철근 선조립장에서 철근에 취부하여 선조립 철근과 함께 인양 후 설치 시 위치 확인 및 수정한다. 임베디드 플레이트를 별도로 양중하여 철근에 취부하는 것보다 양중 시간을 절감할 수 있다.
■ ACS 시스템 인양 전에 −2 −3 발판에서 임베디드 플레이트에 직각으로 거셋 플레이트를 용접하여 설치해야 한다. ACS 시스템이 인양하면 허공에서 거셋 플레이트를 용접하는 것이 어렵기 때문이다. 거셋 플레이트는 외주부 철골보를 임베디드 플레이트에 접합 시 외부 접합용으로 필요하다.

■ 메가 기둥에 ㄷ자형 임베디드 플레이트는 크기가 커서 별도로 양중하여 메가 기둥 철근에 취부하도록 한다.

■ 그림 9-1 설명: 코어 벽체와 메가 기둥의 철근 측에 취부하는 임베디드 플레이트 면에는 스터드 볼트를 공장에서 용접하도록 한다. 스터드 볼트에 철근 나사선 부위를 돌려 끼워서 설치한다. 이는 임베디드 플레이트를 코어 벽체와 메가 기둥에 일체화시켜 준다.

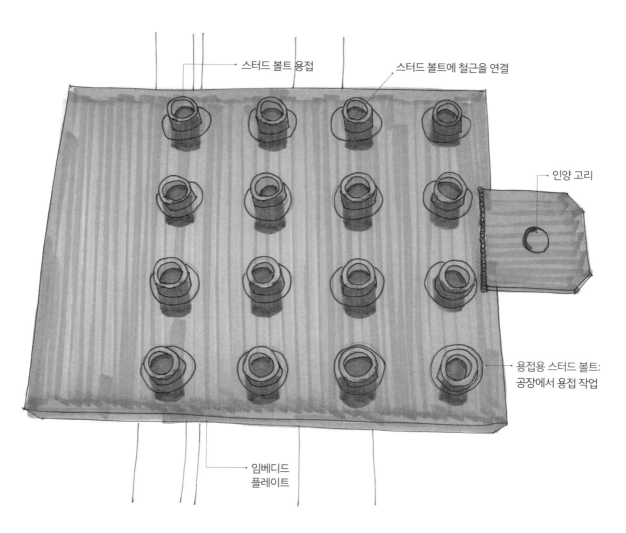

그림 9-1. 임베디드 플레이트 스터드 볼트 머리 용접

■ 그림 9-2 설명: 임베디드 플레이트 면에 스터드 볼트를 공장에서 용접한 후에 커플러 품질을 확인하여 향후 철근의 나사산 부위를 커플러에 끼울 때 문제가 생기지 않도록 한다.

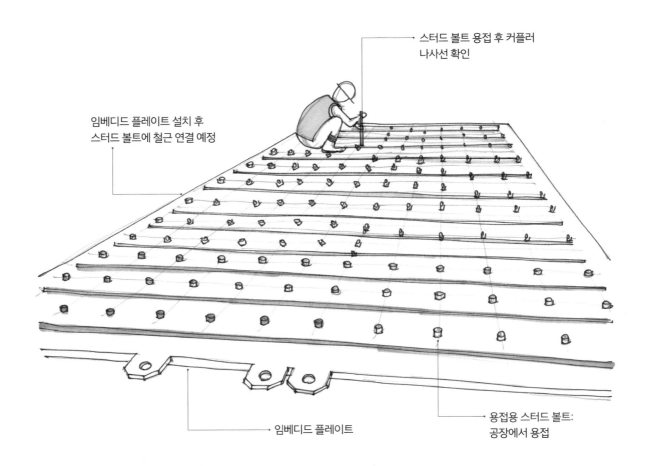

스터드 볼트 용접 후 커플러
나사선 확인

임베디드 플레이트 설치 후
스터드 볼트에 철근 연결 예정

용접용 스터드 볼트:
공장에서 용접

임베디드 플레이트

그림 9-2. 초고층 메가 기둥 임베디드 플레이트 검사

■ 그림 9-3 설명: ㄷ자형 임베디드 플레이트는 메가 기둥에 설치하여 테두리 철골을 접합할 수 있도록 한다. 임베디드 플레이트를 메가 기둥에 설치 후 스터드 볼트에 철근 나사선 부위를 끼워서 임베디드 플레이트와 메가 기둥을 일체화시킨다. 메가 기둥에 ㄷ자형 임베디드 플레이트는 크기가 커서 별도로 타워크레인으로 양중하여 메가 기둥의 철근에 설치한다.

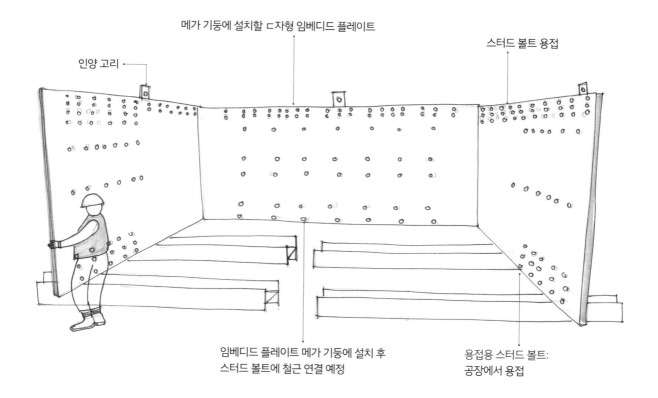

그림 9-3. 초고층 메가 기둥 임베디드 플레이트 조립

■ 그림 9-4 설명: 일자형 임베디드 플레이트는 메가 기둥에 설치하여 테두리 철골을 접합할 수 있도록 한다. 임베디드 플레이트를 타워크레인으로 인양하여 메가 기둥의 철근에 설치한다. 임베디드 플레이트를 메가 기둥에 설치 후 스터드 볼트에 철근 나사선 부위를 끼워서 임베디드 플레이트와 메가 기둥을 일체화시킨다.

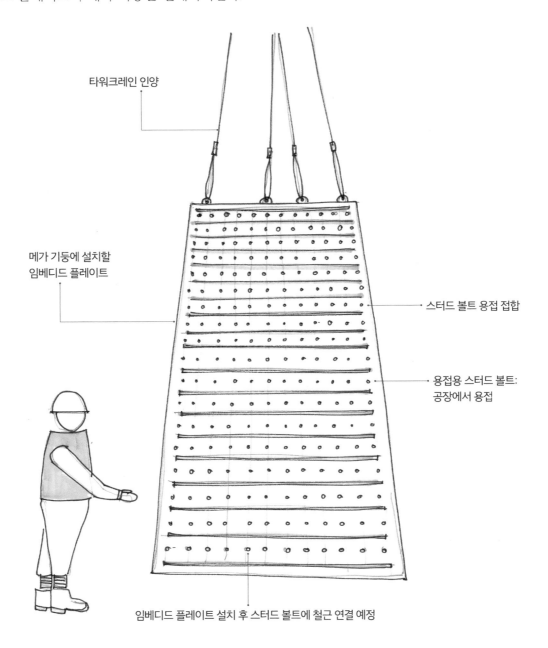

타워크레인 인양

메가 기둥에 설치할
임베디드 플레이트

스터드 볼트 용접 접합

용접용 스터드 볼트:
공장에서 용접

임베디드 플레이트 설치 후 스터드 볼트에 철근 연결 예정

그림 9-4. 초고층 메가 기둥 임베디드 플레이트 인양

■ 그림 9-5 설명: 코어 벽체의 경우 임베디드 플레이트 크기가 작으면 철근 선조립장에서 선조립 철근에 취부하고, 선조립 철근과 함께 인양하여 설치한다. 임베디드 플레이트를 별도로 양중하여 철근에 취부하는 것보다 양중 시간을 절감할 수 있다. ACS 시스템 인양 전에 −2 −3 발판에서 임베디드 플레이트에 직각으로 거셋 플레이트를 용접하여 설치해야 한다. ACS 시스템이 인양하면 허공에서 거셋 플레이트를 용접하는 것이 어렵기 때문이다. 거셋 플레이트는 외주부 철골보를 임베디드 플레이트에 접합 시 접합용으로 필요하다.

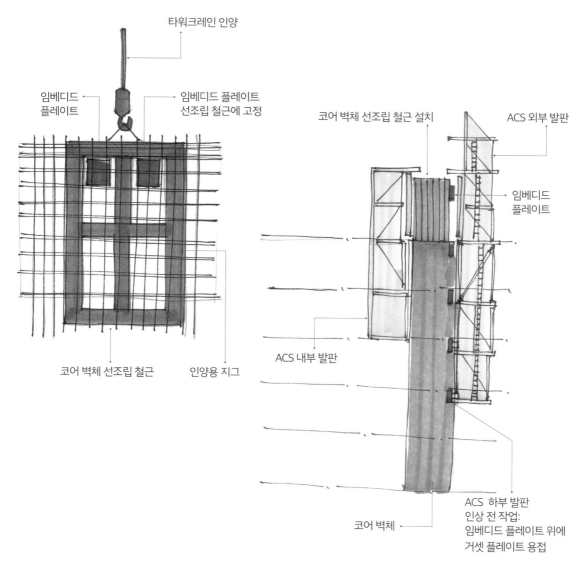

그림 9-5. 초고층 선조립 철근에 임베디드 플레이트 부착

■ 그림 9-6 설명: 초고층의 슬래브 바닥 구조시스템의 사례를 보면 철골보, 데크 플레이트와 콘크리트 슬래브의 합성구조로 되어 있다. 초고층 건물에 코어 선행 공법을 적용하면 코어 벽체와 바닥 철골보를 연결시켜야 하는데, 바닥 철골보의 개수만큼 코어 벽체에 임베디드 플레이트가 사전 매립되어 있어야 한다. 또한 외주부 철골 거더가 메가 기둥과 만나는 위치에도 메가 기둥에 임베디드 플레이트가 사전 매립되어 있어야 한다.

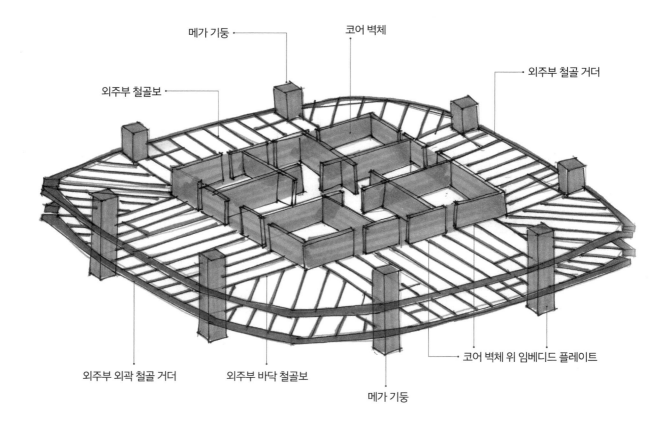

그림 9-6. 초고층 코어 벽체 임베디드 플레이트 위치

■ 그림 9-7 설명: 임베디드 플레이트를 타워크레인으로 인양하여 메가 기둥의 철근에 설치한다. 임베디드 플레이트를 메가 기둥에 설치 후 스터드 볼트에 철근 나사선 부위를 끼워서 임베디드 플레이트와 메가 기둥을 일체화시킨다.

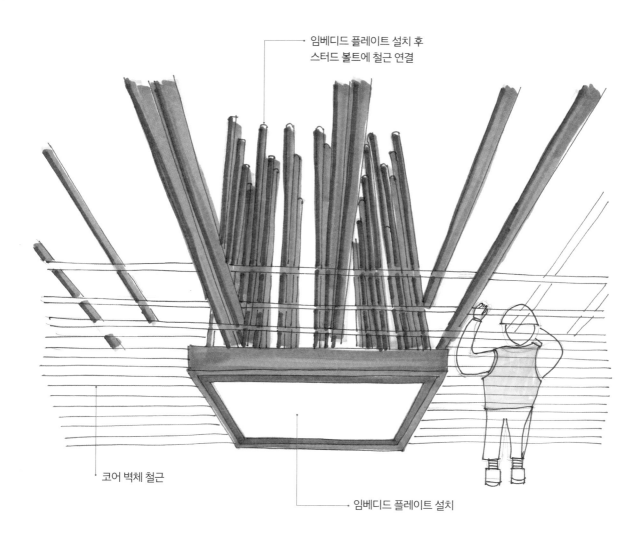

임베디드 플레이트 설치 후
스터드 볼트에 철근 연결

코어 벽체 철근

임베디드 플레이트 설치

그림 9-7. 메가 기둥 철근에 임베디드 플레이트 설치

■ 그림 9-8,9,10 설명: 코어 벽체에 매립된 임베디드 플레이트에 ACS 시스템을 인상하기 전에 ACS 하부 -2 -3 발판에서 앵글과 거셋 플레이트를 용접 작업한다. 철골보를 앵글 위에 거치 후 거셋 플레이트와 철골보 웨브에 볼트 및 용접 작업을 한다. 볼트 접합은 전단 접합이라고 하고, 용접 접합은 모멘트 접합이라고 한다.

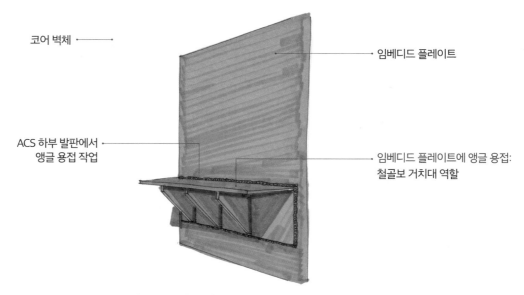

코어 벽체

ACS 하부 발판에서
앵글 용접 작업

임베디드 플레이트

임베디드 플레이트에 앵글 용접:
철골보 거치대 역할

그림 9-8. 코어 벽체 임베디드 플레이트에 앵글 부착

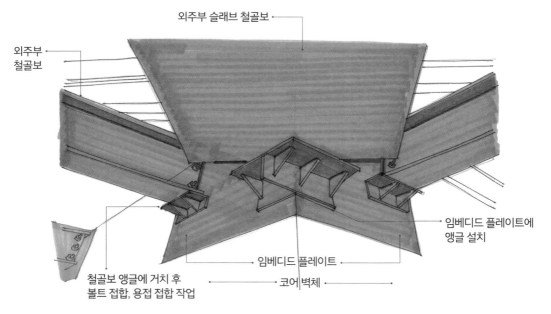

외주부 슬래브 철골보

외주부
철골보

임베디드 플레이트에
앵글 설치

철골보 앵글에 거치 후
볼트 접합, 용접 접합 작업

임베디드 플레이트

코어벽체

그림 9-9. 초고층 메가 기둥 임베디드 플레이트에 철골보 설치

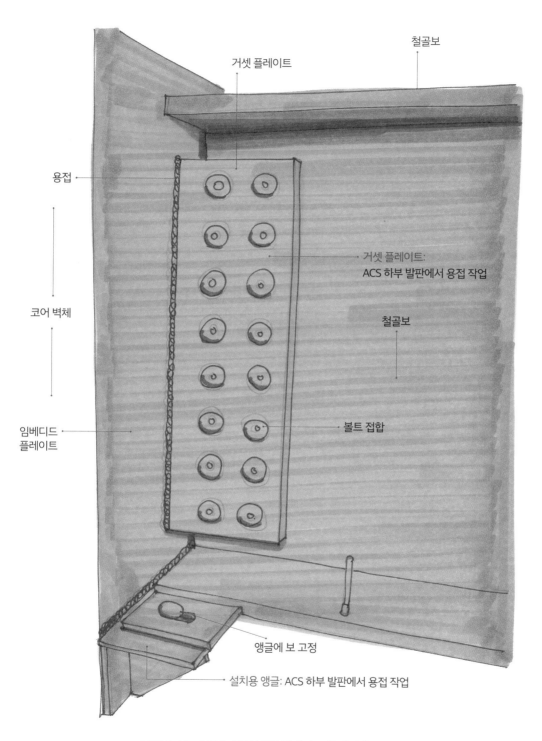

거셋 플레이트

철골보

용접

거셋 플레이트:
ACS 하부 발판에서 용접 작업

코어 벽체

철골보

임베디드
플레이트

볼트 접합

앵글에 보 고정

설치용 앵글: ACS 하부 발판에서 용접 작업

그림 9-10. 초고층 코어 벽체 임베디드 플레이트에 철골보 설치

■ 그림 9-11,12 설명: 메가 기둥에 매립된 ㄷ자형과 일자형 임베디드 플레이트에 외주부 철골 보와 외주부 철골 테두리 보를 볼트와 용접 작업하여 부착한다.

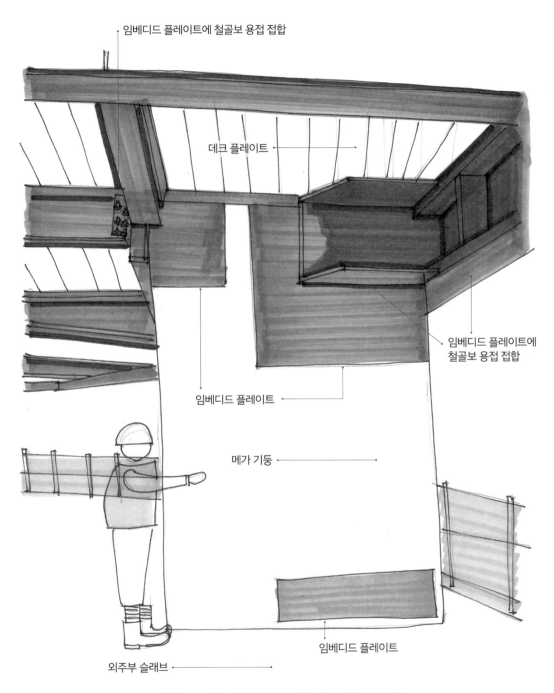

임베디드 플레이트에 철골보 용접 접합

데크 플레이트

임베디드 플레이트에 철골보 용접 접합

임베디드 플레이트

메가 기둥

임베디드 플레이트

외주부 슬래브

그림 9-11. 초고층 메가 기둥 임베디드 플레이트 설치

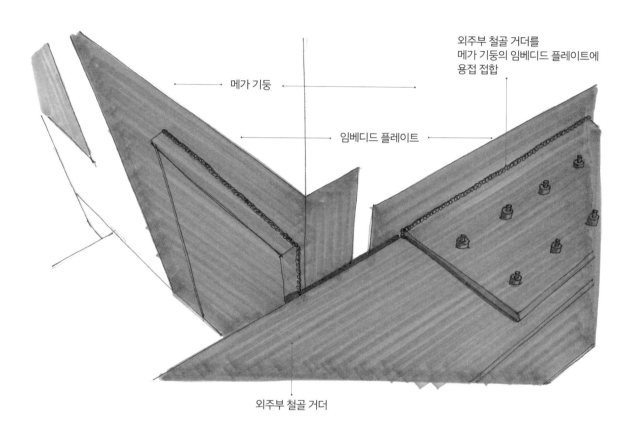

메가 기둥

외주부 철골 거더를
메가 기둥의 임베디드 플레이트에
용접 접합

임베디드 플레이트

외주부 철골 거더

그림 9-12 초고층 메가 기둥 임베디드 플레이트에 철골보 접합

3 안전 관리

- 임베디드 플레이트 양중 시 낙하 방지: 임베디드 플레이트 양중 시 위험 요인으로 인양 로프 불량으로 플레이트 낙하, 충돌 방지용 유도 로프 미체결로 충돌, 양중 하부 구간 미통제 등이 있다. 안전 대책으로 인양 로프 점검 후 사용 필증 부착, 충돌 방지용 유도 로프 설치, 신호수 배치, 양중 하부 구역 통제 등이 있다.

- 임베디드 플레이트 설치 시 작업자 추락 방지: 임베디드 플레이트 설치 시 위험 요인으로 안전 고리 미체결로 작업자 추락, 볼트 및 공구 낙하 등이 있다. 안전 대책으로 작업자 안전 고리 체결, 신호수 배치, 양중 하부구역 통제, 볼트 및 공구 전용 주머니 사용, 수평 낙하물 방지망 설치 등이 있다.

- 임베디드 플레이트 ACS 하부 발판 용접 작업 시 화재 방지: ACS 하부 발판에서 코어 벽체의 임베디드 플레이트에 받침 앵글과 거셋 플레이트를 용접 작업 시 화재감시자를 배치하고, 상부 용접 부위에 나팔관 모양의 불티 보양 시설을 설치하고 하부에 고무판을 설치하여 용접 작업을 하고, 용접 작업 후 고무판 위에 물을 뿌려 잔불 정리를 한다.

■ 임베디드 플레이트 기술 용어 해설

용어 1 임베디드 플레이트: 콘크리트 벽체 혹은 콘크리트 기둥에 철골보를 접합할 수 있도록 콘크리트 벽체에 매립하여 설치하는 철제 플레이트를 말한다. 초고층 공사에서 코어 벽체를 외주부 슬래브보다 선행하는 코어 선행 공법을 적용 시, 코어 벽체와 메가 기둥 철근에 임베디드 플레이트를 매립하여 설치한 후 외주부 슬래브 철골을 코어 벽체와 메가 기둥의 임베디드 플레이트에 접합한다.

용어 2 임베디드 플레이트 구성: 코어 벽체와 메가 기둥의 철근 측에 취부하는 임베디드 플레이트 면에는 스터드 볼트를 공장에서 용접하도록 한다. 스터드 볼트에 철근의 나사선 부위를 돌려 끼워서 설치한다. 이는 임베디드 플레이트를 코어 벽체와 메가 기둥에 일체화시켜 준다.

용어 3 임베디드 플레이트 인양: 코어 벽체의 경우 임베디드 플레이트 크기가 작으면 철근 선조립장에서 철근에 취부하여 선조립 철근과 함께 인양 후 설치 시 위치 확인 및 수정한다. 그러나 임베디드 플레이트의 크기가 큰 것은 별도로 양중하여 철근에 설치한다.

용어 4 임베디드 플레이트에 거셋 플레이트 용접: 선행 공정인 코어 벽체의 ACS 시스템 인상 전에 -2 -3 발판에서 임베디드 플레이트에 직각으로 거셋 플레이트를 용접하여 설치해야 한다. ACS 시스템이 인상하면 허공에서 거셋 플레이트를 용접하는 것이 어렵기 때문이다. 거셋 플레이트는 외주부 철골보를 임베디드 플레이트에 접합 시 접합용으로 필요하다.

용어 5 임베디드 플레이트에 철골보 접합: 코어 벽체에 매립된 임베디드 플레이트에 ACS 시스템을 인상하기 전에 ACS 하부 -2 -3 발판에서 앵글과 거셋 플레이트를 용접 작업한다. 철골보를 앵글 위에 거치 후 거셋 플레이트와 철골보 웨브에 볼트 및 용접 작업을 한다. 볼트 접합만 하는 것을 전단 접합이라고 하고, 볼트 접합과 용접 접합 모두 하는 것을 모멘트 접합이라고 한다.

CHAPTER 10
철골 기술

1 기술 개요

- 철골 기술이란, 외주부 코어 벽체와 외주부 바닥 철골보를 연결하거나, 외주부 메가 기둥과 외주부 바닥 철골보를 연결하거나, 외주부 코어 벽체와 메가 기둥 간의 철골보를 연결하거나, 기둥과 기둥 간을 연결하거나, 코어 벽체와 메가 기둥을 아웃리거와 벨트트러스로 연결하는 기술을 말한다. 철골 부재의 연결작업은 볼트와 용접 등을 사용한다.

2 시공 계획 및 시공 시 유의 사항

- 임베디드 플레이트에 연결 접합은 임베디드 플레이트에 거셋 플레이트와 받침 앵글을 용접하여 철골보를 받침 앵글에 올려놓고 거셋 플레이트와 철골보의 웨브를 전단 접합(볼트 조립)하거나 모멘트 접합(플랜지와 웨브 용접)을 한다.
- 기둥의 연결은 기둥의 양단부에 플레이트를 부착하고 별도의 접합 플레이트 2장을 기둥 플레이트 앞뒤로 대고 볼트로 조립하여 기둥이 자립할 수 있도록 한다. 기둥 연결 부위를 용접 연결한 후 기둥 플레이트를 용접으로 절단하면 기둥 연결작업이 완료된다.
- 철골 작업이 완료되면 철골 표면에 내화뿜칠 작업을 하여 화재 시 철골이 손상되는 것을 방지한다.

■ 그림 10-1,2,3 설명: 기둥과 기둥을 접합하는 방법으로 기둥을 연결하는 부위 단부에 기둥 플레이트를 각각 용접하고, 기둥 플레이트에 접합 플레이트를 대고 볼트로 접합하여 상하 기둥이 임시로 자립할 수 있도록 한 후 상하 기둥의 모재 용접 접합 작업을 수행한다. 용접 작업이 완료되면 기둥 플레이트를 용접기로 잘라서 기둥과 기둥의 용접 접합을 완성한다.

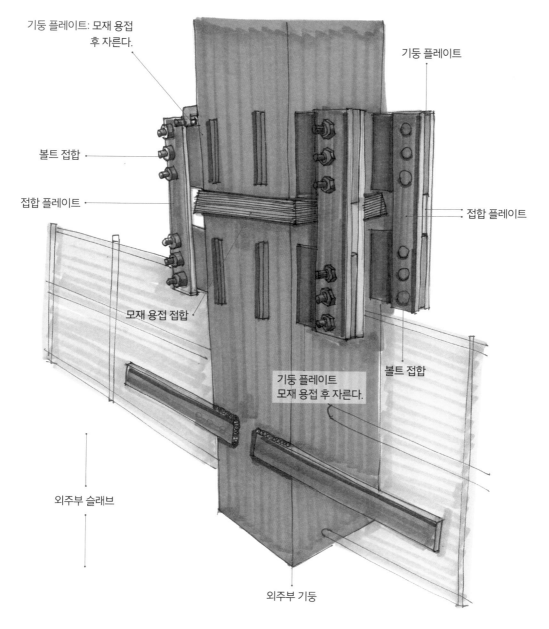

기둥 플레이트: 모재 용접 후 자른다.

기둥 플레이트

볼트 접합

접합 플레이트

접합 플레이트

모재 용접 접합

기둥 플레이트 모재 용접 후 자른다.

볼트 접합

외주부 슬래브

외주부 기둥

그림 10-1. 초고층 외주부 철골 기둥 용접 접합

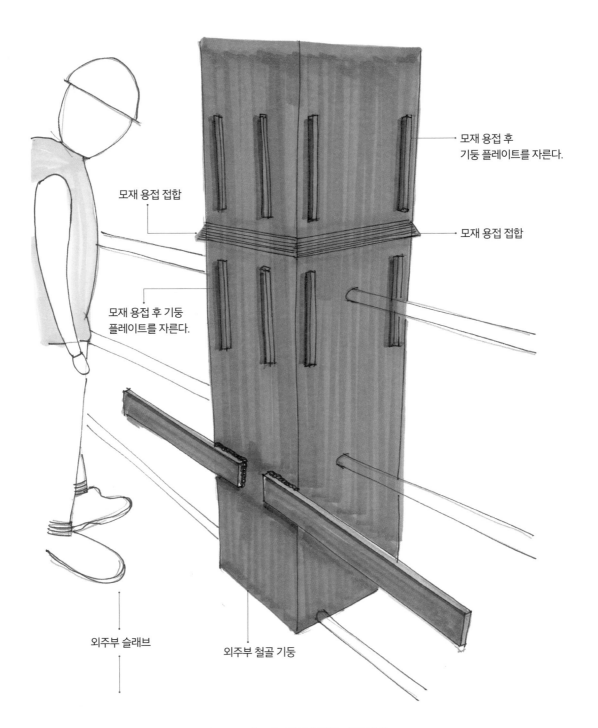

모재 용접 후
기둥 플레이트를 자른다.

모재 용접 접합

모재 용접 접합

모재 용접 후 기둥
플레이트를 자른다.

외주부 슬래브

외주부 철골 기둥

그림 10-2. 초고층 외주부 철골 기둥 접합

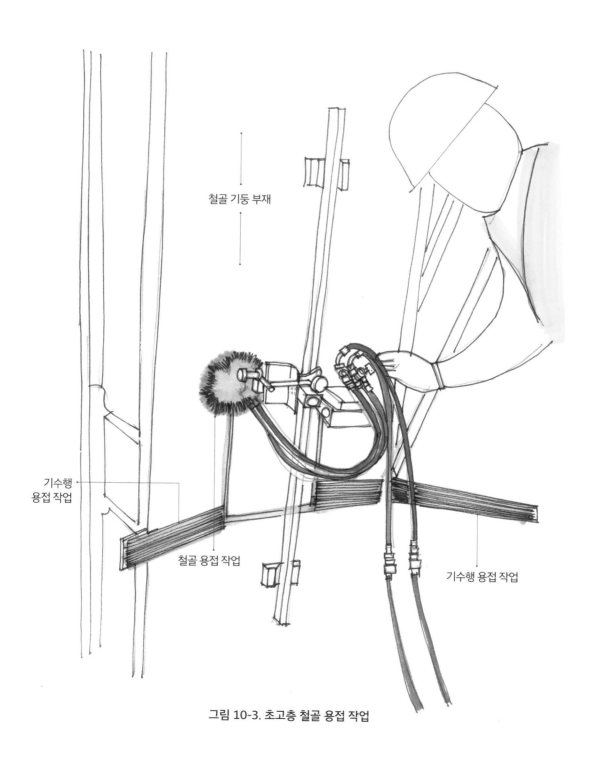

철골 기둥 부재

기수행
용접 작업

철골 용접 작업

기수행 용접 작업

그림 10-3. 초고층 철골 용접 작업

■ 그림 10-4,5,6 설명: 바닥 철골보를 연결하는 부위 사례를 보면 2가지가 있는데, 첫째는 외주 부 단부에 철골 기둥을 세운 후 철골 기둥과 코어 벽체의 임베디드 플레이트 사이를 바닥 철 골보로 연결하는 것이고, 둘째는 외주부 단부의 메가 기둥에 테두리 철골보를 설치한 후 테 두리 철골보와 코어 벽체의 임베디드 플레이트 사이를 바닥 철골보로 연결하는 것이다. 임베 디드 플레이트에 철골보를 연결하는 것은 볼트와 용접 접합을 사용한다.

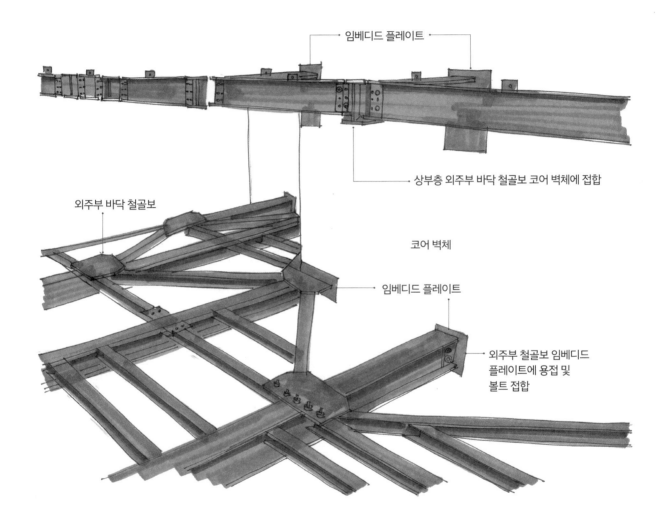

그림 10-4. 초고층 코어 벽체 임베디드 플레이트에 철골보 접합

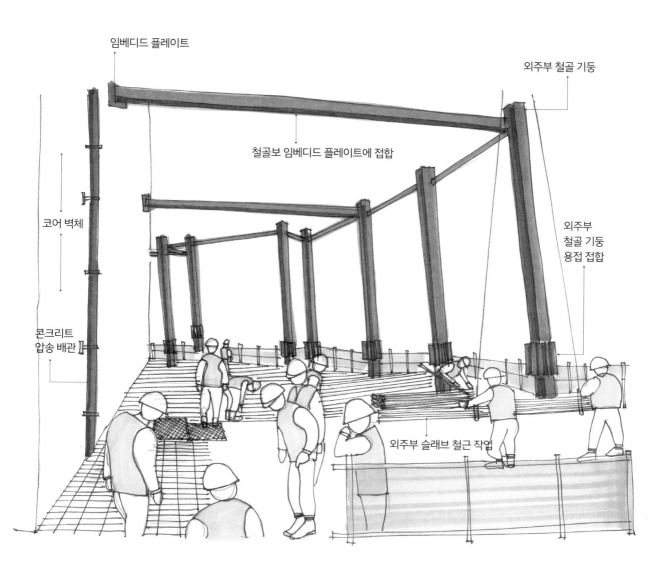

임베디드 플레이트

외주부 철골 기둥

철골보 임베디드 플레이트에 접합

코어 벽체

외주부
철골 기둥
용접 접합

콘크리트
압송 배관

외주부 슬래브 철근 작업

그림 10-5. 초고층 코어 벽체 임베디드 플레이트에 철골보 접합

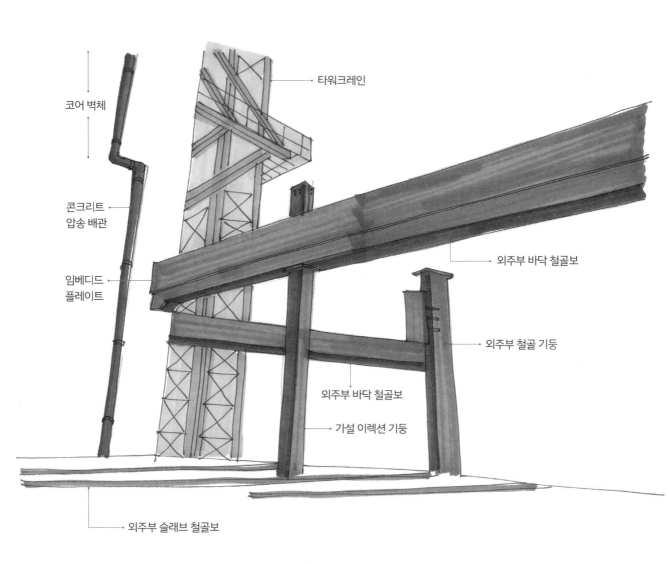

코어 벽체

콘크리트
압송 배관

임베디드
플레이트

타워크레인

외주부 바닥 철골보

외주부 철골 기둥

외주부 바닥 철골보

가설 이렉션 기둥

외주부 슬래브 철골보

그림 10-6. 초고층 코어 벽체 임베디드 플레이트에 철골보 접합

■ 그림 10-7 설명: 코어 벽체의 임베디드 플레이트에, 사전에 앵글(철골보 거치대 역할)과 거셋 플레이트를 용접으로 접합한 후 바닥 철골보를 앵글 위에 거치한다. 철골보 웨브와 거셋 플레이트를 볼트로 접합한 후 플랜지와 웨브에 용접 접합을 한다.

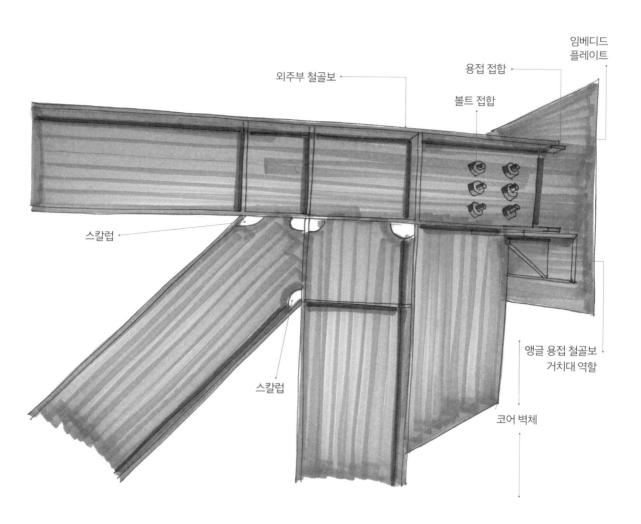

그림 10-7. 초고층 코어 벽체 임베디드 플레이트에 철골보 접합

■ 그림 10-8 설명: 메가 기둥의 임베디드 플레이트에 외주부 테두리보를 용접 접합한다. 테두리보는 바닥 철골보의 지지 역할을 하는 중요한 부재이므로 메가 기둥의 임베디드 플레이트에 용접 작업이 아주 중요하다.

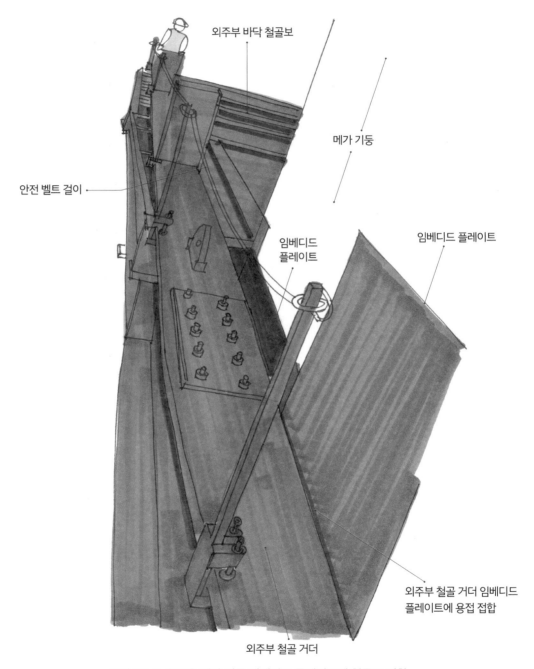

외주부 바닥 철골보

메가 기둥

안전 벨트 걸이

임베디드 플레이트

임베디드 플레이트

외주부 철골 거더 임베디드 플레이트에 용접 접합

외주부 철골 거더

그림 10-8. 초고층 메가 기둥 임베디드 플레이트에 철골보 접합

■ 그림 10-9 설명: 철골 기둥과 철골보의 용접 작업을 수행하기 위해 철골보에 달대 비계를 설치하여 용접사가 달대 비계 속에서 볼트 작업 및 용접 작업을 안전하게 수행할 수 있도록 한다.

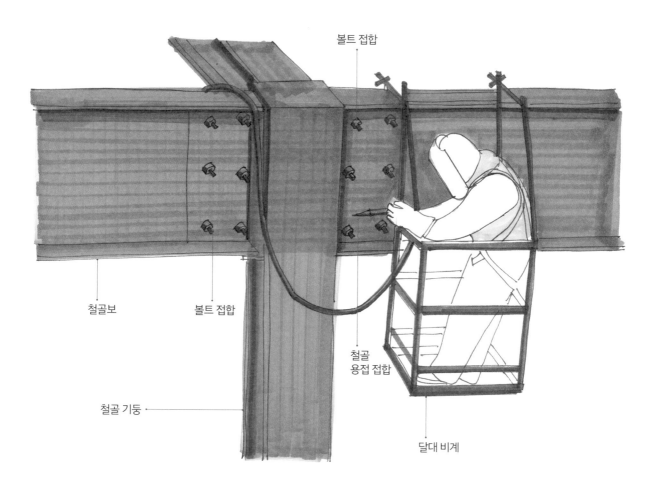

그림 10-9. 초고층 철골 기둥에 철골보 용접 접합

■ 그림 10-10 설명: 초고층 외주부 철골 트러스 용접 작업의 사례를 보면, 철골 트러스에 달대 비계를 설치한 후 방염막을 두르고 그 속에서 용접을 수행한다.

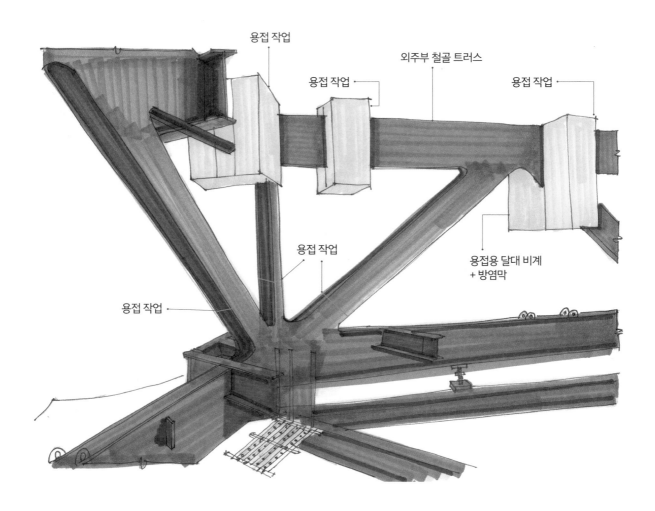

그림 10-10. 초고층 외주부 철골 트러스 용접 작업

■ 그림 10-11 설명: 초고층 외주부 다이어그리드 설치 작업 사례를 보면, 다이어그리드 중량이 커서 타워크레인 양중 능력에 맞춰 2분절하여 1부재를 설치한 후 2부재를 인양하고, 기둥 부재 용접 방식에 따라 용접 작업을 수행하여 설치한다.

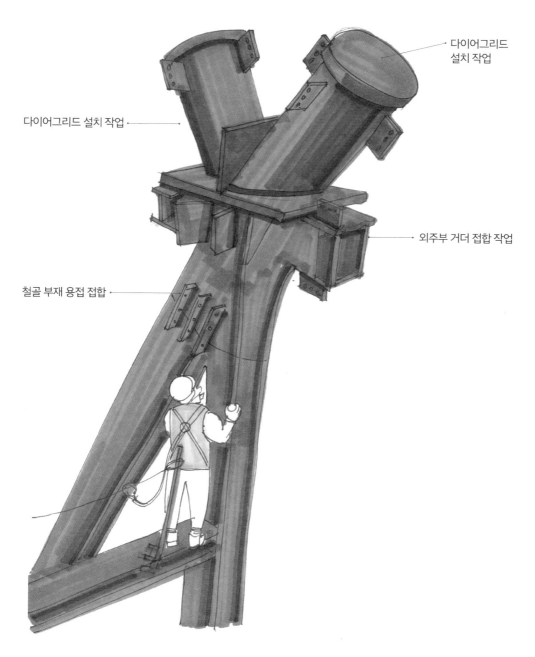

그림 10-11. 초고층 외주부 다이어그리드 설치 작업

■ 그림 10-12,13 설명: 초고층의 업무 시설에는 공조 및 환기를 위해 설비 덕트를 설치해야 하는데, 층 높이와 천장 높이의 제한으로 설비 덕트가 철골보의 웨브를 관통해야 한다. 따라서 철골보의 웨브에 설비 덕트용 오프닝을 내면 철골보의 구조능력 저하를 방지하기 위해 철골보 웨브에 보강 작업을 해야 한다. 그림 10-13은 철골보의 웨브 오프닝으로 설비 덕트와 설비 배관이 관통한 모습을 볼 수 있다.

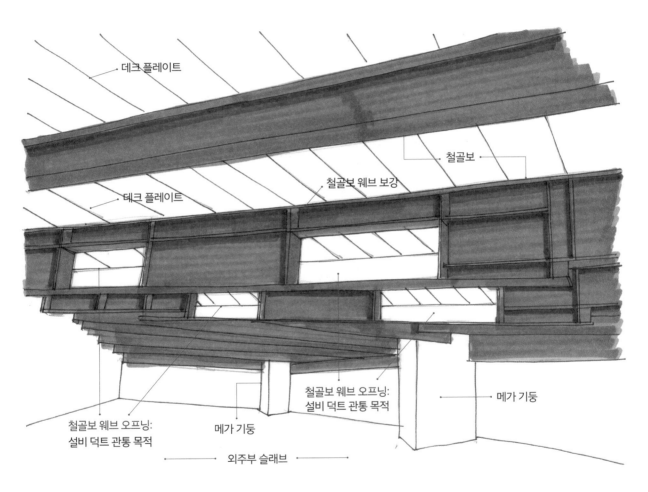

데크 플레이트

철골보

철골보 웨브 보강

데크 플레이트

철골보 웨브 오프닝:
설비 덕트 관통 목적

메가 기둥

철골보 웨브 오프닝:
설비 덕트 관통 목적

메가 기둥

외주부 슬래브

그림 10-12. 초고층 철골 덕트 관통 부위 보강

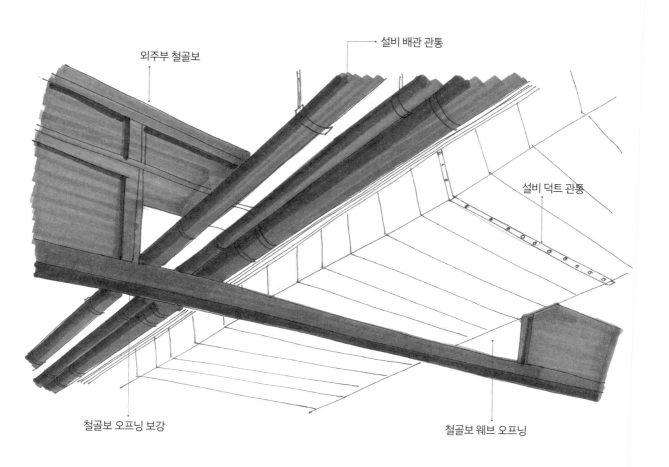

외주부 철골보

설비 배관 관통

설비 덕트 관통

철골보 오프닝 보강

철골보 웨브 오프닝

그림 10-13. 초고층 철골보 덕트 관통 부위 보강

3 안전 관리

- 철골 부재 하역 시 위험 요인으로 부재 추락, 부재 전도, 근로자 충돌 등이 있다. 안전 대책으로 신호수 배치, 하역장 주변 통제, 고임목 설치, 부재 2단 이상 적재 금지, 철골 전도 방지 조치, 지게차 사용금지, 이동식 크레인으로 하역, 철골 부재의 승강 설비 및 수평 방망 설치용 고리 시공 누락 및 상태 점검 등을 한다.

- 철골 부재 양중 시 위험 요인으로 인양 로프 불량으로 부재 낙하, 충돌 방지용 유도 로프 미체결로 충돌, 양중 하부 구간 미통제 등이 있다. 안전 대책으로 인양 로프 점검 후 사용 필증 부착, 충돌 방지용 유도 로프 설치, 신호수 배치, 양중 하부 구역 통제 등이 있다.

- 철골 부재 설치 시 위험 요인으로 철골보 생명줄 걸이대 안전 고리 미체결로 작업자 추락, 철골 설치 시 철골 부재 낙하, 가볼트 부족 체결로 부재 낙하, 볼트 및 공구 낙하 등이 있다. 안전 대책으로 철골보 생명줄 걸이대 안전 고리 체결, 신호수 배치 양중 하부 구역 통제, 볼트 및 공구 전용 주머니 사용, 가볼트 2/3 이상 체결, 수평 낙하물 방염 방지망 설치 등이 있다. 낙화물 방지망 및 추락 수직망 등은 방염처리된 것을 사용하여 용접 시 화재사고를 예방한다.

- 철골 부재 용접 시 위험 요인으로 방풍실 달비계 미설치로 용접 작업자 추락, 용접 불티 비산으로 화재 발생 등이 있다. 안전 대책으로 전담 화재 감시자 배치, 방풍실 달비계 설치 점검, 방풍실 달비계 작업 시 생명줄 고리 체결, 방풍실 소화기 배치 등이 있다.

- 외주부 테두리보 메가 기둥에 용접 시 용접열에 콘크리트 균열 방지: 외주부 테두리보 메가 기둥에 용접 시 위험 요인으로는 외주부 테두리보의 크기가 커서 메가 기둥의 임베디드 플레이트에 용접횟수가 많으므로 용접열에 의한 메가 기둥 콘크리트 균열이 발생할 수 있다. 안전 대책은 용접을 한곳에 집중적으로 하지 않고 분산하여 용접하여 메가 기둥 콘크리트 균열을 방지한다.

- 철골 위험물저장소 배치: 철골 용접 공사에 사용하는 공사용 기계기구 등을 저장하는 철골 위험물저장소를 제작하여 양중을 최소화하도록 한다.

■ 철골 기술 용어 해설

용어 1 철골기술: 외주부 코어 벽체와 외주부 바닥 철골보를 연결하거나, 외주부 메가 기둥과 외주부 바닥 철골보를 연결하거나, 외주부 코어 벽체와 메가 기둥 간의 철골보를 연결하거나, 기둥과 기둥 간을 연결하거나, 코어 벽체와 메가 기둥을 아웃리거와 벨트트러스로 연결하는 기술을 말한다. 철골 부재의 연결작업은 볼트와 용접 등을 사용한다.

용어 2 철골보 접합 방식: 전단 접합과 모멘트 접합이 있는데, 전단 접합은 볼트로만 접합하는 방식이고, 모멘트 접합은 볼트와 용접 모두 접합하는 방식이다. 철골보를 임베디드 플레이트의 받침 앵글에 올려놓고 거셋 플레이트와 철골보 웨브를 볼트로만 접합하는 것이 전단 접합 방식이고, 거셋 플레이트와 철골보 웨브를 볼트로 접합하고 임베디드 플레이트와 보 플랜지를 용접하는 것이 모멘트 접합 방식이다.

용어 3 철골 기둥과 철골 기둥의 연결: 연결할 2개 기둥의 양단부에 기둥 플레이트를 부착하고 별도의 접합 플레이트 2장을 기둥 플레이트 앞뒤로 대고 볼트로 조립하여 기둥이 자립할 수 있도록 한다. 기둥 모재 연결 부위에 용접 완료 후 기둥 플레이트를 용접기로 절단하면 기둥 연결 작업이 완료된다.

용어 4 외주부 테두리보와 메가 기둥 접합: 외주부 테두리보를 메가 기둥의 대형 임베디드 플레이트에 용접 접합을 한다. 외주부 테두리보는 크기가 대형이고 용접량이 가장 많은 곳이어서 용접의 높은 온도에 의해 메가 기둥의 콘크리트에 균열이 갈 수도 있어 대책이 필요하다. 외주부 테두리보는 바닥 철골보의 지지역할을 하는 중요한 부재이므로 메가 기둥의 임베디드 플레이트에 용접 작업을 철저히 해야 한다.

용어 5 외주부 바닥 철골보 연결 방식: 바닥 철골보를 연결하는 2가지 방식의 사례를 보면, 첫째는 외주부 단부에 철골 기둥을 세운 후 철골 기둥과 코어 벽체의 임베디드 플레이트 사이를 바닥 철골보로 연결하는 것이고, 둘째는 외주부 단부의 메가 기둥에 테두리 철골보를 설치한 후 테두리 철골보와 코어 벽체의 임베디드 플레이트 사이를 바닥 철골보로 연결하는 것이다. 임베디드 플레이트에 철골보를 연결하는 것은 볼트와 용접 접합을 사용한다.

용어 6 철골 부재 접합 작업 안전 대책: 초고층 철골 부재 용접 작업을 위해 철골보 혹은 트러스에 달대 비계를 설치한 후 방염막을 두르고 그 속에서 볼트 작업 혹은 용접 작업을 수행한다.

용어 7 철골보의 설비 덕트 오프닝: 초고층의 업무 시설에는 공조 및 환기를 위해 설비 덕트를 설치해야 하는데, 층 높이와 천장 높이의 제한으로 설비 덕트가 철골보 웨브를 관통해야 한다. 따라서 철골보의 웨브에 설비 덕트용 오프닝을 내면 철골보의 구조능력 저하를 방지하기 위해 철골보 웨브에 보강 작업을 해야 한다.

CHAPTER 11
횡력 저항 시스템 기술

1 기술 개요

- 횡력 저항 시스템 기술이란, 코어와 외곽 기둥을 아웃리거로 연결하여 횡하중을 부담하는 코어 응력을 아웃리거를 통하여 외곽 기둥에 전달하고, 벨트트러스로 외곽 기둥을 허리벨트처럼 묶어주어 횡하중에 의한 횡변위를 효율적으로 제어하는 기술을 말한다.
- 초고층 건물 100층 500m 이상은 아웃리거와 벨트트러스가 약 3개 구간에 설치된다. 아웃리거는 일부 철골이 코어 벽체 내부와 메가 기둥 내부에 매립되므로 RC와 철골의 합성구조이다.

2 시공 계획 및 시공 시 유의 사항

- 횡력 저항 시스템인 아웃리거와 벨트트러스 1개 구간은 4개 층에 걸쳐 설치되고, 공기가 12주 이상(=4개 층×층당 3주) 소요되는 복잡한 공정이므로 상세한 시공 계획과 공정 계획이 필요하다.
- 기둥 축소 현상에 의한 부등 침하 발생 시 아웃리거와 벨트트러스 부재에 과도한 부가 응력이 발생할 수 있어 부등 침하를 흡수할 수 있는 접합부 설계가 필요하다
- 아웃리거 설치는 메가 기둥 내부에 I형상 기둥 부재를 하부 앵커로 설치하고, I형상 기둥 부재에 K형상 기둥 부재를 연결하고, K형상 기둥 부재에 아웃리거 사재와 아웃리거 수평재인 하현재를 연결한다. 아웃리거 사재는 4개 층을 연결하므로 길이가 길고 무거운 부재이므로

타워크레인이 양중할 수 있도록 사전에 분할 제작한다. 아웃리거 1차 사재를 설치하고 최종으로 아웃리거 2차 사재를 코어 벽체에 매립된 아웃리거 부재의 돌출된 브라켓에 딜레이 조인트로 접합하여 설치한다.

- 아웃리거 2차 사재의 연결 부위는 바로 용접하지 않고 딜레이 조인트로 남겨놓아 아웃리거 부재가 변형이 진행된 후 안정화가 되었을 때 용접한다.

- 아웃리거의 철골이 메가 기둥과 코어 벽체 내부에 설치되는 합성구조이고 층당 3주 이상 소요되므로, 다음과 같은 간섭 사항에 대하여 사전에 시공 계획을 수립해야 한다. 철근과 아웃리거 철골 간섭, ACS 슈앵커와 아웃리거 철골 간섭, ACS 거푸집 타이로드와 아웃리거 철골 간섭, 아웃리거 철골 돌출 부위의 거푸집 수정 등을 수립해야 한다.

- 아웃리거 부재에 철근의 이음과 정착이 필요한 부위에는 아웃리거 부재에 커플러를 용접 접합하고 철근을 연결한다.

- ACS 슈앵커는 아웃리거 부재와 간섭 시 아웃리거 부재에 용접용 슈앵커를 사용하여 아웃리거 부재에 용접하여 접합한다.

- ACS 거푸집 타이로드는 아웃리거 부재와 간섭 시, 사전에 아웃리거 부재 제작 시 타이로드 체결을 위한 구멍을 반영하여 제작한다.

- 아웃리거 철골 돌출 부위의 거푸집은 거푸집을 수정하여 설치한다.

- 그림 11-1 설명: 초고층에 아웃리거 설치 시 모멘트 감소 효과를 보여주고 있는데, 아웃리거가 없는 경우는 모멘트 크기가 크고, 아웃리거가 1개인 경우는 모멘트 크기가 중간이고, 아웃리거가 2개인 경우는 모멘트 크기가 작다.

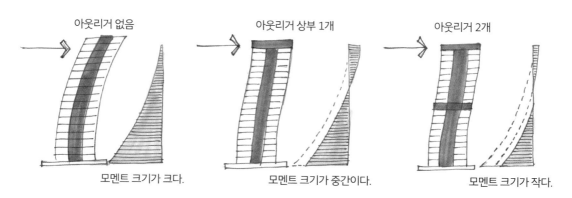

그림 11-1. 초고층 아웃리거 모멘트 감소 효과

■ 그림 11-2 설명: 초고층 아웃리거 개념은 코어 벽체와 메가 기둥을 연결하여 횡하중을 코어에서 아웃리거를 통하여 메가 기둥에 전달하여 횡하중을 효율적으로 제어한다. 아웃리거 구성은 메가 기둥에 I 형태 철골 기둥을 매립하고 K 형태 기둥을 반매립하고, 코어 벽체에 아웃리거 상현재, 수직재, 하현재(일부)를 매립하여 매립된 부재를 아웃리거 사재와 연결하여 코어 벽체에서 메가 기둥으로 힘을 전달하는 메커니즘을 갖춘다.

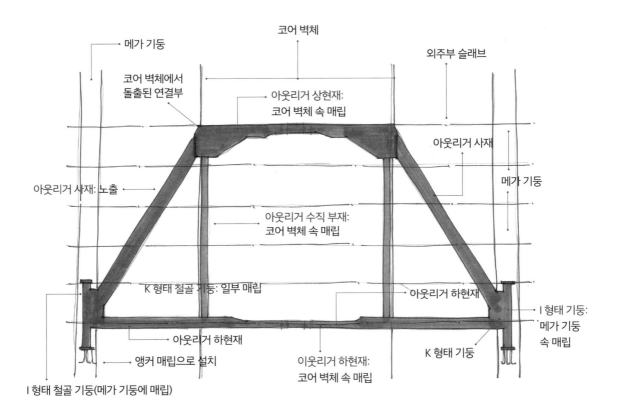

그림 11-2. 초고층 아웃리거 개념

■ 그림 11-3 설명: 아웃리거는 메가 기둥에 I 형태 철골 기둥을 매립하고 K 형태 기둥을 반매립하고, 코어 벽체에 아웃리거 상현재, 수직재, 하현재(일부)를 매립하여 연결하는 아웃리거 사재가 비매립되어 있다. 초고층 아웃리거는 코어 벽체와 메가 기둥을 연결하여 횡하중을 코어에서 아웃리거를 통하여 메가 기둥에 전달한다.

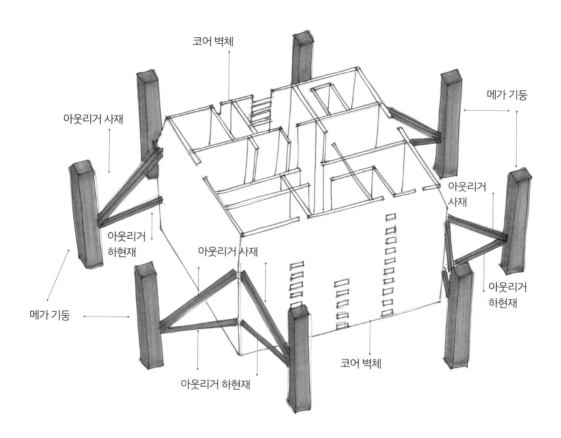

그림 11-3. 초고층 아웃리거 개념

■ 그림 11-4,5 설명: 아웃리거는 I 형태 철골 기둥을 앵커 시공으로 메가 기둥의 콘크리트에 매립하고, K 형태 철골 기둥을 연결한 후 아웃리거 사재는 2개 분절하여 1분절을 K 형태 철골 기둥에 설치한 후 2분절은 코어 벽체에 매립된 아웃리거 상현재의 브라켓에 연결하여 설치한다. 또한 K 형태 철골 기둥에 아웃리거 하현재도 설치한다. 아웃리거 수직 부재는 코어 벽체 속에 매립한다.

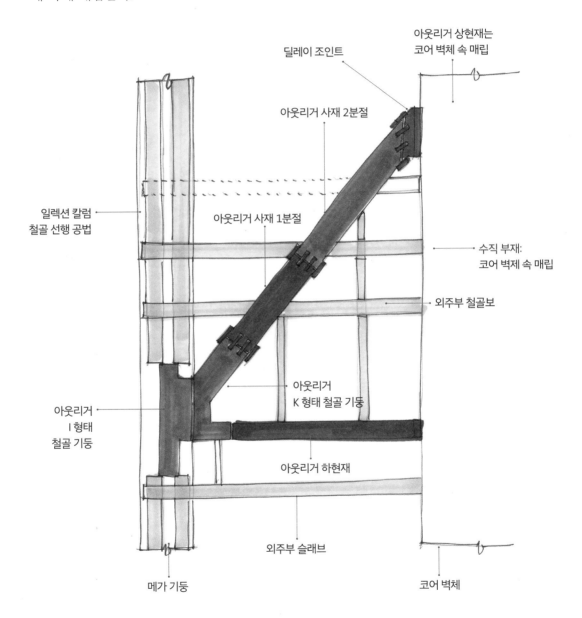

그림 11-4. 초고층 아웃리거 분절 계획

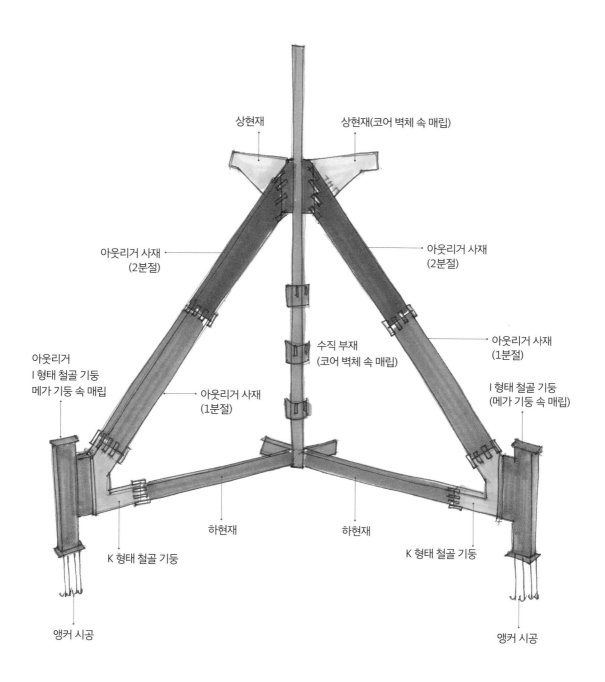

상현재

상현재(코어 벽체 속 매립)

아웃리거 사재
(2분절)

아웃리거 사재
(2분절)

아웃리거
I 형태 철골 기둥
메가 기둥 속 매립

수직 부재
(코어 벽체 속 매립)

아웃리거 사재
(1분절)

아웃리거 사재
(1분절)

I 형태 철골 기둥
(메가 기둥 속 매립)

하현재

하현재

K 형태 철골 기둥

K 형태 철골 기둥

앵커 시공

앵커 시공

그림 11-5. 초고층 아웃리거 분절 계획

■ 그림 11-6 설명: 아웃리거는 시작되는 I 형태 철골 기둥을 베이스 플레이트와 앵커를 메가 기둥의 콘크리트에 매립하여 설치한다. I 형태 철골 기둥은 콘크리트에 매립되므로 콘크리트의 일체화를 위해 스터드 볼트가 일정 간격으로 용접되어 있다. I 형태 철골 기둥에는 K 형태 철골 기둥을 접합할 수 있도록 연결 조인트를 갖도록 설계되어 있다.

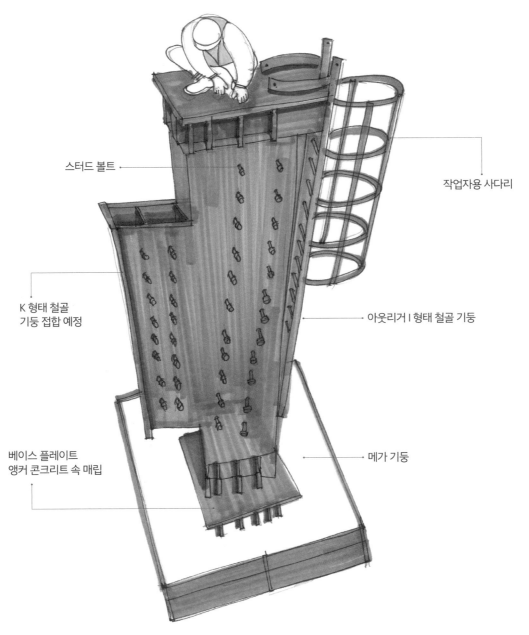

스터드 볼트

작업자용 사다리

K 형태 철골
기둥 접합 예정

아웃리거 I 형태 철골 기둥

베이스 플레이트
앵커 콘크리트 속 매립

메가 기둥

그림 11-6. 초고층 메가 기둥 아웃리거 I 형태 철골 기둥 설치

■ 그림 11-7 설명: 아웃리거의 I 형태 철골 기둥의 연결 조인트에 K 형태 철골 기둥을 연결 설치한다. I 형태 철골 기둥의 연결 조인트와 K 형태 철골 기둥은 기둥-용접 접합 방식으로 용접 접합한다. K 형태 철골 기둥에는 2개의 연결 조인트가 있는데, 상부 조인트에는 아웃리거 사재를 연결하고 하부 조인트에는 아웃리거 하현재를 연결한다.

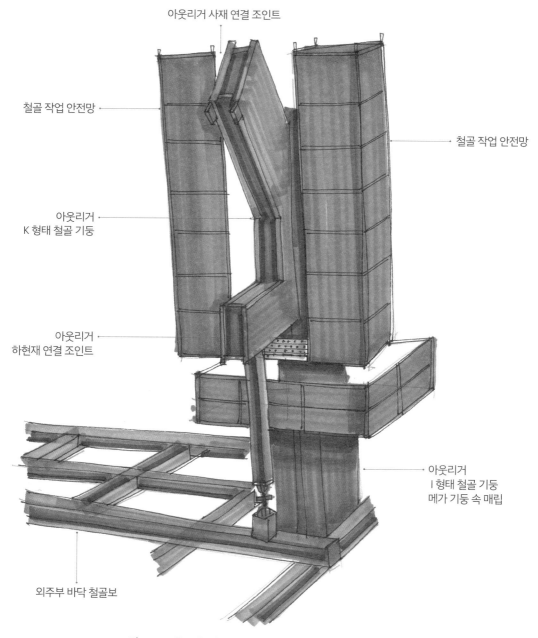

아웃리거 사재 연결 조인트

철골 작업 안전망

철골 작업 안전망

아웃리거
K 형태 철골 기둥

아웃리거
하현재 연결 조인트

아웃리거
I 형태 철골 기둥
메가 기둥 속 매립

외주부 바닥 철골보

그림 11-7. 초고층 메가 기둥 아웃리거 K 형태 철골 기둥 설치

■ 그림 11-8 설명: 아웃리거의 K 형태 철골 기둥의 상부 조인트에 아웃리거 사재 1분절을 연결 설치한다. K 형태 철골 기둥의 상부 조인트와 아웃리거 1분절은 기둥용접 접합 방식으로 용접 접합한다. 아웃리거 사재 1분절은 고중량이므로 타워크레인으로 주의해서 인양하고 가설 보조 기둥으로 받치면서 신중하게 설치한다.

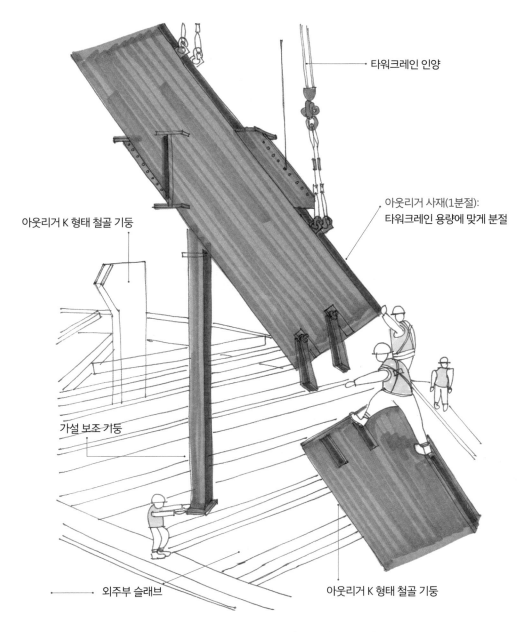

그림 11-8. 초고층 아웃리거 사재 1분절 설치

■ 그림 11-9, 10 설명: 아웃리거 사재 2분절은 하부로는 아웃리거 사재 1분절의 연결 조인트에 연결하고, 상부로는 코어 벽체에 매립된 아웃리거 상현재의 연결 조인트에 연결 설치한다. 아웃리거 1분절과 아웃리거 2분절은 기둥용접 접합 방식으로 용접 접합한다. 아웃리거 2분절과 아웃리거 상현재 연결 조인트는 딜레이 조인트로 처리되어 아웃리거 사재의 변형이 발생하고 안정화된 후에 용접 접합을 한다.

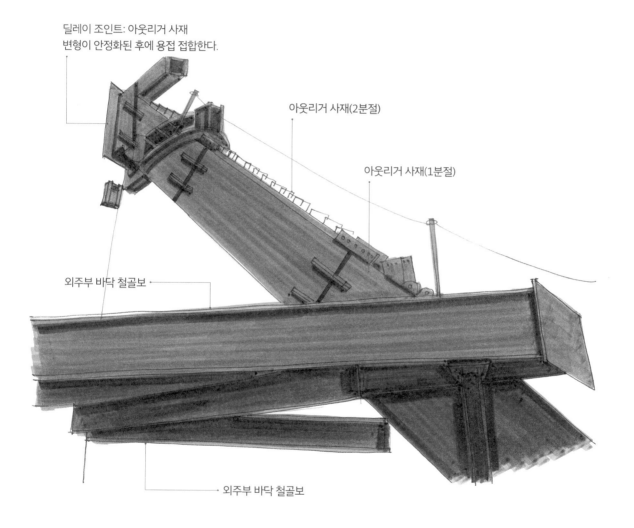

딜레이 조인트: 아웃리거 사재
변형이 안정화된 후에 용접 접합한다.

아웃리거 사재(2분절)

아웃리거 사재(1분절)

외주부 바닥 철골보

외주부 바닥 철골보

그림 11-9. 초고층 아웃리거 사재 2분절 설치

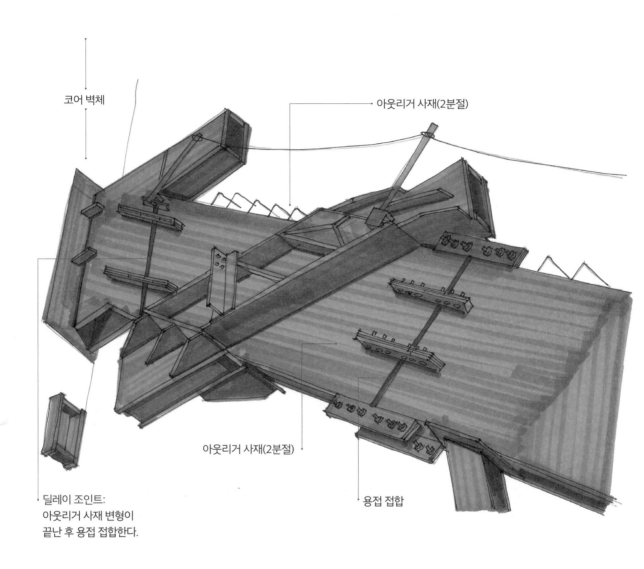

코어 벽체

아웃리거 사재(2분절)

딜레이 조인트:
아웃리거 사재 변형이
끝난 후 용접 접합한다.

아웃리거 사재(2분절)

용접 접합

그림 11-10. 초고층 아웃리거 사재 2분절 접합

■ 그림 11-11,12 설명: 초고층 아웃리거 다른 사례를 보면, 메가 기둥에 매립된 K 형태 철골 기둥의 상부 조인트에 아웃리거 사재를 연결하고 하부 조인트에 아웃리거 하현재를 연결한다. 그림 11-12는 아웃리거 사재 2분절과 아웃리거 상현재 연결 조인트와의 상세 접합을 보여준다.

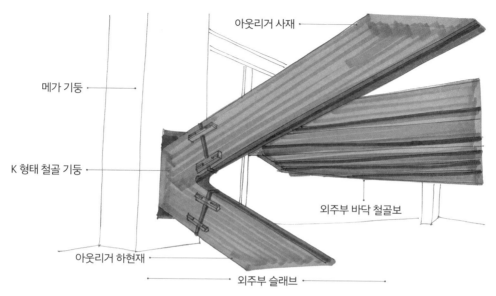

그림 11-11. 초고층 메가 기둥 아웃리거 사재 용접 접합

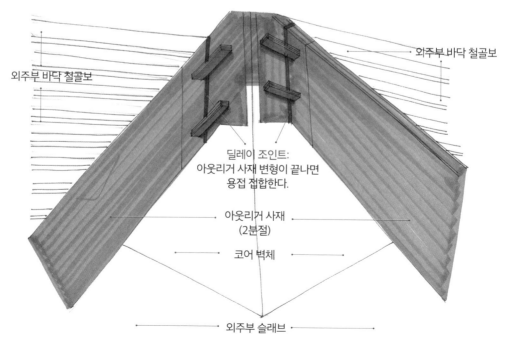

그림 11-12. 초고층 아웃리거 사재 용접 접합

■ 그림 11-13 설명: 아웃리거 사재는 기둥·용접 접합 방식으로 용접하여 연결한다. 아웃리거 사재와 바닥 슬래브가 만나는 부분의 철근 접합 방식은 아웃리거 사재에 용접용 커플러를 용접하고 철근을 커플러에 끼워 연결한다.

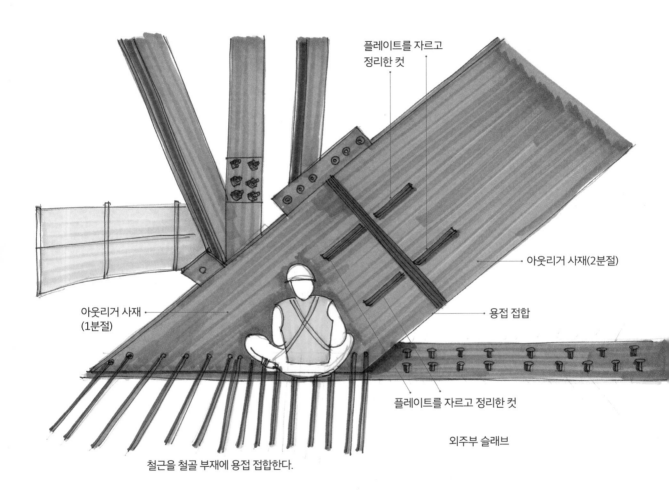

플레이트를 자르고
정리한 컷

아웃리거 사재(2분절)

용접 접합

플레이트를 자르고 정리한 컷

외주부 슬래브

아웃리거 사재
(1분절)

철근을 철골 부재에 용접 접합한다.

그림 11-13. 초고층 아웃리거 사재 용접 접합

■ 그림 11-14,15 설명: 아웃리거 사재 접합 방식은 기둥용접 접합 방식과 동일하게 수행한다. 사재의 연결 부위 단부에 사재 플레이트를 각각 용접하고, 사재 플레이트에 접합 플레이트를 대고 볼트로 접합하여 상하 아웃리거 사재가 임시적으로 자립할 수 있도록 한 후 상하 아웃리거 사재 모재에 용접 작업을 수행한다. 용접 작업이 완료되면 사재 플레이트를 용접기로 잘라서 사재와 사재의 용접 접합을 완성한다.

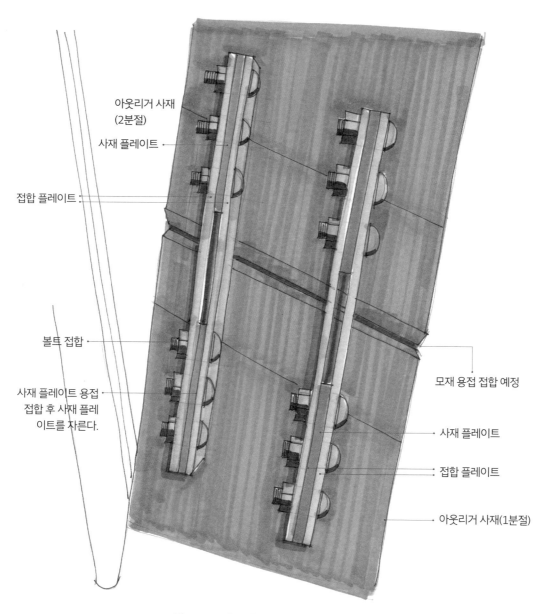

아웃리거 사재
(2분절)

사재 플레이트

접합 플레이트

볼트 접합

사재 플레이트 용접
접합 후 사재 플레
이트를 자른다.

모재 용접 접합 예정

사재 플레이트

접합 플레이트

아웃리거 사재(1분절)

그림 11-14. 초고층 아웃리거 사재 용접 접합

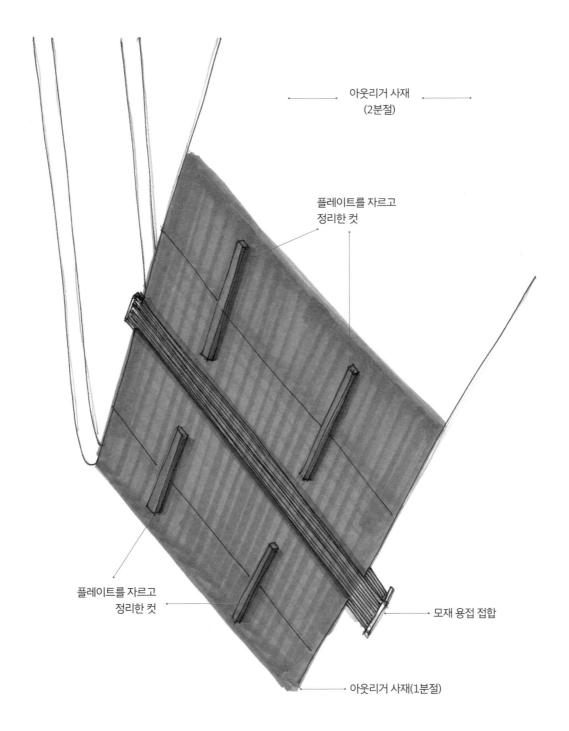

아웃리거 사재
(2분절)

플레이트를 자르고
정리한 컷

플레이트를 자르고
정리한 컷

모재 용접 접합

아웃리거 사재(1분절)

그림 11-15. 초고층 아웃리거 사재 용접 접합

■ 그림 11-16 설명: 코어 벽체 속에 아웃리거 하현재를 매립하여 설치한다. 코어 벽체는 철근 콘크리트 벽체이므로 아웃리거 하현재 측면에는 일정 간격으로 스터드 볼트를 용접 접합하여 콘크리트와 일체성을 높여준다.

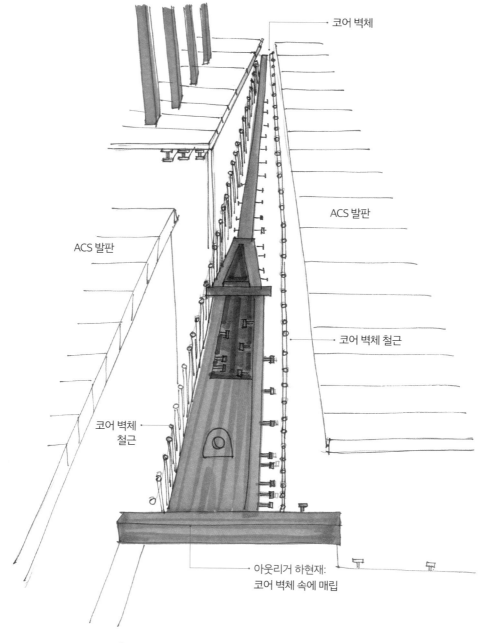

코어 벽체

ACS 발판

ACS 발판

코어 벽체 철근

코어 벽체
철근

아웃리거 하현재:
코어 벽체 속에 매립

그림 11-16. 초고층 코어 벽체 속 아웃리거 하현재 설치

■ 그림 11-17,18,19 설명: 코어 벽체 속에 아웃리거 상현재를 매립하여 설치한다. 아웃리거 상현재를 지지하는 수직 부재인 철골 기둥을 설치한다. 코어 벽체는 철근 콘크리트 벽체이므로 아웃리거 상현재 측면에는 일정 간격으로 스터드 볼트를 용접 접합하여 콘크리트와 일체성을 높여준다.

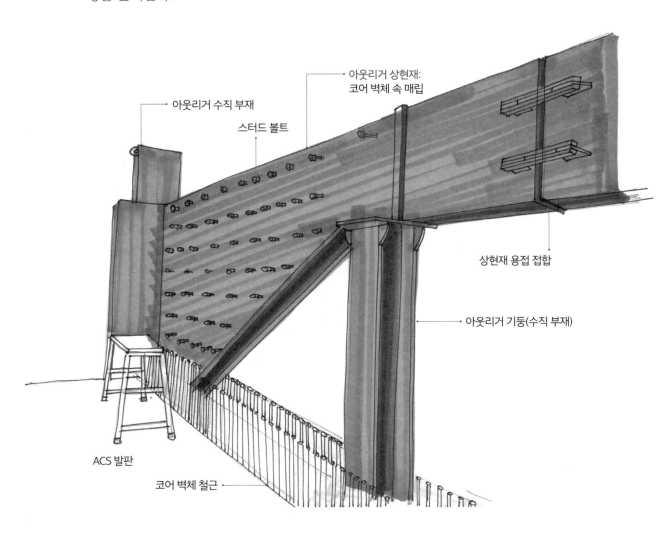

그림 11-17. 초고층 코어 벽체 속 아웃리거 상현재 설치

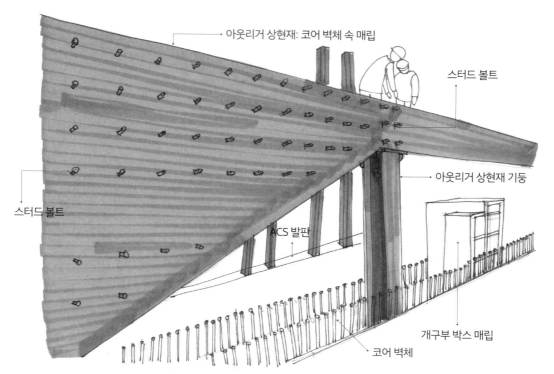

그림 11-18. 초고층 코어 벽체 속 아웃리거 상현재 설치

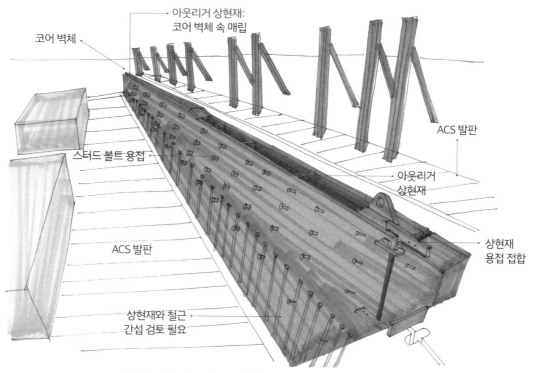

그림 11-19. 초고층 코어 벽체 속 아웃리거 상현재 설치

■ 그림 11-20 설명: 코어 벽체에 매립된 아웃리거 상현재의 연결 조인트와 아웃리거 사재 접합의 다른 사례를 보여준다.

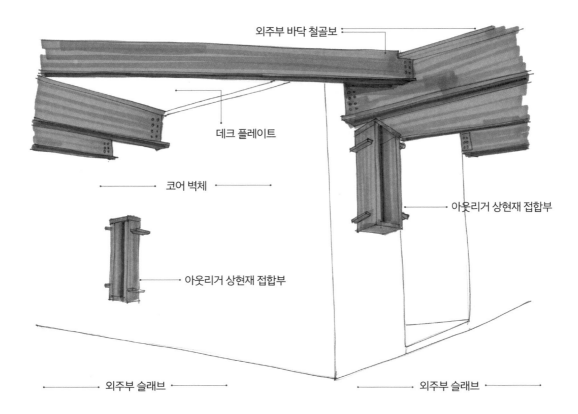

외주부 바닥 철골보

데크 플레이트

코어 벽체

아웃리거 상현재 접합부

아웃리거 상현재 접합부

외주부 슬래브

외주부 슬래브

그림 11-20. 초고층 코어 벽체 아웃리거 상현재 조인트

3 안전 관리

■ 아웃리거 철골 부재 양중 시 낙하 방지: 아웃리거 철골 부재는 양중 시 위험 요인으로 아웃리거 부재(I 형상 기둥, K 형상 기둥, 사재, 상현재, 하현재, 수직 기둥)는 크기와 무게가 커서 인양 로프 불량으로 아웃리거 부재 낙하, 충돌 방지용 유도 로프 미체결로 충돌, 양중 하부 구간 미통제 등이 있다. 안전 대책으로 인양 로프 점검 후 사용 필증 부착, 충돌 방지용 유도 로프 설치, 신호수 배치, 양중 하부 구역 통제 등이 있다.

■ 아웃리거 철골 부재 설치 시 위험 요인으로 아웃리거 철골 부재 생명줄 걸이대 안전 고리 미체결로 작업자 추락, 아웃리거 철골 부재 설치 시 철골 부재 낙하, 가볼트 부족 체결로 철골

부재 낙하, 볼트 및 공구 낙하 등이 있다. 안전 대책으로 아웃리거 철골 부재 생명줄 걸이대 안전 고리 체결, 신호수 배치, 양중 하부 구역 통제, 볼트 및 공구 전용 주머니 사용, 가볼트 2/3 이상 체결, 수평 낙하물 방지망 설치 등이 있다. 낙화물 방지망 및 추락 수직망 등은 방염처리된 것을 사용하여 용접 시 화재 사고를 예방한다.

- 아웃리거 철골 부재 용접 시 위험 요인으로 방풍실 달비계 미설치로 용접 작업자 추락, 용접 불티 비산으로 화재 발생 등이 있다. 안전 대책으로 전담 화재 감시자 배치, 방풍실 달비계 설치 점검, 방풍실 달비계 작업 시 생명줄 고리 체결, 방풍실 소화기 배치 등이 있다.

- 철골 위험물 저장소 배치: 철골 용접 공사에 사용하는 공사용 기계 기구 등을 저장하는 철골 위험물 저장소를 제작하여 양중을 최소화하도록 한다.

- 아웃리거 2차 사재와 코어 벽체의 상현재 연결 조인트와 용접 시 기둥 축소 균열 방지: 아웃리거 2차 사재와 코어 벽체의 상현재 연결 조인트와 용접 시 위험 요인으로는, 즉시 용접할 경우 기둥 축소에 의한 부가 응력으로 연결 조인트 부위 콘크리트 균열이 발생한다. 안전 대책으로는 즉시 용접하지 않고 기둥 축소에 의한 아웃리거 부재의 변형이 진행된 후 용접하여 연결 조인트 부위 콘크리트 균열을 방지한다.

- 철근과 아웃리거 철골 간섭, ACS 슈앵커와 아웃리거 철골 간섭, ACS 거푸집 타이로드와 아웃리거 철골 간섭, 아웃리거 철골 돌출 부위 거푸집의 수정 등 고소작업 시 작업자의 아웃리거 철골 부재 생명줄 걸이대 안전 고리 체결, 신호수 배치, 양중 하부 구역 통제, 볼트 및 공구 전용 주머니 사용, 수평 낙하물 방지망 설치 등으로 작업자 추락을 방지한다.

- 작업자와 안전 관리자 아웃리거 부재(I 형상 기둥, K 형상 기둥 부재 아웃리거 사재, 상현재 하현재 아웃리거 수직 기둥) 설치 순서 및 설치 시 주의 사항에 대한 기술 교육 강화로 작업 단계별 위험 요인과 안전 대책에 대한 사전 이해를 시키는 것이 안전 관리의 첫걸음이다.

■ 횡력 저항 시스템 기술 용어 해설

용어 1 횡력 저항 시스템: 아웃리거와 벨트트러스로 횡하중에 저항하는 시스템이다. 아웃리거는 코어와 외곽 기둥을 연결하여 횡하중을 받는 코어의 하중을 아웃리거를 통하여 메가 기둥에 전달하고, 벨트트러스는 외곽 기둥을 허리벨트처럼 묶어주어 횡하중에 의한 횡변위를 제어한다.

용어 2 아웃리거와 벨트트러스 구간과 공기: 초고층 건물 100층 500m 이상은 아웃리거와 벨트트러스가 약 3개 구간에 설치된다. 아웃리거와 벨트트러스 1개 구간은 약 4개 층에 걸쳐 설치되고, 공기가 12주 이상(=4개 층×층당 3주) 소요되는 복잡한 공정이므로 상세한 시공 계획과 공정 계획이 필요하다.

용어 3 아웃리거 반영 사항: 아웃리거 계획 시 철근과 아웃리거 부재 간섭, ACS 슈앵커와 아웃리거 부재 간섭, ACS 거푸집 타이볼트와 아웃리거 부재 간섭, 아웃리거 부재 돌출 부위의 ACS 거푸집 수정 등을 반영해야 한다. 아웃리거 부재에 철근의 이음과 정착이 필요한 부위에는 아웃리거 부재에 커플러를 용접 접합하고 철근을 연결한다. ACS 슈앵커는 아웃리거 부재와 간섭 시 아웃리거 부재에 용접용 슈앵커를 사용하여 아웃리거 부재에 용접하여 접합한다. ACS 거푸집 타이볼트는 아웃리거 부재와 간섭 시, 사전에 아웃리거 부재 제작 시 타이볼트 체결을 위한 구멍을 반영하여 제작한다. 아웃리거 부재 돌출 부위의 거푸집은 거푸집을 수정하여 설치한다.

용어 4 아웃리거의 기둥 축소량 대응: 기둥 축소 현상에 의한 부등 침하 발생 시 아웃리거와 벨트트러스 부재에 과도한 부가 응력이 발생할 수 있어 부등 침하를 흡수할 수 있는 접합부 설계가 필요하다. 대응 사례로는 아웃리거 2차 사재의 연결 부위는 바로 용접하지 않고 딜레이 조인트로 남겨놓아 아웃리거 부재에 부등 침하 등 변형이 진행된 후 안정화가 되었을 때 용접한다.

용어 5 아웃리거 시공 사례: 아웃리거 설치는 메가 기둥 내부에 I 형상 기둥 부재를 하부 앵커로 설치하고, I 형상 기둥 부재에 K 형상 기둥 부재를 연결하고, K 형상 기둥 부재에 아웃리거 사재와 아웃리거 수평재인 하현재를 설치한다. 아웃리거 사재는 4개 층을 연결하므로 길이가 길고 무거운 부재이기에 타워크레인이 양중할 수 있도록 사전에 분할 제작한다. 아웃리거 1차 사재를 설치하고 최종으로 아웃리거 2차 사재를 코어 벽체에 매립된 아웃리거 부재의 돌출된 브라켓에 딜레이 조인트로 접합하여 설치한다.

용어 6 아웃리거 모멘트 감소 효과: 초고층에 아웃리거 설치 시 모멘트 감소 효과를 보여주고 있는데 아웃리거가 없는 경우는 모멘트 크기가 크고, 아웃리거가 1개인 경우는 모멘트 크기가 중간이고, 아웃리거가 2개인 경우는 모멘트 크기가 작다.

용어 7 아웃리거의 매립부와 노출부: 아웃리거 부재 중 콘크리트에 매립되는 매립부에는 I 형상 기둥 부재, K 형상 기둥 부재 일부, 아웃리거 상현재, 아웃리거 하현재 일부이다. 매립부 아웃리거 부재 중 콘크리트에 매립되지 않는 노출부는 K 형상 기둥 부재 일부, 아웃리거 사재, 아웃리거 하현재 일부이다.

용어 8 아웃리거 매립부의 스터드 볼트 용접: 아웃리거 부재 중 콘크리트에 매립되는 매립부에는 I 형상 기둥 부재, K 형상 기둥 부재 일부, 아웃리거 상현재, 아웃리거 하현재 일부인데, 매립부 아웃리거 부재 측면에 일정 간격으로 스터드 볼트를 용접 접합하여 콘크리트와 일체성을 높여준다.

용어 9 아웃리거 사재 분절 및 인양: 아웃리거 사재는 초고층 공사 부재 중에 가장 무거운 부재이므로 타워크레인 인양 용량에 맞추어 분절해야 한다. 아웃리거 사재 분절 후 타워크레인으로 아웃리거 사재를 인양하고 가설 보조 기둥을 받치면서 안전하게 설치한다.

용어 10 아웃리거 사재 접합: 아웃리거 사재 접합 방식은 기둥용접 접합 방식과 동일하게 수행한다. 사재의 연결 부위 단부에 사재 플레이트를 각각 용접하고, 사재 플레이트에 접합 플레이트를 대고 볼트로 접합하여 상하 아웃리거 사재가 임시적으로 자립할 수 있도록 한 후 상하 아웃리거 사재의 모재에 용접 작업을 수행한다. 용접 작업이 완료되면 사재 플레이트를 용접기로 잘라서 사재와 사재의 용접 접합을 완성한다.

CHAPTER 12
코어 선행 공법 및 외주부 철골 선행 공법 기술

1 기술 개요

- 코어 선행 공법 기술이란, 초고층 건물에서 코어 벽체가 선행하고 외주부 슬래브가 후행하는 공법을 말한다.
- 외주부 철골 선행 공법 기술이란, 초고층 건물에서 외주부 슬래브가 선행하고 코어 벽체가 후행하는 공법을 말한다.

2 코어 선행 공법 시공 계획 및 시공 시 유의 사항

- 코어 선행 공법에서 전날 타설한 콘크리트 상부면 보양 시트를 제거한 후 콘크리트 상부면 레이턴스를 할석하고, GNSS 측량으로 기준점을 표기하고 기준점을 사용하여 먹매김을 실시한다. 코어 벽체의 테두리 벽체부터 내부 벽체 순으로 선조립 철근 인양 및 설치하고, 코어 벽체를 2개로 분할한 조인트에 링크빔을 설치하고, 슬래브 위치에 철근 커플러와 할펜박스를 설치하고 임베디드 플레이트를 설치한다. 철근 작업을 하는 동안 ACS 거푸집을 탈형하고 박리제를 도포한 후 ACS 클라이밍 프로파일을 먼저 인상하고, 내부 ACS와 외부 ACS 순으로 인상하고, ACS 거푸집을 설치하고 폼타이(디비닥볼트)를 체결한다. 외부 거푸집의 수평라인과 평활도를 맞춘다. 준비가 완료된 후 CPB를 사용하여 콘크리트를 타설하고 타설 종료 후 보양 및 양생한다.

- 코어 선행 공법은 층마다 코어 벽체에 임베디드 플레이트를 설치해야 하는데, 외주부 철골보 개수만큼 설치해야 한다. 향후 외주부 철골보를 임베디드 플레이트에 접합하여 설치하기 때문이다. 슬래브와 보 철근과 코어 벽체 철근과의 연결을 위해 사전에 코어 벽체에 커플러를 매립하는데, 콘크리트 타설 시 커플러 위치 이동 방지를 위한 대책이 필요하다.

- 코어 벽체 물량이 외주부 슬래브 물량보다 적어 코어 벽체 공기가 외주부 슬래브 공기보다 빨라 코어 벽체와 외주부 슬래브의 층 차이가 많이 벌어질 수 있다.

- 타워크레인은 코어 벽체에 설치하여 코어 벽체의 선조립 철근 등을 양중하고 외주부 슬래브 철골보 등을 양중하는데, 코어 벽체와 외주부 슬래브 층 차이가 벌어지면 타워크레인 운전수가 외주부 작업 상황을 육안으로 볼 수 없고 대신 모니터로 봐야 하므로 외주부 철골 양중 시 안전사고에 특히 주의해야 한다.

- 메인 호이스트는 지상에서 외주부 슬래브 완료 층까지 도달하므로 코어 벽체로 가기 위해서는 외주부 슬래브와 코어 벽체 사이에 점핑 호이스트를 설치 운영해야 한다.

- 커튼월은 외주부 슬래브 완료 층 전에 약 2~3개 층까지 설치할 수 있으므로 코어 벽체와 외주부 슬래브 층 차이가 벌어지면 커튼월 설치가 늦어져 전체적으로 공기가 지연될 수 있다.

- 코어 선행 공법은 철근 선조립과 GNSS 측량이 가능하다.

■ 그림 12-1 설명: 코어 선행 공법의 개념으로 코어 벽체 공사가 선행하고 외주부 슬래브 공사가 후행한다. 코어 선행 공법은 코어 벽체 상단에 ACS 시스템을 설치하여 코어 벽체 공사를 수행한다. 후행 공사인 외주부 철골보를 코어 벽체에 접합하기 위해 코어 벽체에 임베디드 플레이트를 매립하여 설치한다. 커튼월은 외주부 슬래브 상단보다 2~3개 층 하부까지 설치할 수 있는데, 외주부 슬래브 공사 공기가 늦어지면 커튼월 공사도 늦어져서 전체적으로 공

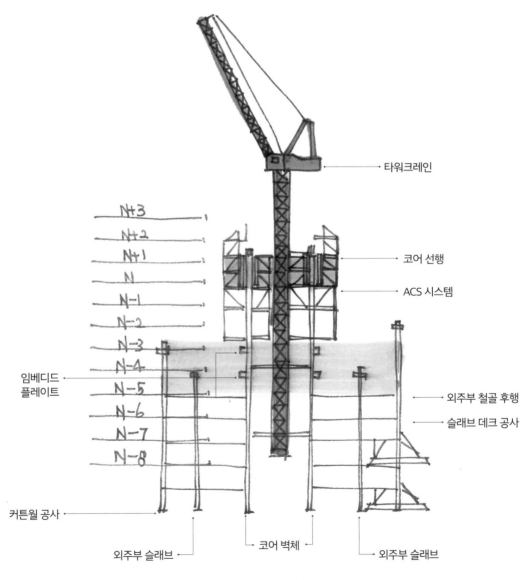

그림 12-1. 초고층 코어 선행 공법 개념

■ 그림 12-2,3 설명: 코어 벽체 공사 공기가 외주부 슬래브 공사 공기보다 빨라 층 차이가 많이 벌어질 수 있다. 층 차이가 크게 벌어지면 코어 벽체 공사를 중단하고 외주부 슬래브 공사를 수행하여 층 차이를 축소해야 한다. 그림 12-2는 층 차이가 크게 벌어진 모습이고, 그림 12-3은 코어 벽체 공사를 천천히 하고 외주부 공사를 주력하여 층 차이를 축소하는 모습이다.

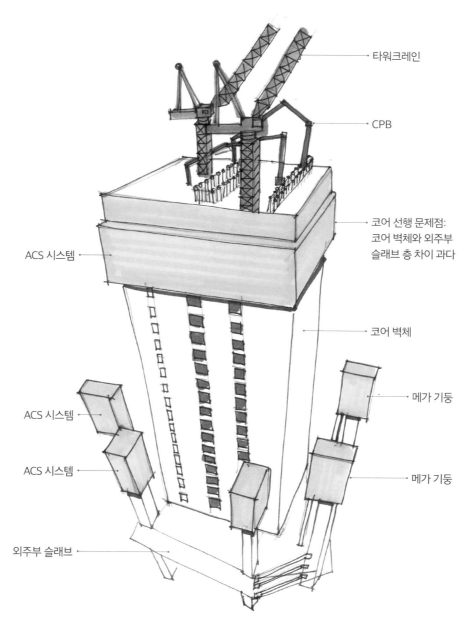

그림 12-2. 초고층 코어 선행 공법 사례

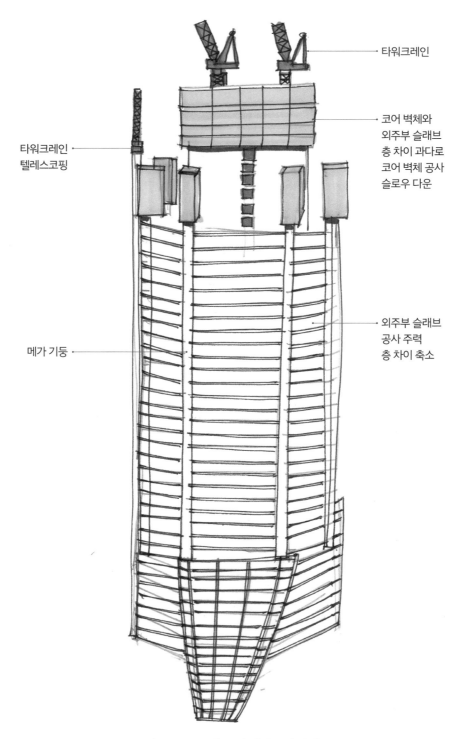

타워크레인

코어 벽체와
외주부 슬래브
층 차이 과다로
코어 벽체 공사
슬로우 다운

타워크레인
텔레스코핑

외주부 슬래브
공사 주력
층 차이 축소

메가 기둥

그림 12-3. 초고층 코어 선행 공법 사례

■ 그림 12-4 설명: 코어 선행 공법의 다른 사례로서 코어 벽체 공사를 선행하고 외주부 슬래브 공사를 후행한다.

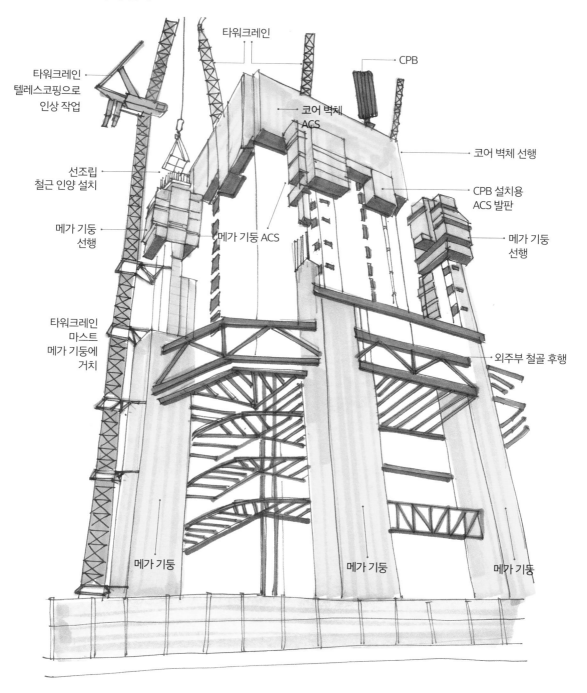

타워크레인

CPB

타워크레인
텔레스코핑으로
인상 작업

코어 벽체
ACS

코어 벽체 선행

선조립
철근 인양 설치

CPB 설치용
ACS 발판

메가 기둥
선행

메가 기둥 ACS

메가 기둥
선행

타워크레인
마스트
메가 기둥에
거치

외주부 철골 후행

메가 기둥

메가 기둥

메가 기둥

그림 12-4. 초고층 코어 선행 공법 사례

3 외주부 철골 선행 공법 시공 계획 및 시공 시 유의 사항

- 외주부 철골 선행 공법은 코어 벽체 속에 철골 기둥(Election Column)을 설치하고, 철골 기둥들을 철골보로 모두 연결한 후 철골보에서 브라켓을 내민다. 코어 벽체의 브라켓과 외주부 철골 기둥 혹은 외주부 테두리보 사이에 외주부 바닥 철골보를 설치한다. 철골대 철골 접합이므로 임베디드 플레이트 작업은 필요 없다. 코어 벽체에 철근을 설치하고 콘크리트를 타설한다.

- 외주부 바닥 철골보 위에 데크 플레이트 공사와 콘크리트 공사를 완료한 후, 이 층을 작업장으로 사용하여 바로 아래층에 코어 벽체의 철근 작업, 거푸집 작업, 콘크리트 타설 작업을 수행한다. 외주부 철골 선행 공법은 코어 벽체 공사가 외주부 슬래브 공사보다 1개 층 아래에서 후행한다.

- 코어 벽체 내부는 ACS 시스템을 설치하고, 코어 벽체 외부에는 알루미늄 거푸집을 사용하여 타설 후 ACS 시스템은 자체적으로 인상하고, 알루미늄 거푸집은 상부 슬래브 자재 인양구로 인력으로 인양한다.

- 타워크레인은 코어 벽체에 설치하여 코어 벽체와 외주부 슬래브의 층 차이가 1개 층이기에 타워크레인 운전수는 거의 같은 레벨에서 육안으로 작업 상황을 보면서 양중 작업을 수행할 수 있으므로 안전사고 위험이 줄어들 수 있다.

- 메인 호이스트는 지상에서 외주부 슬래브 완료 층까지 도달하기에 하부의 코어 벽체로의 이동은 워킹 타워 속의 가설 계단을 통하여 가능하므로 셔틀 호이스트가 필요 없다.

- 커튼월은 외주부 슬래브 완료 층 하부 2~3개 층 전까지 설치할 수 있어 마감 공사를 조기 수행할 수 있기에 전체적으로 공기를 단축할 수 있다.

- 외주부 철골 선행 공법은 철근 선조립은 불가하고 현장 조립만 가능하다.

■ 그림 12-5 설명: 외주부 철골 선행 공법의 개념으로 외주부 철골 공사가 선행하고 코어 벽체 공사가 후행한다. 외주부 슬래브 공사와 코어 벽체 공사는 1개 층 차이가 난다. 외주부 슬래브 공사보다 1개 층 아래에서 코어 벽체 공사를 수행한다. 외주부 철골 선행 공법은 코어 벽체 내부에 ACS 시스템을 설치하고, 코어 벽체 외부에 알루미늄 거푸집을 설치하여 코어 벽체 공사를 수행한다. 선행공사인 외주부 철골보를 코어 벽체 속의 매립된 철골보에서 나온 브라켓과 외주부 테두리보 사이를 연결한다. 코어 벽체의 브라켓과 연결하므로 임베디드 플레이트가 필요 없다. 커튼월은 외주부 슬래브 상단에서 2~3개 층 하부까지 설치할 있기에 마감 공사를 조기에 착수할 수 있어 전체적으로 공기를 단축할 수 있다.

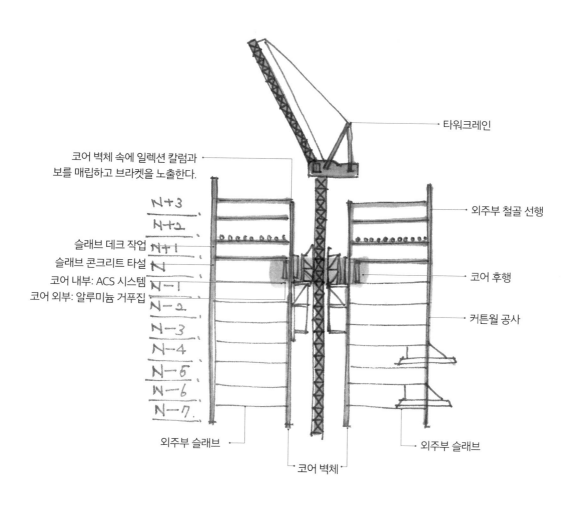

그림 12-5. 초고층 외주부 철골 선행 공법 개념

■ 그림 12-6 설명: 외주부 철골 선행 공법의 상세한 공사 사례로서 코어 벽체 속에서 철골보를 철골 기둥과 연결하고, 매립된 철골보에서 외주부 바닥 철골보 위치에 브라켓이 나와 외주부 바닥 철골을 코어 벽체에 용이하게 접합할 수 있다. 브라켓이 있어 임베디드 플레이트가 필요 없게 된다. 코어 벽체의 철근은 1개 층 위에 외주부 슬래브에서 배근하는데, 바닥 철골보가 코어 벽체에 연결되어 있어 선조립 철근이 불가하고 현장 배근만이 가능하다.

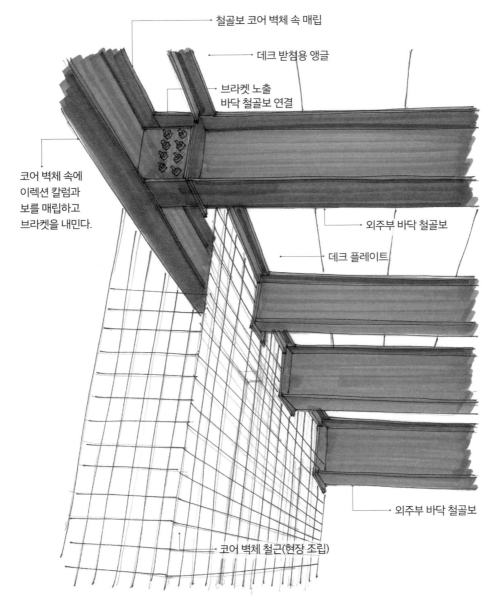

그림 12-6. 초고층 외주부 철골 선행 공법 상세

■ 그림 12-7 설명: 외주부 철골 선행 공법의 코어 벽체 외측에 알루미늄 거푸집을 사용한 사례로서 코어 벽체 내측에는 ACS 시스템을 사용하여 코어 벽체 공사를 수행한다. 콘크리트 타설 후 알루미늄 거푸집은 인력으로 상부층 자재 인양구로 인양한다.

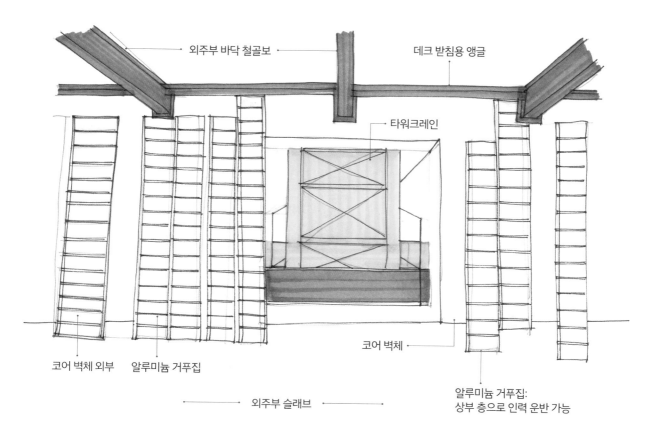

그림 12-7. 초고층 외주부 철골 선행 공법 코어 벽체 외부 알루미늄 거푸집 사용

■ 그림 12-8 설명: 외주부 철골 선행 공법의 외주부 단부에 있는 철골 기둥의 후타설 사례로서 철골 기둥에 철근을 배근한 후에 거푸집을 설치하고 상부층에서 콘크리트를 타설한다. 철골 기둥은 철골과 철근 콘크리트의 합성 구조로 시공한다.

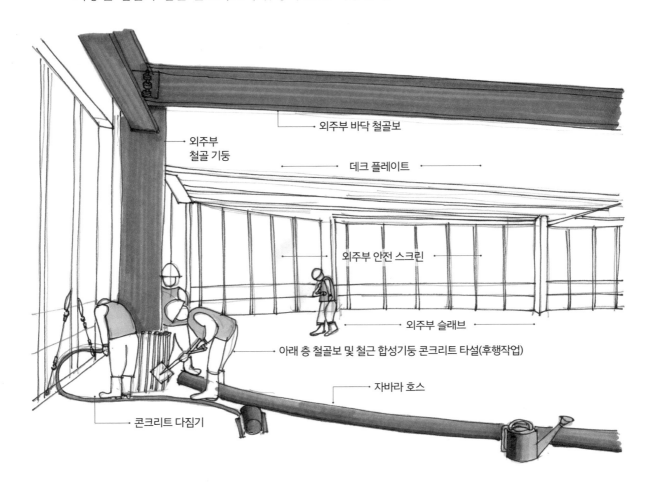

그림 12-8. 초고층 외주부 철골 선행 공법 기둥 콘크리트 후타설

4 코어 선행 공법과 외주부 철골 선행 공법의 비교

- 코어 선행 공법은 ACS 시스템을 사용해야 하고, 외주부 철골 접합용 임베디드 플레이트를 선매립 시공해야 하고, 외주부 슬래브 철근 연결용 커플러 선시공을 해야 하고, 외주부와 코어 간의 점핑 호이스트가 필요하다. 코어 벽체의 철근 선조립과 GNSS 측량이 가능하다.

- 외주부 철골 선행 공법은 코어 내부는 ACS 시스템, 코어 외부는 알루미늄 거푸집을 사용하고, 임베디드 플레이트가 필요 없고, 커플러를 최소화하고, 점핑 호이스트 대신 워킹타워를 사용하고, 철근 선조립이 불가하여 철근 현장 조립을 해야 한다. 콘크리트 코어 벽체 속에는 철골 기둥과 보를 설치해야 하고, 콘크리트 메가 기둥 속에는 철골 기둥을 설치해야 외주부 철골보를 연결하면서 선행할 수 있다.

- 건물의 높이와 크기 등 특성에 맞추어 코어 선행 공법 단독, 외주부 철골 선행 공법 단독, 부위별 구간별로 혼용 적용이 가능하다.

- 적용 사례로는, 코어 선행 공법에서 메가 기둥의 콘크리트 타설 계획은 코어 벽체보다 메가 기둥을 코어 벽체 하부에서 2~3층 차이로 진행하면서 코어 벽체에 설치된 CPB로 메가 기둥을 타설하는 것으로 계획할 수 있으나, 코어와 메가 기둥과의 층 차이가 크게 벌어지는 경우 CPB 타설이 불가하다. 메가 기둥은 펌프카로 타설이 가능한 높이까지 타설하고, 그 후로는 타워크레인으로 버킷 타설을 해야 하므로 시공 계획을 변경해야 한다. 메가 기둥을 코어 선행 공법에서 외주부 철골 선행 공법으로 부분적으로 변경하여 메가 기둥에 철골 기둥(이렉션 칼럼)을 설치하고 외주부 철골보를 연결하면서 외주부 철골보를 선행할 수 있다. 외주부 슬래브가 완성되면 메가 기둥에 철근을 배근하고 콘크리트를 타설한다. 거푸집은 ACS에서 알루미늄 거푸집으로 변경하여 타설 후 인력으로 인상하도록 한다.

■ 그림 12-9 설명: 2개 건물 중 1개 건물은 코어 선행 공법을 적용하고, 다른 건물은 외주부 철골 선행 공법을 적용하여 시공 후 공사비와 공기를 비교한 사례이다. 그림에서와 같이 코어 선행 공법을 적용한 건물은 코어 벽체와 외주부 슬래브 간의 층 차이가 커서 커튼월 공사 진행이 늦어지고 있다. 외주부 철골 선행 공법을 적용한 건물은 코어 벽체와 외주부 슬래브 간의 층 차이가 없고 커튼월 공사 진행이 많이 진척되었다. 프로젝트 사례는 외주부 철골 선행 공법이 코어 선행 공법보다 공기를 단축하여 공사비(간접비)를 절감한 사례이다.

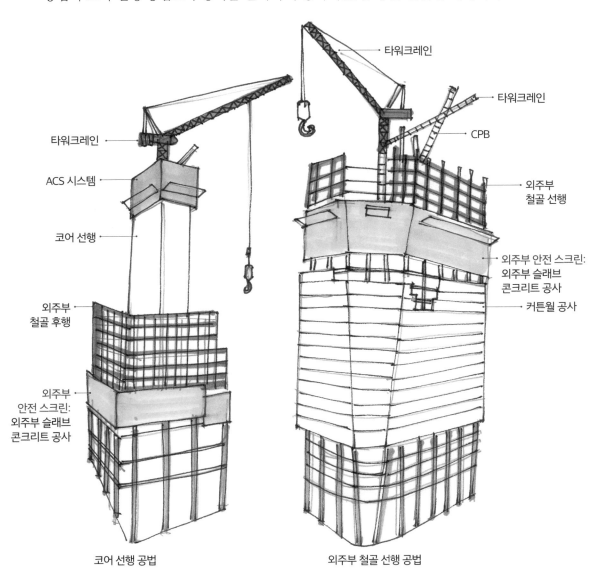

그림 12-9. 초고층 코어 선행 공법과 외주부 철골 선행 공법 비교

5 안전 관리

- 코어 선행 공법에서 코어 벽체와 외주부 슬래브 층 차이가 크게 벌어질 경우의 위험 요인으로는, 층 차이가 크게 벌어지면 많은 안전사고 위험이 있는데, 코어 벽체와 외주부 슬래브 층 차이가 크게 벌어지면 구조적인 문제가 발생할 수 있어 제한(⬆ 30층 이내)이 있다. 코어 벽체에서 자재 낙하 등으로 외주부 작업자 부상 위험이 있다. 안전 대책으로는 층 차이가 일정하게 유지될 수 있도록 코어 벽체와 외주부 슬래브를 공정에 맞게 분할(Zooning) 한다. 코어 벽체의 ACS 발판에 안전망을 빈틈없이 설치하고 ACS 발판 하부에 낙하물방지망을 설치하여 자재 낙하에 대비해야 한다.

- 코어 선행 공법에서 타워크레인 외주부 철골 인양 시 충돌사고 방지: 코어 선행 공법에서 타워크레인으로 외주부 철골 인양 시 위험 요인에는, 코어 벽체와 외주부 바닥 층 차이가 큰 경우 타워크레인 운전수가 외주부 작업 상황을 육안으로 볼 수 없어 외주부 철골 양중 시 충돌사고 위험이 있다. 안전 대책으로는 타워크레인 운전수와 인양 신호수 무전기 신호체계를 확실히 정립하고, 타워크레인 운전수는 모니터로 외주부 상황을 주시하여 양중 시 안전사고를 방지한다.

- 코어 선행 공법에서 코어 벽체 층과 외주부 슬래브 층 차이가 크게 벌어질 경우의 위험 요인으로는, 커튼월은 외주부 슬래브 상단보다 2~3개 층 하부까지 설치할 수 있는데 외주부 슬래브 공사 공기가 늦어지면 커튼월 공사도 늦어져 외부에 노출된 고소작업이 많아져서 작업자의 안전사고도 많아질 수 있다. 안전 대책으로는 층 차이를 줄여 커튼월 공사를 조속히 진행하여 실내에서 작업한다.

- 코어 선행 공법에서 화재 등 비상상황 시 ACS 작업자 대비 방법: 코어 선행 공법에서 화재 등 비상 상황에서 ACS 작업자를 대피하는 방법에는, 첫째 외주부와 ACS 발판을 운행하는 점핑 호이스트를 통한 대피, 둘째는 타워크레인 마스트의 수직 승강 사다리를 통한 대피, 셋째는 타워크레인으로 인양구조함, 인양구조 컨테이너를 통한 대피 등이 있으나, 이를 통한 대피 불가 상황을 대비하여 넷째는 코어 벽체 내부에 피난용 계단 1개소를 시공하여 작업자를 대피할 수 있도록 제안한다.

■ 코어 선행 공법 및 외주부 선행 공법 기술 용어 해설

용어 1 코어 선행 공법: 초고층 건물에서 코어 벽체가 선행하고 외주부 슬래브가 후행하는 공법을 말한다. 코어 선행 공법은 코어 벽체에 ACS 시스템을 설치하여 코어 벽체 공사를 수행하고, 후행 공사인 외주부 철골보를 코어 벽체에 접합하기 위해 코어 벽체에 임베디드 플레이트를 매립하여 설치한다.

용어 2 코어 선행 공법 시공 순서: 전날 타설한 콘크리트 상부면 레이턴스를 할석하고, GNSS 측량으로 기준점을 표기하고, 기준점을 사용하여 먹매김을 실시한다. 코어 벽체의 테두리 벽체부터 내부 벽체 순으로 선조립 철근 인양 및 설치하고, 코어 벽체 2개 구역(Zooning)이 만나는 조인트에 링크빔을 설치하고, 슬래브 위치에 철근 커플러와 할펜박스를 설치하고, 임베디드 플레이트를 설치한다. 철근 작업을 하는 동안 ACS 거푸집을 탈형하고, 박리제를 도포하고, ACS클라이밍 프로파일을 먼저 인상하고, 내부 ACS와 외부 ACS 순으로 인상하고, ACS 거푸집을 설치하고, 폼타이(디비닥볼트)를 체결한다. 거푸집의 수평라인과 평활도를 맞춘다. CPB를 사용하여 콘크리트를 타설하고 타설 종료 후 보양 및 양생한다.

용어 3 코어 선행 공법 임베디드 플레이트 설치: 코어 선행 공법은 층마다 코어 벽체에 임베디드 플레이트를 설치해야 하는데, 외주부 철골보 개수만큼 설치해야 한다. 향후 외주부 철골보를 임베디드 플레이트에 접합하여 설치하기 때문이다. 콘크리트 타설 후에도 임베디드 플레이트의 위치가 이동되지 않도록 확실히 고정해야 한다.

용어 4 코어 선행 공법 코어 벽체와 외주부 슬래브의 층 차이: 코어 벽체 물량이 외주부 슬래브 물량보다 적어 코어 벽체 공기가 외주부 슬래브 공기보다 빨라 코어 벽체와 외주부 슬래브 층 차이가 계획보다 더 벌어질 수 있다. 층 차이가 크게 벌어지면 코어 벽체 공사를 중단하고 외주부 슬래브 공사를 수행하여 층 차이를 축소해야 할 수도 있다.

용어 5 코어 선행 공법 타워크레인 안전 대책: 타워크레인은 코어 벽체에 설치하여 코어 벽체의 선조립 철근 등을 양중하고 외주부 슬래브 철골보 등을 양중하는데, 코어 벽체와 외주부 슬래브 층 차이가 벌어지면 타워크레인 운전수가 외주부 슬래브 작업 상황을 육안으로 볼 수 없고 대신 모니터로 보아야 하므로 외주부 슬래브 철골 양중 시 안전사고 우려가 있어 안전 대책이 필요하다.

용어 6 코어 선행 공법 점핑 호이스트 설치: 메인 호이스트는 지상에서 외주부 슬래브 완료 층까지 도달하므로 코어 벽체로 가기 위해서는 외주부 슬래브와 코어 벽체 사이에 점핑 호이스트를 설치 운영해야 한다.

용어 7 코어 선행 공법 커튼월 공기: 커튼월은 외주부 슬래브 완료 층 전에 약 2~3개 층 아래층까지 설치할 수 있으므로 코어 벽체와 외주부 슬래브 층 차이가 벌어지면 커튼월 설치가 늦어져 전체적으로 공기가 지연될 수 있다.

용어 8 외주부 철골 선행 공법: 초고층 건물에서 외주부 슬래브가 선행하고 코어 벽체가 후행하는 공법을 말한다.

용어 9 외주부 철골 선행 공법 개념: 코어 벽체 속에 철골 기둥(Election Column)을 설치하고 코어 벽체 속에 철골 기둥들을 철골보로 모두 연결한 후 철골보에서 브라켓을 내민다. 코어 벽체의 브라켓과 외주부 철골 기둥 혹은 외주부 테두리보 사이에 외주부 바닥 철골보를 설치한다. 철골대 철골 접합이므로 임베디드 플레이트 작업은 필요 없어진다. 후행 공정인 코어 벽체에 철근을 설치하고 콘크리트를 타설한다. 선행 공정인 외주부 바닥 철골보 위에 데크 플레이트 공사와 콘크리트 공사를 완료한 후, 이 층을 작업장으로 하여 바로 아래층에 코어 벽체의 철근 작업, 거푸집 작업, 콘크리트 타설 작업을 수행한다. 외주부 철골 선행 공법은 후행 공정인 코어 벽체 공사가 선행 공정인 외주부 슬래브 공사보다 1개 층 아래에서 후행한다.

용어 10 외주부 철골 선행 공법의 코어 벽체 거푸집 공법: 외주부 철골 선행 공법의 코어 벽체 내부는 ACS 시스템을 설치하고, 외부에는 알루미늄 거푸집을 사용하여 타설 후 ACS 시스템은 자체적으로 인상하고, 알루미늄 거푸집은 상부 슬래브 자재 인양구를 통해서 인력으로 인양한다.

용어 11 외주부 철골 선행 공법의 타워크레인 안전 대책: 타워크레인은 코어 벽체에 설치하여 코어 벽체와 외주부 슬래브의 층 차이가 1개 층이므로 타워크레인 운전수는 거의 같은 레벨에서 육안으로 작업 상황을 보면서 양중작업을 수행할 수 있으므로 안전사고 위험이 줄어들 수 있다.

용어 12 외주부 철골 선행 공법의 워킹 타워 설치: 외주부 슬래브 공사 1개 층 하부에서 코어 벽체 공사를 진행하므로, 메인 호이스트에서 외주부 슬래브 층에서 하차하여 점핑 호이스트가 필요 없고 대신 워킹타워를 사용하여 작업자가 이동한다.

용어 13 외주부 철골 선행 공법의 커튼월 공기: 외주부 철골 선행 공법은 외주부 슬래브 층이 선행하고, 코어 선행 공법은 외주부 슬래브 층이 후행하여 외주부 철골 선행 공법이 코어 선행 공법보다 커튼월을 더 많이 설치할 수 있고, 마감공사를 조기 수행할 수 있어 전체적으로 공기를 단축할 수 있다.

CHAPTER 13
커튼월 기술

1 기술 개요

- 커튼월 기술이란, 초고층 건물의 외피에 해당하는 커튼월의 외장 디자인과 성능을 만족시키는 엔지니어링 기술을 말한다. 커튼월 공정은 공사 전 엔지니어링 기간이 12개월에서 15개월 소요되는 대표적인 장기간 공급 공정(Long Lead Item)으로서 타공정 대비 조속한 발주가 필요하다.

2 시공 계획 및 시공 시 유의 사항

- 커튼월은 성능 확보를 위해 15개월 이상의 엔지니어링과 해당 시험을 시행해야 한다. 해당 시험은 풍동 시험(Wind Tunnel Test), 외관 시험(Visual Test), 성능 시험(Performance Test), 현장 시험(Field Test) 등이 있다.
- 커튼월 사례를 보면 에너지 절감을 위해 28mm Low-E 타입 복층유리(8mm 유리+12mm 아르곤 가스+8mm 유리)를 사용하고 복층유리 사이에 아르곤 가스를 주입한다. 알루미늄 프레임의 두께는 3mm이고, 2겹의 불소수지를 도장한다.
- 커튼월의 접합부에 해당하는 스택 조인트(Stack Joint)의 내부 공간에는 자연스럽게 압력이 생기는데, 이 압력이 실내로 빗물을 빨아들여 누수가 발생할 수 있다. 스택 조인트의 내부 공간에 압력이 생기지 않도록 내·외부의 압력을 같게 하는 등압이론을 적용하여 빗물이 실내

로 들어오지 않고 자연스럽게 외부로 흘러내릴 수 있게 할 수 있다. 이 설계 방법을 층간배수 시스템(Rain Screen Principal)이라 부르며, 커튼월 설계에 적용하는 경우가 많다.

■ 초고층 건물의 커튼월은 지진 및 바람과 같은 횡력에 의해 발생한 수평 변형을 흡수할 수 있어야 하고, 콘크리트 구조물의 고유한 특성인 기둥 축소량(Column Shortening)에 의해 발생한 수직 변형을 흡수할 수 있는 설계가 필요하다.

■ 초고층 건물이 부정형의 형태로 설계된 경우에는 커튼월 각각의 판넬 치수가 달라서 시공에 큰 어려움이 될 수 있다. 왜냐하면 특정 커튼월 판넬이 손상되면 대체할 수 있는 판넬이 없어서 재제작하는 동안 공사를 중단해야 하는 상황이 발생하기 때문이다. 따라서 커튼월 판넬을 그룹화하고 그 그룹 내에서는 판넬의 치수를 같게 만드는 최적화 작업이 꼭 필요하다.

■ 초고층 건물에서는 커튼월의 유지 보수(청소 보수 등)를 위해 건물 유지 보수 장비(BMU: Building Maintenace Unit)를 설치하여 운영하도록 한다.

■ 초고층 커튼월에는 낙뢰 피해를 방지하기 위해 커튼월 구간별 접지를 설치한다.

■ 커튼월 설치는 N층을 설치층이라고 하면, N+1층은 커튼월 패킹을 풀고 추가 날개가 있다면 조립하고 인양준비를 한다. N+2층은 소형 인양 장비를 설치한다. N+2층의 인양 장비로 N+1층의 커튼월 판넬을 인양하여 N층에 설치한다.

■ 커튼월 판넬을 N층에 설치 후 파스너로 커튼월 판넬과 슬래브 바닥 앵커 사이를 연결하여 설치한다.

■ 커튼월 판넬의 설계, 생산 출고, 현장 입고, 설치, 검수 관리를 RFID 시스템으로 스마트 관리를 할 수 있다. 설계 시 커튼월 판넬에 자재번호를 부여하고, 생산 시 커튼월 판넬에 자재 RFID 태그를 부착하고, 출고 시 RFID 리더기로 자재 RFID 태그를 읽어서 컴퓨터에 저장하고, 현장 입고 시 RFID 리더기로 자재 RFID 태그를 읽어서 컴퓨터에 저장하고, 설치 검수 시 RFID 리더기로 자재 RFID 태그를 읽어서 컴퓨터에 저장하면 거의 실시간으로 커튼월 공사 현황을 파악할 수 있다. 이는 스마트 건설 구현의 대표적인 사례이다.

■ 그림 13-1 설명: 커튼월 설치 사례를 보면, N층을 커튼월 설치층이라고 하면 N+1층은 커튼
월 패킹을 풀고 추가 날개를 조립하는 커튼월 조립층이다. N+2층은 소형 인양 장비를 설치
하여 인양하는 커튼월 장비층(인양층)이다. N+2층의 인양 장비로 N+1층의 커튼월 판넬을
인양하여 N층에 커튼월 판넬을 설치한다.

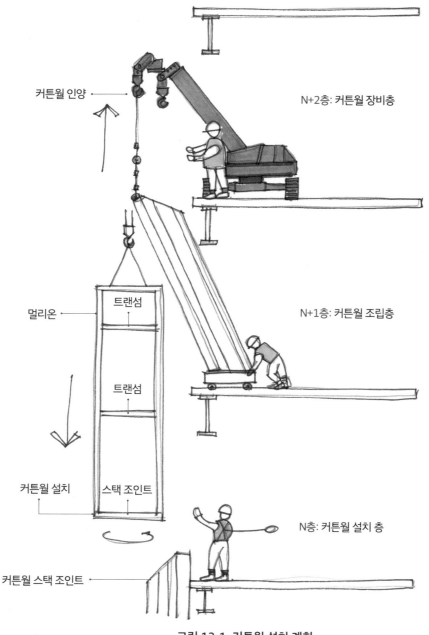

그림 13-1. 커튼월 설치 계획

■ 그림 13-2 설명: 커튼월 장비층(인양층)의 사례를 보면, N+2층의 외주부 슬래브에 소형 인양 장비인 스파이더 크레인을 설치하고 스파이더 크레인 장비로 N+1층의 커튼월 판넬을 인양하여 N층에 커튼월 판넬을 설치한다.

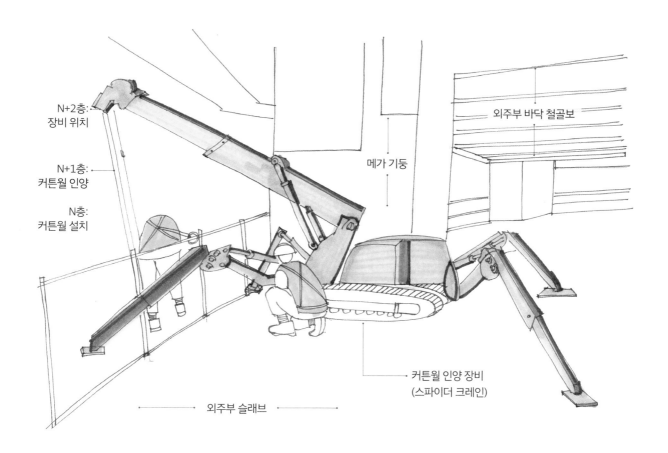

그림 13-2. 커튼월 인양 장비 스파이더 크레인

■ 그림 13-3,4,5 설명: 커튼월 조립층의 사례를 보면, 커튼월 판넬 패킹을 해체한 후 커튼월 날개(핀)를 추가로 조립하여 완벽한 상태로 조립을 수행하고, 지게차로 인양 장소로 이동하고 인양 크레인으로 인양한다.

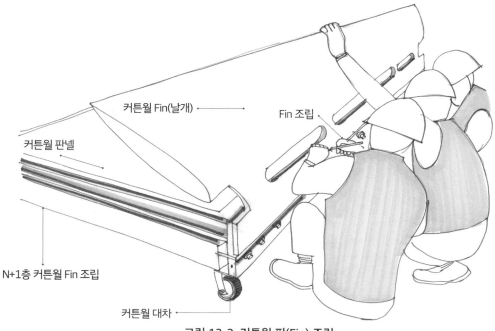

그림 13-3. 커튼월 핀(Fin) 조립

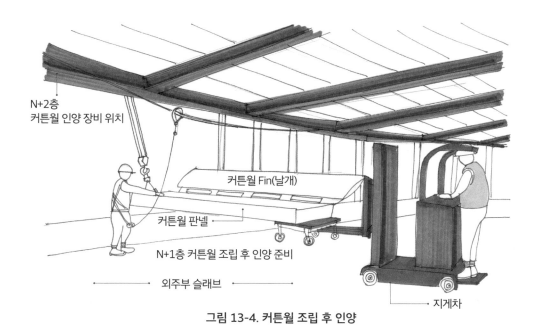

그림 13-4. 커튼월 조립 후 인양

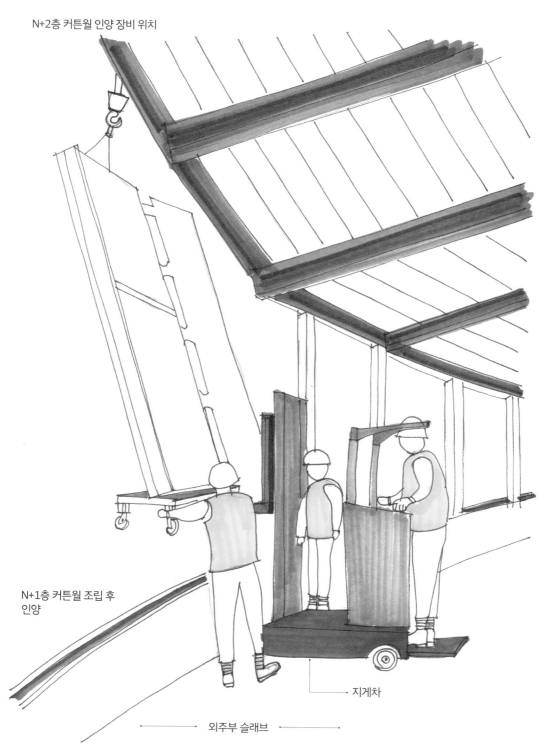

N+2층 커튼월 인양 장비 위치

N+1층 커튼월 조립 후
인양

지게차

외주부 슬래브

그림 13-5. 커튼월 조립 후 인양

■ 그림 13-6 설명: 커튼월 판넬 설치 사례를 보면, N+1층 커튼월 조립층에서 커튼월 판넬 패킹을 해체해서 커튼월 날개(핀)를 조립한 후 N+2 커튼월 장비층(인양층)에서 스파이더 크레인으로 N+1층의 커튼월 판넬을 인양하여 N층 커튼월 설치층에서 커튼월 판넬을 설치한다.

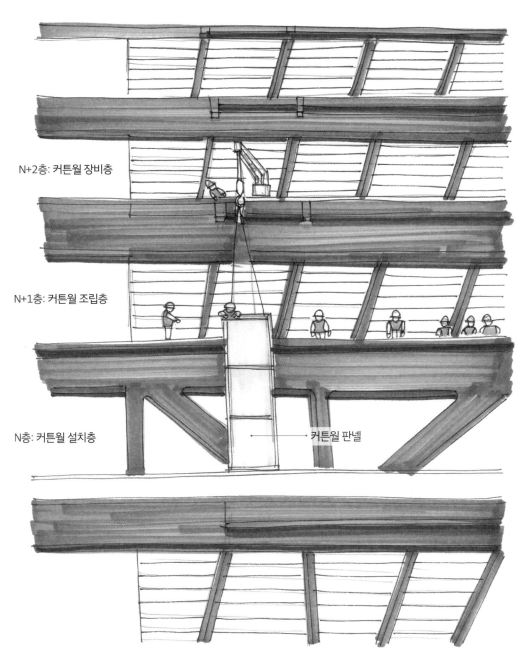

그림 13-6. 커튼월 외벽에 설치

■ 그림 13-7 설명: N층 커튼월 설치층에서 커튼월 판넬의 고정 사례를 보면, 외주부 슬래브 단부에 바닥 앵커를 매립하고 파스너를 이용해 커튼월 판넬과 바닥 앵커와 연결하여 고정한다. 파스너에는 긴 볼트 홈이 있어 위치 변형에 대해 대응할 수 있다.

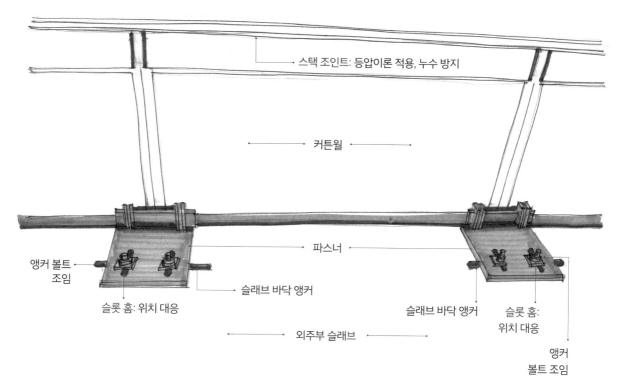

그림 13-7. 커튼월 하부 판넬 파스너 고정

■ 그림 13-8,9 설명: N층 커튼월 설치층에서 인양된 커튼월 판넬을 하부 판넬의 상단 스택 조인트에 설치하는 사례를 보면, 하부 판넬의 상단 스택 조인트는 고무 개스킷이 달려있어 상부 판넬 설치 시 밀실하게 유지하며, 또한 스택 조인트의 내부 공간에 압력이 생기지 않도록 내외·부의 압력을 같게 하는 등압이론(Rain Screen Principal)을 적용하여 빗물이 실내로 들어오지 않고 자연스럽게 외부로 흘러내리게 한다.

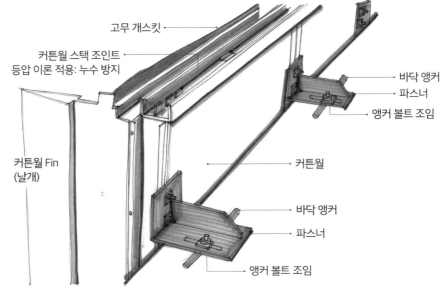

그림 13-8. 커튼월 하부 판넬 파스너 고정

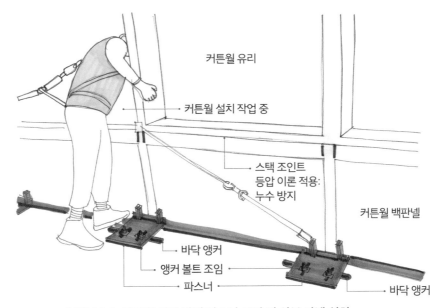

그림 13-9. 커튼월 하부 판넬 파스너 고정 및 상부 판넬 설치

■ 그림 13-10 설명: 초고층 건물에서는 커튼월의 유지 보수(청소 보수 등)를 위해 건물 유지 보수 장비(BMU: Building Maintenace Unit) 설치 사례를 보면, 초고층에는 중간층과 상부층 2곳에 건물 유지 보수 장비(BMU)를 설치하여 유리 파손 시 교체 작업과 유리 청소 작업 등 건물 유지 보수 작업을 수행한다.

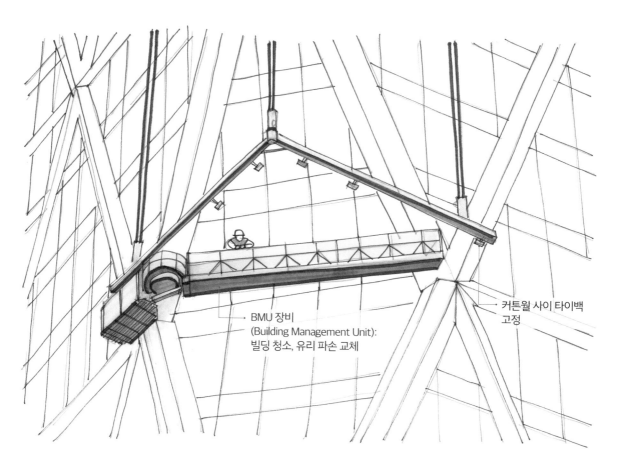

BMU 장비
(Building Management Unit):
빌딩 청소, 유리 파손 교체

커튼월 사이 타이백
고정

그림 13-10. 초고층 BMU - 커튼월 유리 청소 작업

3 안전 관리

- 커튼월 판넬 인양 및 설치 시 위험 요인으로는 커튼월 인양 장비 설치 불량으로 전도 및 낙하, 장비 운전수와 신호수 간의 신호 불일치로 인한 충돌, 인양 로프 샤클 불량으로 낙하, 작업자 안전 고리 미체결로 추락, 공구 및 자재 낙하 등이 있다. 안전 대책으로는 커튼월 인양 장비 설치 전 점검, 전담 신호수 배치, 인양 로프 및 샤클 점검 후 사용 필증 부착, 작업자 안전 고리 체결 공구 이탈 방지 로프 결속 등이 있다.

- 커튼월 판넬 인양 시 커튼월 판넬을 단부 이동 시 전용 대차를 사용하는데, 전용 대차에 로프를 체결하여 단부에서 낙하하지 않도록 한다.

- 커튼월 설치 시 커튼월 판넬 낙하 방지: N층을 설치층이라고 하고, N+1층은 커튼월 패킹을 풀고 추가 날개가 있다면 조립하고 인양 준비를 하는 조립층이라고 하고, N+2층은 소형 인양 장비를 설치하여 인양하는 인양층이라고 한다. 안전 대책으로는 인양 크레인 반입 15일 전 사전 검수 및 비파괴 검사를 실시한 후 반입 필증을 부착한다. 인양 로프 및 샤클 점검 후 사용 필증을 부착하고, 공구 이탈 방지 로프를 결속하고 전담 신호수를 배치한다.

- 커튼월 판넬과 유리 기둥 축소량에 의한 파손으로 입주자 부상: 안전 대책으로는 초고층 건물의 커튼월은 지진과 바람과 같은 횡력에 의해 발생한 수평 변형을 흡수할 수 있어야 하고, 콘크리트 기둥 축소량(Column Shortening)에 의해 발생한 수직 변형을 흡수할 수 있도록 설계하여 파손을 방지한다.

- BMU 외부 작업 시 위험 요인으로는 BMU 케이지 회전과 전도, 탑승한 작업자 추락 등이 있다. 안전 대책으로는 BMU 케이지가 회전과 전도 방지를 위해 커튼월 사이에 타이백을 고정하고, 탑승한 작업자는 그네식 안전 벨트를 착용하고 안전 고리를 체결한다.

- BMU 케이지에서 커튼월 유리 교체 시 위험 요인으로는 수공구 낙하, 볼트 낙하 등이 있다. 안전 대책으로는 수공구 낙하 방지 로프를 체결하고, 볼트 주머니를 사용하여 부주의로 낙하하지 않도록 한다.

■ 커튼월 기술 용어 해설

용어1 커튼월 기술: 커튼월은 초고층 건물의 외피에 해당한다. 커튼월 기술은 외장 디자인과 성능 확보를 위해 15개월 이상의 엔지니어링과 시험들을 시행하는 것을 말한다. 대표적인 시험은 풍동 시험(Wind Tunnel Test), 외관 시험(Visual Test), 성능 시험(Performance Test), 현장 시험(Field Test) 등이 있다. 커튼월은 이와같이 엔지니어링 기간이 15개월 이상 소요되는 대표적인 장기간 공급 공정(Long Lead Item)이므로 타공정 대비 조속한 발주가 필요하다.

용어2 커튼월 자재 성능: 에너지 절감을 위해 28mm Low-E 타입 복층유리(8mm 유리+12mm 아르곤 가스+8mm 유리)를 사용하고 복층유리 사이에 아르곤 가스를 주입한다. 알루미늄 프레임의 두께는 3mm이고, 2겹의 불소 수지를 도장한다.

용어3 층간 배수 시스템(Rain Screen Principal): 커튼월의 접합부에 해당하는 스택 조인트(Stack Joint)의 내부 공간에는 자연스럽게 압력이 생기는데, 이 압력이 실내로 빗물을 빨아들여 누수가 발생할 수 있다. 스택 조인트의 내부 공간에 압력이 생기지 않도록 내·외부의 압력을 같게 하는 등압 이론을 적용하여 빗물이 실내로 들어오지 않고 자연스럽게 외부로 흘러내릴 수 있게 할 수 있다. 이 설계 방법을 층간 배수 시스템(Rain Screen Principal)이라고 부르며, 커튼월 설계에 적용하는 경우가 많다.

용어4 커튼월 기둥 축소량 설계: 초고층 건물의 커튼월은 콘크리트 구조물의 고유한 특성인 기둥 축소량(Column Shortening)에 의해 발생한 수직 변형을 흡수할 수 있도록 스택 조인트를 설계한다. 지진과 바람과 같은 횡력에 의해 발생한 수평 변형을 흡수할 수 있도록 설계한다.

용어5 커튼월 그룹핑 작업: 초고층 건물이 부정형의 형태로 설계된 경우에는 커튼월 각각의 판넬 치수가 달라서 시공에 큰 어려움이 될 수 있다. 왜냐하면 특정 커튼월 판넬이 손상되면 대체할 수 있는 판넬이 없어서 재제작하는 동안 공사를 중단해야 하는 상황이 발생하기 때문이다. 따라서 커튼월 판넬을 그룹화하고 그 그룹 내에서는 판넬의 치수를 같게 만드는 최적화 작업이 반드시 필요하다.

용어6 건물 유지 보수 장비(BMU: Building Maintenace Unit): 초고층 건물에서 커튼월의 청소, 유리 파손 교체, 커튼월 보수 등 유지 보수 작업을 수행하기 위한 장비이다. 초고층에는 중간층과 상부층 2곳에 건물 유지 보수 장비(BMU)를 설치한다.

용어7 커튼월 설치: N층은 커튼월 설치층이며 커튼월을 설치하는 층이다. N+1층은 커튼월 조립층이며 커튼월 패킹을 풀고 날개(Fin) 등을 조립한 후 지게차로 커튼월 판넬을 인양 장소로 이동한다. N+2층은 커튼월 장비층(인양층)이며 소형 인양 장비(스파이더 크레인)를 설치하여 인양한다. N+2층의 인양 장비로 N+1층의 커튼월 판넬을 인양하여 N층에 커튼월 판넬을 설치한다.

용어8 커튼월 판넬 고정: N층인 커튼월 설치층에서 외주부 슬래브 단부에 바닥 앵커를 매립하고 파스너를 이용해 커튼월 판넬과 바닥 앵커를 연결하여 고정한다. 파스너에는 긴 볼트 홈이 있어 위치 변형에 대해 대응할 수 있다.

용어9 커튼월 RFID 태그 적용: 커튼월 판넬의 설계, 생산, 출고, 현장 입고, 설치, 검수 관리를 RFID 태그 적용으로 스마트 관리를 할 수 있다. 설계 시 커튼월 판넬에 자재 번호를 부여하고, 생산 시 커튼월 판넬에 자재 RFID 태그를 부착하고, 출고 시 RFID 리더기로 자재 RFID 태그를 읽어서 컴퓨터에 저장하고, 현장 입고 시 RFID 리더기로 자재 RFID 태그를 읽어서 컴퓨터에 저장하고, 설치 검수 시 RFID 리더기로 자재 RFID 태그를 읽어서 컴퓨터에 저장하면 거의 실시간으로 커튼월 공사 현황을 파악할 수 있다.

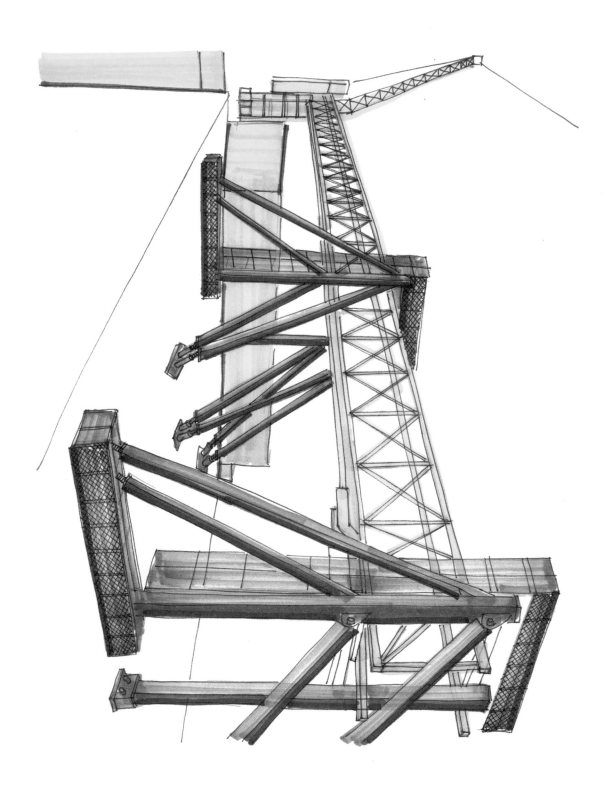

PART 3

초고층
장 비
기 술

CHAPTER 1
초고압 펌프 및 CPB 기술

1 기술 개요

- 초고압 펌프 및 CPB 기술이란, 초고층 건물의 골조 공사에 콘크리트를 500m에서 600m까지 수직으로 압송할 수 있는 초고압 펌프와 배관 및 CPB 기술을 말한다. CPB는 Concrete Placing Boom의 약자로서 ACS 시스템의 외부 발판에 부착하여 ACS 시스템과 함께 인상할 수 있다.

2 시공 계획 및 시공 시 유의 사항

- 초고압 펌프는 유사 프로젝트의 사용 실적과 국내에서 초고압 펌프의 신속한 유지 관리가 가능한지 여부를 반영하고, 가동 시 최대 능력의 70~80%를 사용할 수 있도록 선정한다.
- 지상에 초고압 펌프 3~4대를 배치하고 배관을 연결하여 코어 벽체에 부착하고, 코어 벽체의 ACS 외부 발판에 설치된 CPB에 연결한다. 배관은 CPB 2대 연결용 2개, 외주부 슬래브 타설용 2개, 코어 슬래브 타설용 1개, 예비용 1개 등 총 5~6개를 설치한다.
- 콘크리트를 타설하는 CPB(Concrete Placing Boom)는 ACS 시스템 외부 발판에 설치하여 ACS 시스템 인상 시 CPB도 함께 인상하도록 한다. 사전에 CPB 장비의 하중과 제원을 ACS 시스템 설계에 반영해야 한다.
- CPB로 콘크리트 타설 시 기둥이나 벽체 상부에서 콘크리트를 자유낙하 하여 타설하면 재료

분리가 발생하므로 자바라 호스를 콘크리트에 묻히도록 넣고, 타설 높이에 따라 자바라 호스를 조금씩 올려서 콘크리트의 재료분리를 방지해야 한다. 콘크리트 타설 시 재료분리 방지는 향후 콘크리트 벽체와 기둥의 균열을 방지하는 중요한 조치 중의 하나이다.

■ 그림 1-1,2 설명: 초고층 공사에 필요한 초고압 펌프는 3~4대를 초고층 주변에 설치하고 콘크리트 회수기와 압송 배관을 설치한다. 콘크리트 투입구 상부에는 우천대비용 커버 천막을 설치하여 빗물 유입을 방지한다.

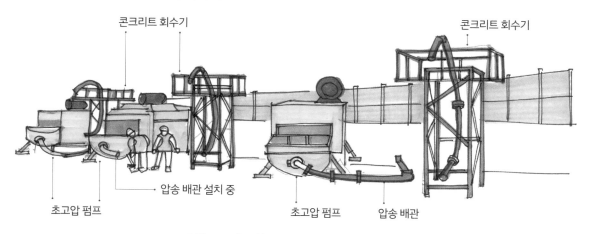

그림 1-1. 초고층 초고압 펌프 및 회수기 설치

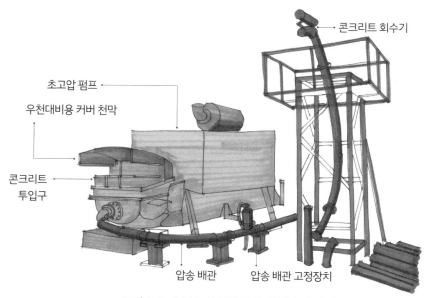

그림 1-2. 초고층 초고압 펌프 및 회수기 설치

■ 그림 1-3 설명: 초고압 펌프의 압송 배관이 차량 통행로를 통과할 때 압송 배관을 고정장치에 고정하고, 압송 배관 보호용 철재 통행로를 설치하여 압송 배관을 보호한다.

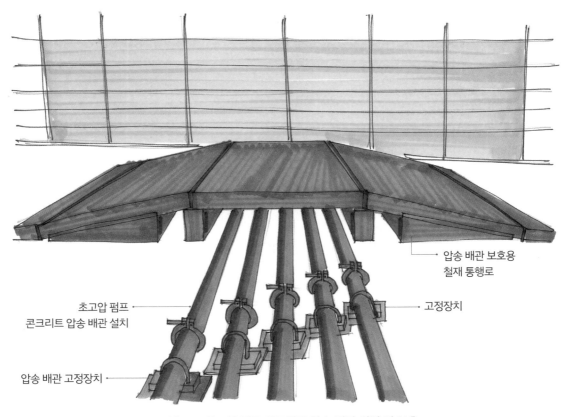

압송 배관 보호용
철재 통행로

초고압 펌프
콘크리트 압송 배관 설치

고정장치

압송 배관 고정장치

그림 1-3. 초고압 펌프 콘크리트 압송 배관 설치 및 보호

■ 그림 1-4,5,6 설명: 초고층 코어 벽체 상부에 설치된 ACS 시스템의 외부 발판에 CPB를 설치하여 ACS 시스템이 인상할 때 CPB도 같이 인상할 수 있도록 한다. CPB 설치 대수는 코어 벽체의 구역(Zooning)을 2개 구역으로 배분하면 CPB를 2대 설치한다. ACS 외부 발판에 설치된 CPB 하부에 압송 배관을 연결한다. CPB가 인상하면 압송 배관도 연장하여 설치한다.

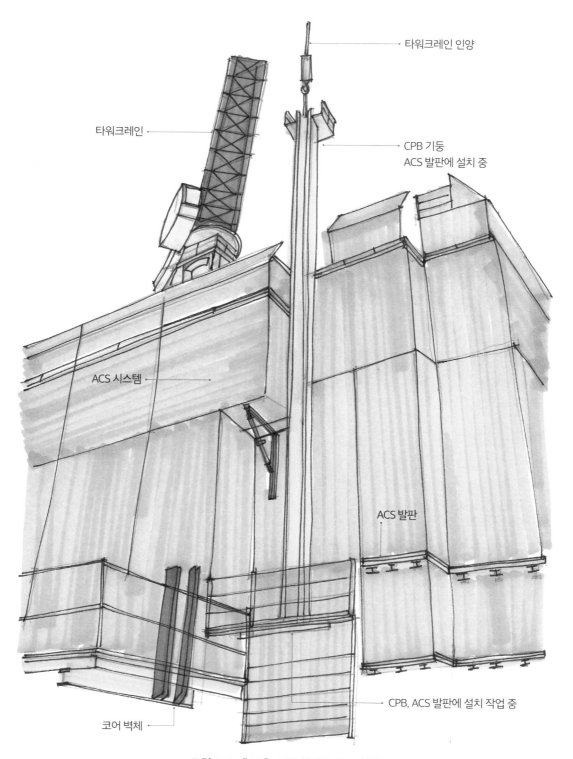

타워크레인 인양

타워크레인

CPB 기둥
ACS 발판에 설치 중

ACS 시스템

ACS 발판

CPB, ACS 발판에 설치 작업 중

코어 벽체

그림 1-4. 초고층 ACS 발판에 CPB 설치

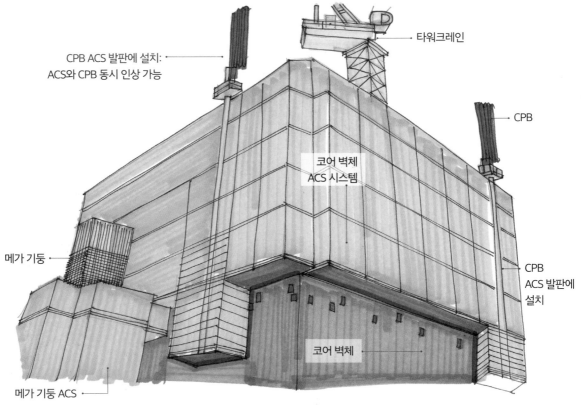

CPB ACS 발판에 설치: ACS와 CPB 동시 인상 가능

타워크레인

CPB

코어 벽체 ACS 시스템

메가 기둥

CPB ACS 발판에 설치

코어 벽체

메가 기둥 ACS

그림 1-5. 초고층 ACS 발판에 CPB 설치

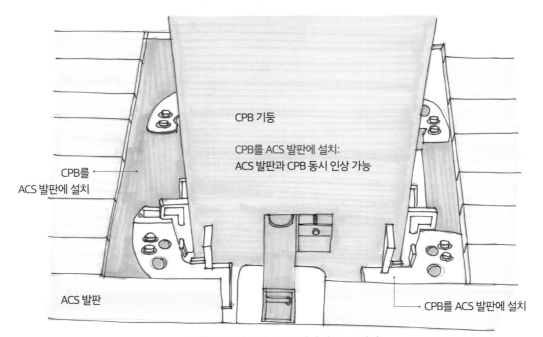

CPB 기둥

CPB를 ACS 발판에 설치: ACS 발판과 CPB 동시 인상 가능

CPB를 ACS 발판에 설치

ACS 발판

CPB를 ACS 발판에 설치

그림 1-6. 초고층 ACS 발판에 CPB 설치

■ 그림 1-7 설명: 초고층 공사 코어 벽체 상단에 설치된 타워크레인과 CPB를 설치하는 데 일반적으로 타워크레인은 엘리베이터 샤프트에 설치하여 코어 3~4개 층마다 자체적으로 인상하고, CPB 장비는 ACS 시스템 외부 발판에 설치하여 코어 1개 층마다 자체적으로 인상한다.

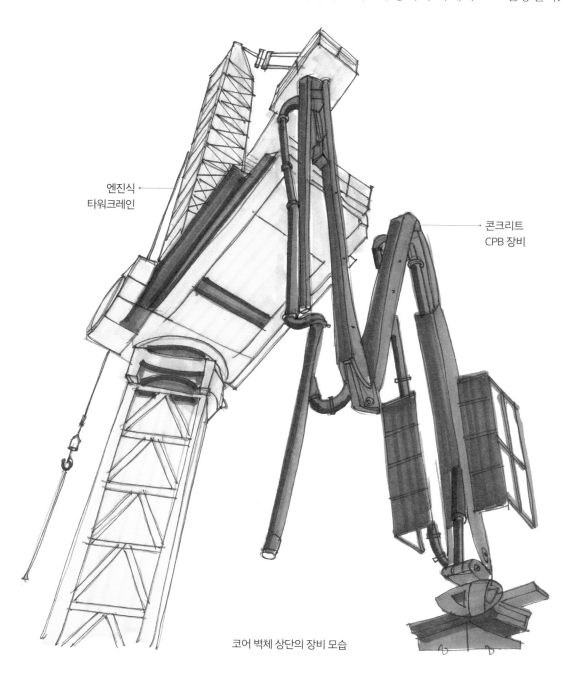

엔진식
타워크레인

콘크리트
CPB 장비

코어 벽체 상단의 장비 모습

그림 1-7. 초고층 코어 벽체 상단 CPB와 타워크레인 설치

■ 그림 1-8,9 설명: 초고층 골조 공사(코어 벽체, 코어 슬래브, 메가 기둥, 외주부 슬래브)에 고
강도 콘크리트를 타설하기 위해 지상에 설치된 초고압 펌프에서 믹서 트럭으로 콘크리트를
공급한 후 콘크리트를 압송한다. 코어 벽체 외부 발판에 설치된 CPB에 의해 코어 벽체에 고
강도 콘크리트를 타설한다.

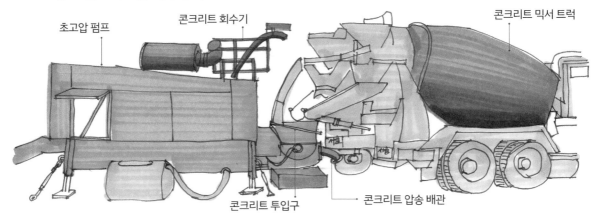

그림 1-8. 초고층 초고압 펌프 콘크리트 타설

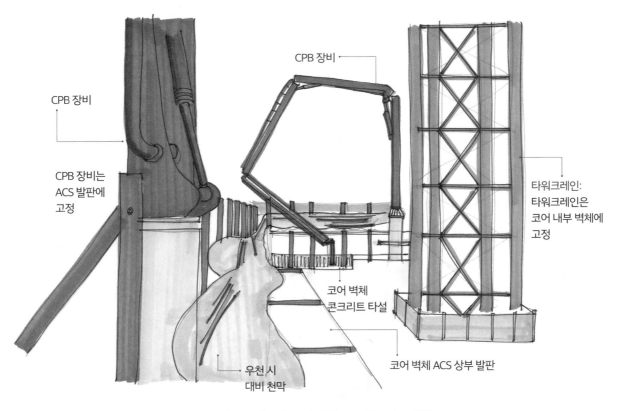

그림 1-9. 초고층 코어 벽체 CPB 콘크리트 타설

■ 그림 1-10 설명: 초고층 코어 벽체 CPB 콘크리트 타설 방법은 CPB의 자바라 호스를 코어 벽체 속에 넣어 콘크리트 속에 묻힌 후 콘크리트 타설에 맞추어 자바라 호스를 조금씩 위로 올려서 콘크리트의 재료분리를 방지해야 한다. 이는 향후 코어 벽체의 균열을 발생하지 않게 하는 조치이다.

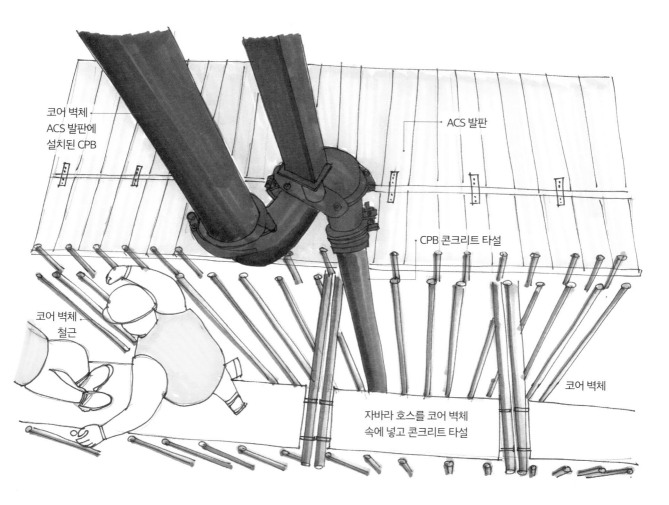

코어 벽체
ACS 발판에
설치된 CPB

ACS 발판

CPB 콘크리트 타설

코어 벽체
철근

코어 벽체

자바라 호스를 코어 벽체
속에 넣고 콘크리트 타설

그림 1-10. 초고층 코어 벽체 CPB 콘크리트 타설

■ 그림 1-11 설명: 초고층 외주부 슬래브 콘크리트 타설 방법은 일반적으로 초고압 펌프의 배관들 중 외주부 슬래브용 배관을 이용하여 타설한다. 외부주 슬래브용 배관에 문제가 있을 경우에는 코어 벽체 외부 발판에 설치된 CPB를 이용하여 외주부 슬래브를 타설할 수도 있다.

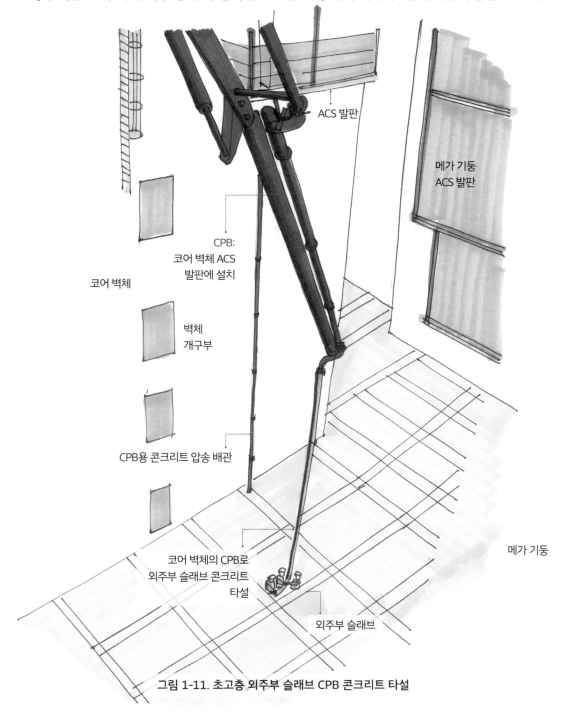

ACS 발판

메가 기둥
ACS 발판

CPB:
코어 벽체 ACS
발판에 설치

코어 벽체

벽체
개구부

CPB용 콘크리트 압송 배관

코어 벽체의 CPB로
외주부 슬래브 콘크리트
타설

메가 기둥

외주부 슬래브

그림 1-11. 초고층 외주부 슬래브 CPB 콘크리트 타설

■ 그림 10-12 설명: 초고층 코어 벽체와 메가 기둥의 층 차이가 적을 경우에는 ACS 외부 발판에 설치된 CPB를 이용하여 메가 기둥의 콘크리트를 타설할 수 있다. 코어 벽체와 메가 기둥의 층 차이가 클 경우에는 CPB 대신 타워크레인에 의한 버킷으로 콘크리트를 인양하여 타설할 수 있다.

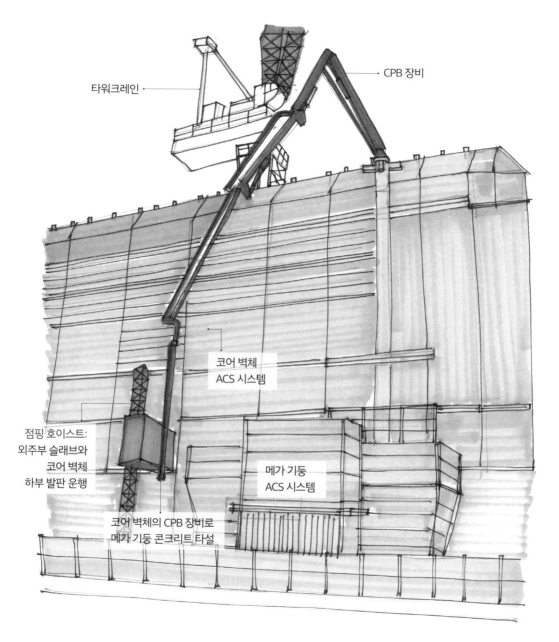

그림 1-12. 초고층 메가 기둥 CPB 콘크리트 타설

3 안전 관리

- 초고압 펌프 선정 시 안전 대책: 초고압 펌프 선정 시 위험 요인으로는 초고층 펌프 고장이 잦아 콘크리트 타설이 지연되고, 압송능력이 매뉴얼 대비 떨어져서 압송시간이 지연될 수 있다. 안전 대책으로는 실적과 경험이 있는 초고압 펌프를 선정하여 가동 지속성 및 유지관리 용이성을 높인다.

- 초고압 펌프 코어 벽체의 배관 탈락 및 배관 터짐 방지: 초고압 펌프 콘크리트 배관 압송 시 위험 요인으로는 코어 벽체에 고정된 배관이 탈락할 수 있으며, 초고압으로 배관 터짐 현상이 발생할 수 있다. 안전 대책으로는 코어 벽체에 배관 고정은 매뉴얼에 따라 고정하고, 초고압에도 견디는 적정 배관을 사용해야 한다.

- 배관의 지상 연결 시 차량에 의한 피해 방지: 배관의 지상 연결 시 위험 요인으로는 초고압 펌프 압송 배관 위로 차량 통과 시 파손의 우려가 있다. 안전 대책으로는 압송 배관을 지상에 고정하고 압송 배관 보호용 철재 통행로를 설치하여 압송 배관을 보호한다.

- CPB 설치 및 인상 안전 대책: CPB 설치 및 인상 시 위험 요인으로는 CPB 설치 전후 혹은 인상 시 CPB 추락 위험이 있다. 안전 대책으로는 CPB를 ACS 외부 발판 계획 시 무게 등 제원을 설계에 반영하여 발판에 설치하고, CPB 인상 시 ACS 발판 슈앵커와 코어 벽체의 연결상태를 전수 점검한다.

■ 초고압 펌프 및 CPB 기술 용어 해설

용어 1 초고압 펌프: 초고층 건물의 골조 공사에 콘크리트를 500m에서 600m까지 수직으로 압송하고 타설하는 장비를 말한다. 초고압 펌프는 유사 프로젝트의 사용 실적과 국내에서 초고압 펌프의 신속한 유지관리가 가능한지 여부를 반영하고, 가동 시 최대 능력의 70~80%를 사용할 수 있도록 선정한다.

용어 2 초고압 펌프 구성: 지상에 초고압 펌프 3~4대를 배치하고 배관을 연결하여 코어 벽체에 부착하고, 코어 벽체의 ACS 외부 발판에 있는 CPB에 연결한다. 배관은 총 5~6개이며 CPB 2대에 연결되는 2개, 외주부 슬래브 타설용 2개, 코어 슬래브 타설용 1개, 예비용 1개 등이다.

용어 3 초고압 펌프 압송 배관 보호: 초고압 펌프의 압송 배관이 차량 통행로를 통과할 때 압송 배관을 고정장치에 고정하고 압송 배관 보호용 철재 통행로를 설치하여 압송 배관을 보호한다.

용어 4 CPB(Concrete Placing Boom): ACS 시스템 외부 발판에 설치하여 ACS 시스템 인상 시 CPB도 함께 인상하도록 한다. 사전에 CPB 장비의 하중과 제원을 ACS 시스템 설계에 반영해야 한다.

용어 5 CPB 구성: 코어 벽체 상부에 설치된 ACS 시스템의 외부 발판에 CPB를 설치하여 ACS 시스템이 인상할 때 CPB도 같이 인상할 수 있도록 한다. CPB 설치 대수는 코어 벽체의 구역(Zooning)을 2개 구역으로 분할하면 CPB 2대를 설치한다. ACS 외부 발판에 설치된 CPB 하부에 압송 배관을 연결한다. CPB가 인상하면 압송 배관도 연장하여 설치한다.

용어 6 CPB 콘크리트 타설: CPB로 콘크리트 타설 시 기둥이나 벽체 상부에서 콘크리트를 자유낙하 하여 타설하면 재료분리가 발생하므로, 자바라 호스를 콘크리트에 묻히도록 넣고 타설 높이에 따라 자바라 호스를 조금씩 올려서 콘크리트의 재료분리를 방지해야 한다. 콘크리트 타설 시 재료분리 방지는 향후 콘크리트 벽체와 기둥의 균열을 방지하는 중요한 조치 중의 하나이다.

CHAPTER 2
타워크레인 기술

1 기술 개요

■ 타워크레인 기술이란, 초고층 건물 공사에서 선조립 철근 및 철골보 등과 같은 자재 양중을 신속히 수행하기 위한 기술을 말한다.

2 시공 계획 및 시공 시 유의 사항

■ 타워크레인 선정 시 타워크레인 용량은 철골 부재 중 가장 무거운 부재인 아웃리거 경사재를 인양할 수 있어야 하고, 장비 중에 가장 무거운 엘리베이터 권상기를 인양할 수 있도록 타워크레인 요량을 선정해야 한다.

■ 타워크레인 대수는 층당 3일 공정을 달성할 수 있는 대수를 산정해야 한다. 높이 별로 양중량을 분석하면 양중해야 하는 부재(선조립 철근, 철근 다발, 거푸집, 철골, 커튼월 등), 장비, 자재를 선정하여 타워크레인 1회 인양 시간과 1회 인양 물량을 측정하여 1일 인양 횟수와 인양 물량을 산정하고, 부재 물량을 1일 인양 물량으로 나누어 공사 물량을 감안한 타워크레인 대수를 산정한다.

■ 초고층 사례를 보면 타워크레인은 총 4대를 설치하는데, 공사 초기 단계에서 메인 타워크레인 2대는 코어 내부에 설치하여 3~4층 단위로 인상하고, 서브 타워크레인 2대는 메가 기둥에 부착하여 텔레스코핑 방식으로 운영하며, 그 후에는 코어 벽체 외측에 부착하여 3~4층

단위로 인상하며 운영한다. 타워크레인을 코어 벽체 외측에 설치하는 것은 코어 내부에 설치하는 것보다 경험상 지지하는 철골 부재량과 노동력이 약 10배가 더 들어가는 작업이라 사전에 철저한 계획이 필요하다.

■ 서브 타워크레인 메가 기둥에 설치 시공 순서는, 타워크레인 반입검사 → 기초앵커 시공 → 이동식 크레인 반입 → 마스트 설치 → 장비 본체 설치 → 텔레스코핑 작업 순이다.

■ 메인 타워크레인의 코어 벽체 내측 설치 시공 순서는, 타워크레인 반입검사 → 기설치한 서브 타워크레인으로 안전 발판 조립 양중 → 안전 발판 설치 → 크로스빔(Cross Beam) 설치 → 콜라(Collar) 설치 → 콜라빔 위에 마스트 설치 → 장비 본체 설치 → 인상작업(3~4층 단위) 순이다.

■ 서브 타워크레인 코어 벽체 외측 설치 시공 순서는, ACS 발판 곤돌라 설치 → 임베디드 플레이트 시공 → 브라켓 설치 → 작업 발판 난간대 설치 → 곤돌라 하강 → 안전 발판 설치 → 1차 크로스빔 양중 설치 → 1차 서포트빔 양중 설치 → 콜라빔 양중 설치 → 마스트 설치 → 2차 크로스빔 양중 설치 → 2차 서포트빔 양중 설치 → 마스트 설치 → 장비 본체 설치 → 인상작업(3~4층 단위) 순이다.

■ 메인 타워크레인 코어 벽체 내측 인상 순서는, 3차 임베디드 플레이트 시공 → 1차 크로스빔 및 콜라 해체 인상 → 3차 크로스빔 및 콜라 설치 → 타워크레인 인상(3~4층 단위) 순이다.

■ 서브 타워크레인 코어 벽체 외측 인상순서는, 타워크레인 임베디드 플레이트 시공 → 브라켓 설치 → 크로스빔, 서포트빔, 콜라 설치 → 타워크레인 인상(3~4층단위) 순이다.

■ 타워크레인은 초고층 건물의 중앙부에 있는 코어 내부에 최대로 배치하는 것이 운영에 유리한데, 코어 내부에 배치 시 2대의 타워크레인은 카운터 지브가 간섭되지 않도록 간격을 두고 배치해야 한다. 타워크레인은 엔진식과 전기식이 있는데, 엔진식의 카운터지브 길이는 8.8m, 전기식은 10m이다.

■ 엔진식 타워크레인 2대를 설치하려면 최소 19.6m(=8.8m×2+여유길이 2m) 간격이 필요하고, 전기식 2대를 설치하려면 최소 22m(=10m×2+여유길이 2m) 간격을 두고 배치해야 한다. 그러나 코어 내부는 크기가 크지 않으므로 카운터 지브 길이가 긴 전기식보다는 엔진식을 선호하는 편이다.

■ 타워크레인을 코어 내부에 설치 시 마스트 길이는 48m(=12개×4m)이고, 하부 크로스빔과 상부 크로스빔 사이 간격은 14.5m이고, 상부 크로스빔 위의 마스트 길이는 33.5m이다.

- 타워크레인은 콜라빔 위에 베이스 마스트에 있는 지지용 발톱(Flipper) 2개를 거치하고, 유압 잭을 사용하여 인양용 발톱(Flipper) 상부 발톱을 올려서 사다리 홈에 끼우고, 다시 하부 발톱을 올려서 사다리 홈에 끼우는 반복 작업을 통하여 타워크레인을 인상한다.

- 타워크레인 해체는 마지막 메인 2대가 남으면 한 대가 다른 한 대를 해체한 후 마지막 메인 타워크레인은 마스트를 제거하면서 스스로 하강한다. 메인 타워크레인 위치보다 높은 곳에 상부 플랫폼을 만들고 제1 해체 크레인을 설치한다. 메인 타워크레인 위치보다 낮은 곳에 하부 플랫폼을 만들고 데릭 크레인을 설치한 후 가이드 로프를 고정하고, 가이드 로프에 해체한 부재를 매달 수 있도록 장치하고 가이드 로프를 지상의 로프 조절 시스템(Rope Adjust System)에 연결한다.

- 메인 타워크레인은 스스로 메인 지브 끝부분을 자체 해체해서 하부 플랫폼에 고정된 가이드 로프에 부재를 매달아 가이드 로프에 의해 지상으로 보낸다. 제1 해체 크레인으로 메인 타워크레인 부재를 해체해서 하부 플랫폼에 고정된 가이드 로프에 부재를 매달아 가이드 로프에 의해 지상으로 보낸다.

- 메인 타워크레인을 해체한 후 메인 타워크레인 위치보다 높은 상부 플랫폼에 제2 해체 크레인을 설치하여 제1 해체 크레인을 해체하고, 데릭 크레인을 설치하여 제2 해체 크레인을 해체하고 인력으로 데릭 크레인을 해체하여 엘리베이터로 운송한다.

- 메인 타워크레인 위치보다 낮은 하부 플랫폼에 있는 데릭 크레인은 인력으로 해체하여 엘리베이터로 운송한다.

- 타워크레인은 풍속 10m/s를 초과하면 중량물을 제외한 자재 양중이 불가하다. 풍속 15m/s를 초과하면 운행을 중지해야 한다.

- 그림 2-1,2 설명: 코어 벽체 내측에 2대의 타워크레인을 설치할 경우, 타워크레인 간의 이격 거리가 필요한데 엔진식 카운터 지브 길이는 8.8m이고, 전기식 카운터 지브 길이는 10m이다. 카운터 지브 간에는 최소 2m 여유공간이 필요하므로 엔진식 타워크레인 2대를 설치하려면 최소 19.6m(=8.8m×2+여유길이 2m) 간격이 필요하고, 전기식 2대를 설치하려면 최소 22m(=10m×2+여유길이 2m) 간격이 필요하다.

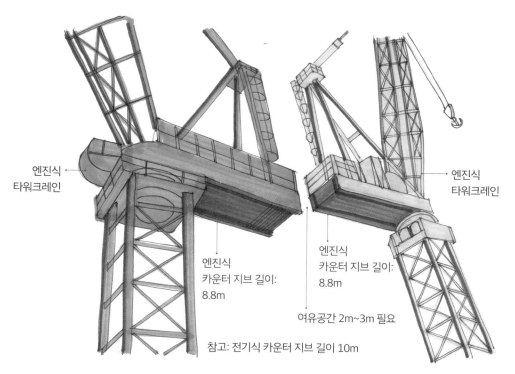

엔진식
타워크레인

엔진식
카운터 지브 길이:
8.8m

엔진식
타워크레인

엔진식
카운터 지브 길이:
8.8m

여유공간 2m~3m 필요

참고: 전기식 카운터 지브 길이 10m

그림 2-1. 엔진식 타워크레인 필요 이격거리 확보

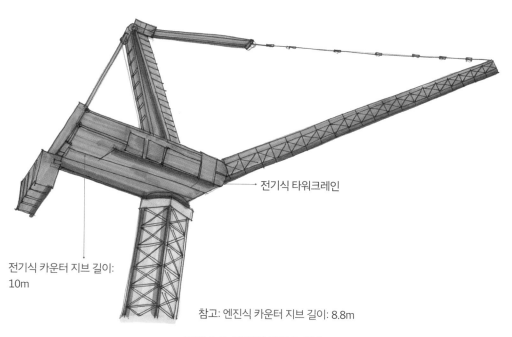

전기식 타워크레인

전기식 카운터 지브 길이:
10m

참고: 엔진식 카운터 지브 길이: 8.8m

그림 2-2. 전기식 타워크레인

■ 그림 2-3,4 설명: 타워크레인 양중 불가 시 이동식 크레인을 한시적으로 사용한 사례로서, 이동식 크레인 용량이 300톤인 경우는 드문 사례이다.

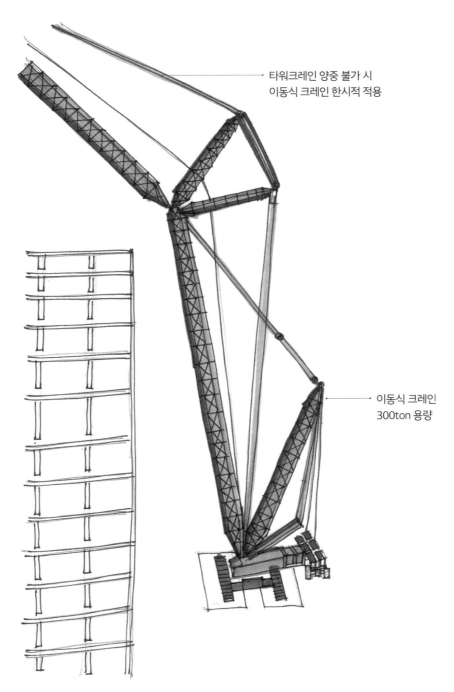

타워크레인 양중 불가 시
이동식 크레인 한시적 적용

이동식 크레인
300ton 용량

그림 2-3 이동식 크레인 300Ton

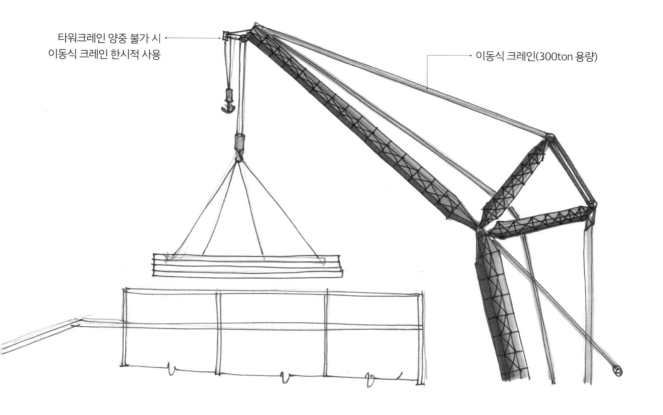

타워크레인 양중 불가 시
이동식 크레인 한시적 사용

이동식 크레인(300ton 용량)

그림 2-4. 이동식 크레인 300Ton

■ 그림 2-5,6,7 설명: 공사 초기 단계에 타워크레인을 코어 벽체에 설치하기 전에 메가 기둥에 설치하는 사례로서, 먼저 지반에 기초앵커를 시공 후 타워크레인 마스트와 본체를 설치하고 메가 기둥에 고정 지지체(Bracing)로 지지한다. 고정 지지체의 플레이트를 메가 기둥에 밀착시키고 볼트 조임을 하여 고정한다. 타워크레인 마스트를 텔레스코핑 작업으로 인상한다.

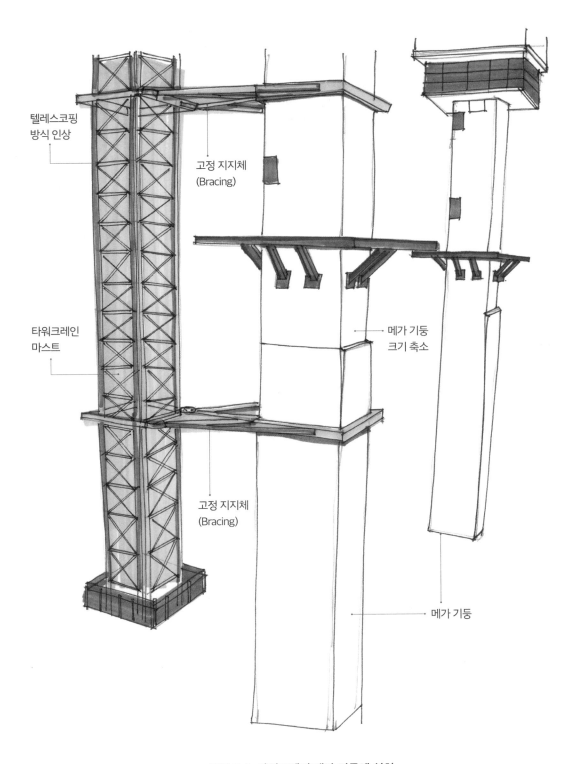

텔레스코핑
방식 인상

고정 지지체
(Bracing)

타워크레인
마스트

메가 기둥
크기 축소

고정 지지체
(Bracing)

메가 기둥

그림 2-5. 타워크레인 메가 기둥에 설치

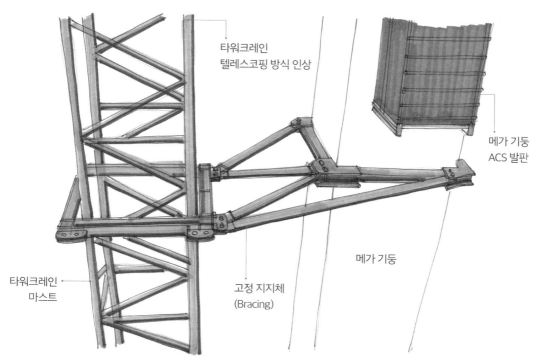

타워크레인
텔레스코핑 방식 인상

메가 기둥
ACS 발판

타워크레인
마스트

고정 지지체
(Bracing)

메가 기둥

그림 2-6. 타워크레인 메가 기둥에 설치

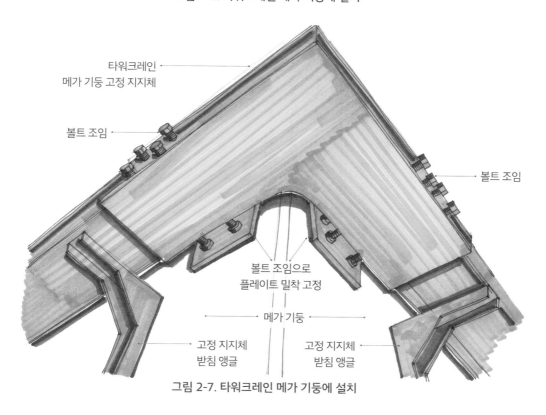

타워크레인
메가 기둥 고정 지지체

볼트 조임

볼트 조임

볼트 조임으로
플레이트 밀착 고정

메가 기둥

고정 지지체
받침 앵글

고정 지지체
받침 앵글

그림 2-7. 타워크레인 메가 기둥에 설치

■ 그림 2-8,9,10 설명: 타워크레인을 코어 벽체 내부에 설치하는 사례로서 코어 내부 벽체의 임베디드 플레이트에 1차 크로스빔(2개)과 2차 크로스빔(2개)을 설치한 후, 1차 크로스빔 위에 콜라빔을 설치하고 콜라빔 위에 마스트를 설치한다. 1차 크로스빔 하부에는 안전 발판을 설치하여 작업공간 및 낙화물 방지망 역할을 한다.

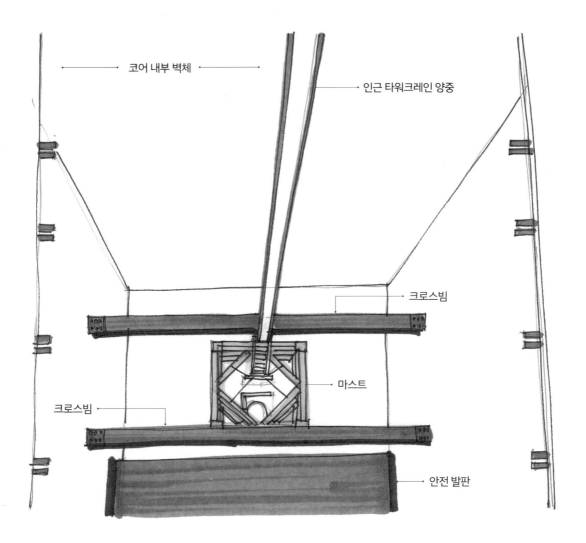

그림 2-8. 타워크레인 코어 내부 벽체 마스트 설치

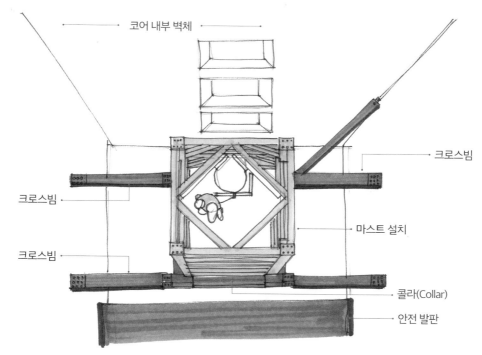

코어 내부 벽체

크로스빔

크로스빔

크로스빔

마스트 설치

콜라(Collar)

안전 발판

그림 2-9. 타워크레인 코어 내부 벽체 마스트 설치

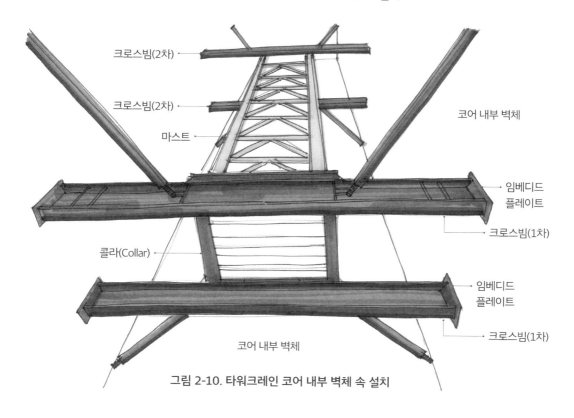

크로스빔(2차)

크로스빔(2차)

마스트

코어 내부 벽체

임베디드
플레이트

크로스빔(1차)

콜라(Collar)

임베디드
플레이트

크로스빔(1차)

코어 내부 벽체

그림 2-10. 타워크레인 코어 내부 벽체 속 설치

■ 그림 2-11 설명: 타워크레인 자체 인상 사례로서 베이스 마스트에 있는 지지용 발톱(Flipper) 2개를 콜라빔 위에 거치하고, 유압잭으로 인양용 발톱(Flipper)의 상부 발톱을 올려서 사다리 홈에 끼우고, 다시 하부 발톱을 올려서 사다리 홈에 끼우는 반복 작업을 통하여 타워크레인을 인상한다.

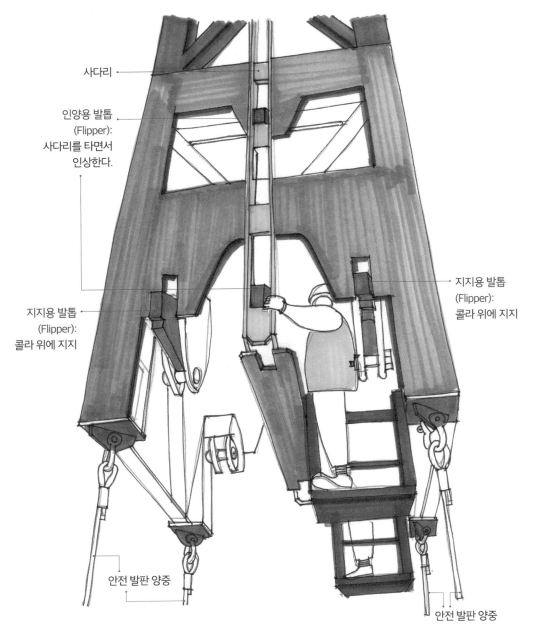

그림 2-11. 타워크레인 코어 내부 벽체 인상 작업

■ 그림 2-12,13,14 설명: 타워크레인 코어 벽체 외측 설치 사례로서 코어 벽체에 매립된 임베디드 플레이트에 브라켓을 설치한다. 이 작업은 작업 발판난간대를 설치한 후에 작업한다. 1차 크로스빔(2개)과 1차 서포트빔을 설치하고, 1차 크로스빔 위로 14.5m 위치에 2차 크로스빔(2개)과 2차 서포트빔을 설치한다. 1차 크로스빔 위에 콜라빔을 설치하고 그 위에 베이스 마스트와, 마스트와 본체를 설치하여 타워크레인 설치를 완성한다.

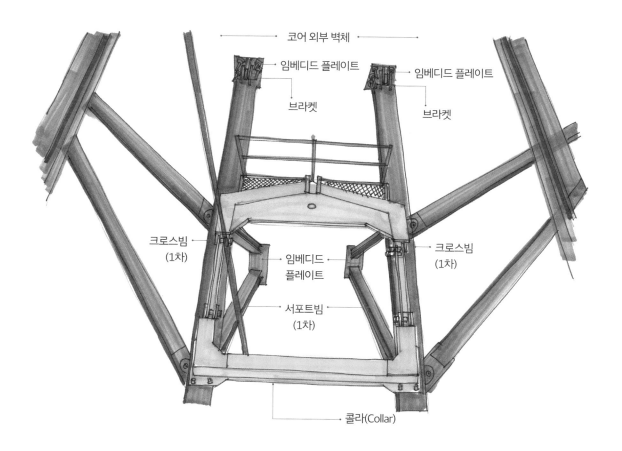

그림 2-12. 타워크레인 코어 외부 벽체에 설치

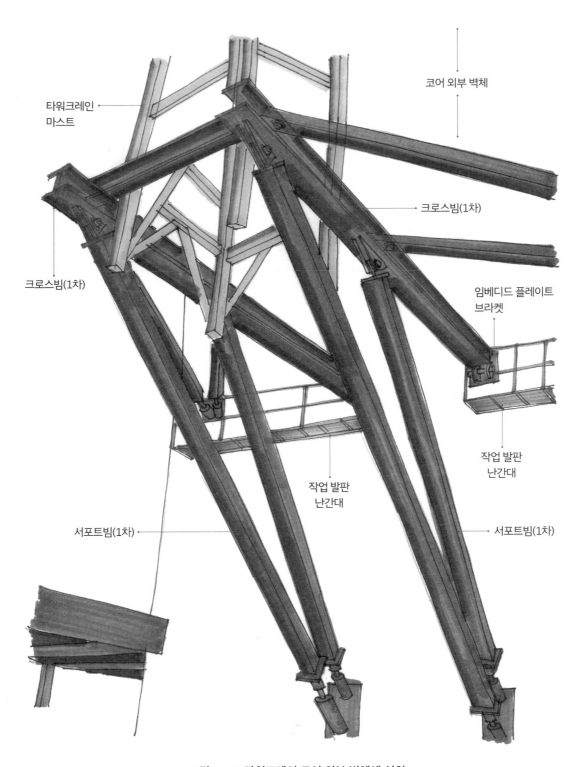

코어 외부 벽체

타워크레인
마스트

크로스빔(1차)

크로스빔(1차)

임베디드 플레이트
브라켓

작업 발판
난간대

작업 발판
난간대

서포트빔(1차)

서포트빔(1차)

그림 2-13. 타워크레인 코어 외부 벽체에 설치

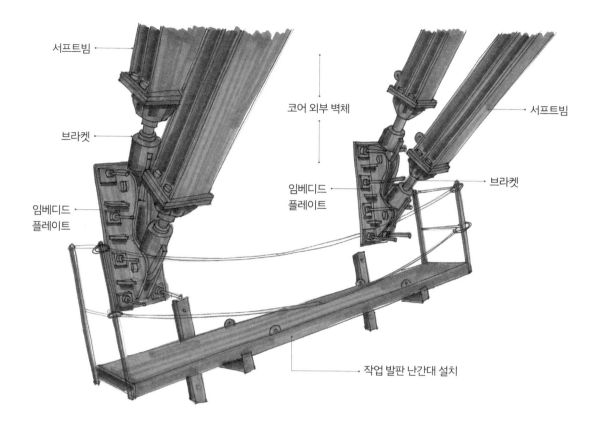

그림 2-14. 타워크레인 코어 외부 벽체에 서포트빔 설치 상세

■ 그림 2-15 설명: 코어 벽체 외측에 타워크레인 설치를 완성한 사례로서 1차 크로스빔과 1차 서포트빔, 2차 크로스빔과 2차 서포트빔이 코어 벽체에서 캔티래버빔 형식으로 설치되어 타워크레인의 마스트와 본체를 지지하고 있다. 본체는 코어 벽체 상단의 ACS 시스템 위에 항상 위치하도록 한다. ACS 시스템은 1개 층마다 자체 인상하고 타워크레인은 3~4개 층마다 자체 인상한다. 그림 2-15 모습은 외주부 슬래브 작업장에서 코어 벽체 상부를 보았을 때의 모습인데, 거대한 구조물이 머리 위에 있어 위압감을 주므로 타워크레인 외측 설치는 구조적으로 안전하게 하게 하는 것이 가장 중요하다.

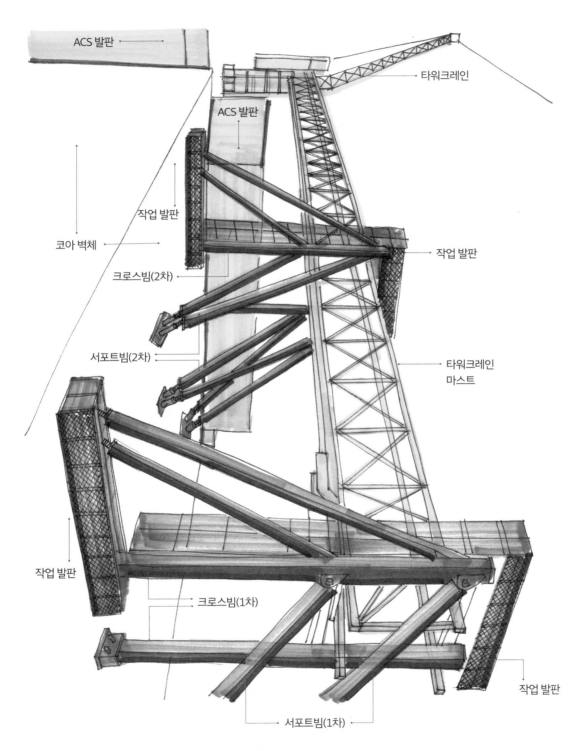

ACS 발판

ACS 발판

타워크레인

작업 발판

코아 벽체

작업 발판

크로스빔(2차)

서포트빔(2차)

타워크레인
마스트

작업 발판

크로스빔(1차)

작업 발판

서포트빔(1차)

그림 2-15. 타워크레인 코어 외부 벽체에 설치

■ 그림 2-16,17 설명: 타워크레인 코어 벽체 외측에 설치한 사례로서 코어 벽체 내측에 타워크레인 2대를 설치하고 코어 벽체 외측에 타워크레인 2대를 설치한다. 코어 선행 공법으로 적용하였으며 코어 벽체 상단에는 ACS 시스템을 설치하고, 외주부 슬래브 상단에는 프로텍션 스크린(안전스크린)을 설치한다. 메인 호이스트는 외주부 슬래브까지 올라가고 외주부 슬래브 상단에서 코어 벽체 상단까지 2대의 점핑 호이스트를 운영한다.

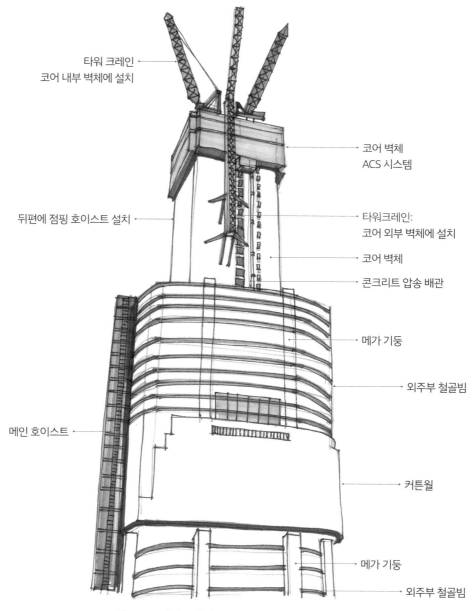

타워 크레인
코어 내부 벽체에 설치

뒤편에 점핑 호이스트 설치

메인 호이스트

코어 벽체
ACS 시스템

타워크레인:
코어 외부 벽체에 설치

코어 벽체

콘크리트 압송 배관

메가 기둥

외주부 철골빔

커튼월

메가 기둥

외주부 철골빔

그림 2-16. 타워크레인 코어 외부 벽체에 설치 사례

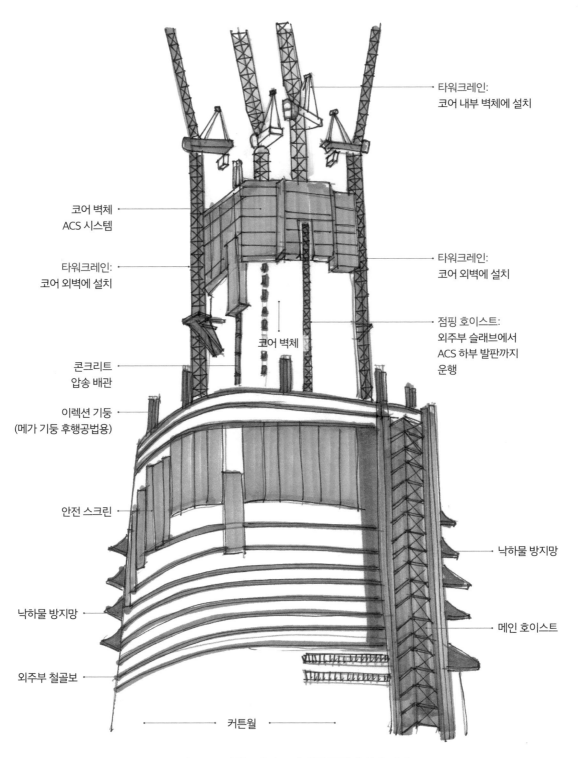

타워크레인:
코어 내부 벽체에 설치

코어 벽체
ACS 시스템

타워크레인:
코어 외벽에 설치

타워크레인:
코어 외벽에 설치

점핑 호이스트:
외주부 슬래브에서
ACS 하부 발판까지
운행

코어 벽체

콘크리트
압송 배관

이렉션 기둥
(메가 기둥 후행공법용)

안전 스크린

낙하물 방지망

낙하물 방지망

메인 호이스트

외주부 철골보

커튼월

그림 2-17. 타워크레인 코어 외부 벽체에 설치 사례

■ 그림 2-18 설명: 타워크레인으로 엘리베이터 권상기를 인양하는 사례로서 타워크레인 용량을 고려해야 하는 것은 가장 무거운 부재로서 아웃리거 사재가 있고, 가장 무거운 장비로서 엘리베이터 권상기가 있다.

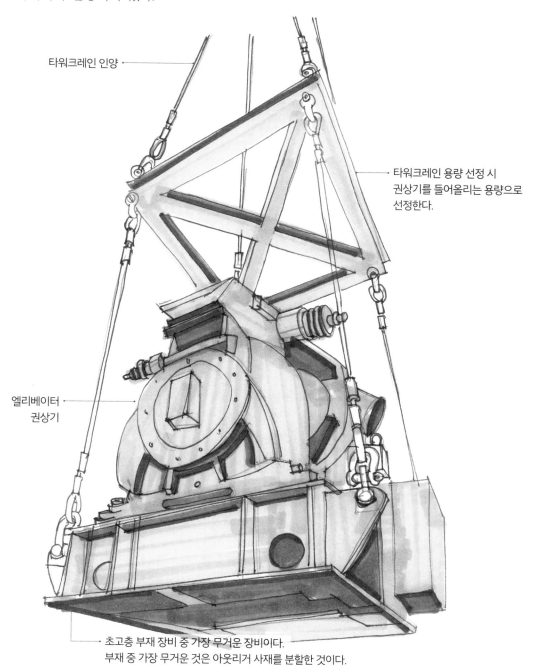

타워크레인 인양

타워크레인 용량 선정 시 권상기를 들어올리는 용량으로 선정한다.

엘리베이터 권상기

초고층 부재 장비 중 가장 무거운 장비이다.
부재 중 가장 무거운 것은 아웃리거 사재를 분할한 것이다.

그림 2-18. 타워크레인 엘리베이터 권상기 인양

■ 그림 2-19 설명: 타워크레인 운전자 이동 루트로서 코어 벽체 ACS 시스템에 비상 상황 발생 시 작업자들이 점핑 호이스트로 대비한다. 점핑 호이스트 운행 불가 상황 발생 시 작업자들은 타워크레인 운전자 이동 루트를 사용할 수 있다.

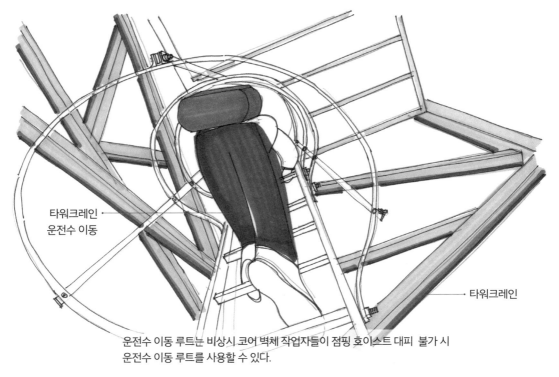

타워크레인
운전수 이동

타워크레인

운전수 이동 루트는 비상시 코어 벽체 작업자들이 점핑 호이스트 대피 불가 시
운전수 이동 루트를 사용할 수 있다.

그림 2-19. 타워크레인 운전자 이동 루트

■ 그림 2-20,21 설명: 초고층 타워크레인 해체 사례로서 타워크레인 해체는 마지막 2대가 남으면 한 대가 다른 한 대를 해체한 후 마지막 타워크레인은 마스트를 제거하면서 스스로 하강한다. 타워크레인 위치보다 높은 곳에 상부 플랫폼을 만들고 제1 해체 크레인을 설치한다. 타워크레인 위치보다 낮은 곳에 하부 플랫폼을 만들고 데릭 크레인을 설치한 후 가이드 로프를 고정하고, 가이드 로프에 해체한 부재를 매달 수 있도록 장치하고 가이드 로프를 지상의 로프 조절 시스템(Rope Adjust System)에 연결한다.

■ 타워크레인은 스스로 메인 지브 끝부분을 자체 해체해서 하부 플랫폼에 고정된 가이드 로프에 부재를 매달아 가이드 로프에 의해 지상으로 보낸다. 제1 해체 크레인으로 타워크레인 부재를 해체해서 하부 플랫폼에 고정된 가이드 로프에 부재를 매달아 가이드 로프에 의해 지상으로 보낸다.

■ 타워크레인을 해체한 후 상부 플랫폼에 제2 해체 크레인을 설치하여 제1 해체 크레인을 해체하고, 데릭 크레인을 설치하여 제2 해체 크레인을 해체하고 인력으로 데릭 크레인을 해체하여 엘리베이터로 운송한다.

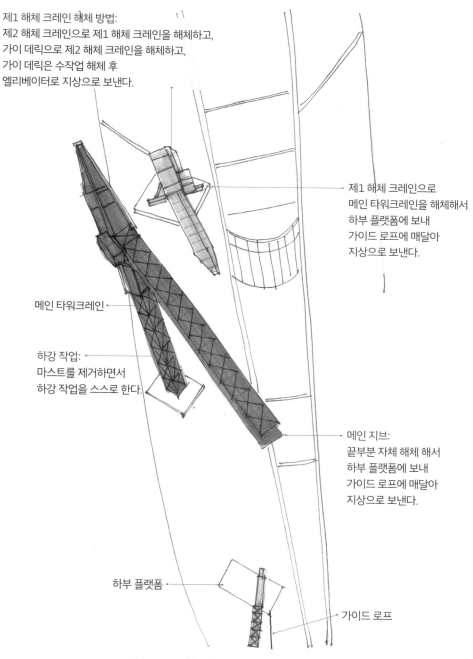

제1 해체 크레인 해체 방법:
제2 해체 크레인으로 제1 해체 크레인을 해체하고,
가이 데릭으로 제2 해체 크레인을 해체하고,
가이 데릭은 수작업 해체 후
엘리베이터로 지상으로 보낸다.

제1 해체 크레인으로
메인 타워크레인을 해체해서
하부 플랫폼에 보내
가이드 로프에 매달아
지상으로 보낸다.

메인 타워크레인

하강 작업:
마스트를 제거하면서
하강 작업을 스스로 한다.

메인 지브:
끝부분 자체 해체 해서
하부 플랫폼에 보내
가이드 로프에 매달아
지상으로 보낸다.

하부 플랫폼

가이드 로프

그림 2-20. 초고층 타워크레인 해체 상세

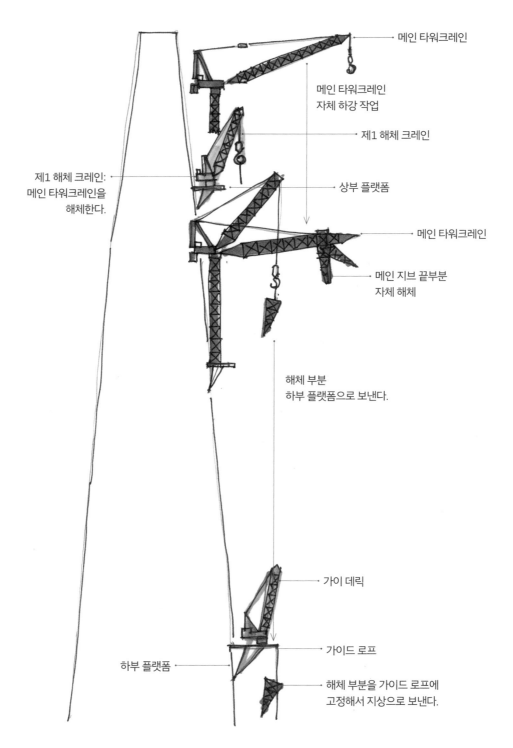

메인 타워크레인

메인 타워크레인
자체 하강 작업

제1 해체 크레인

제1 해체 크레인:
메인 타워크레인을
해체한다.

상부 플랫폼

메인 타워크레인

메인 지브 끝부분
자체 해체

해체 부분
하부 플랫폼으로 보낸다.

가이 데릭

가이드 로프

하부 플랫폼

해체 부분을 가이드 로프에
고정해서 지상으로 보낸다.

그림 2-21. 초고층 타워크레인 해체 상세

■ 그림 2-22 설명: 타워크레인 자체 해체 작업 사례로서 타워크레인은 스스로 메인 지브 끝부분을 자체 해체해서 하부 플랫폼에 고정된 가이드로프에 부재를 매달아 가이드 로프에 의해 지상으로 보낸다. 잔여 메인 지브 및 본체는 상부 플랫폼의 제1 해체 크레인으로 해체한다.

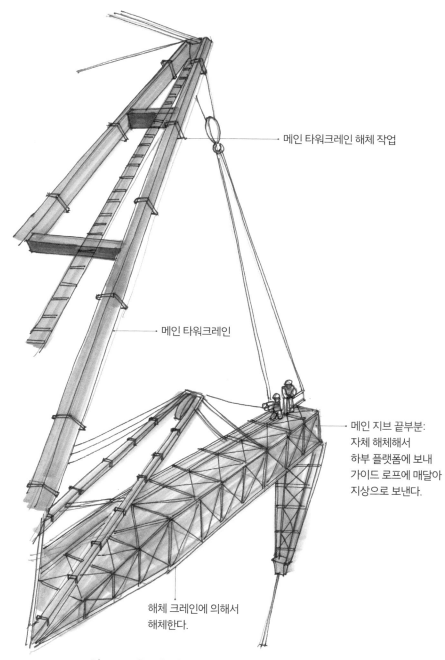

메인 타워크레인 해체 작업

메인 타워크레인

메인 지브 끝부분: 자체 해체해서 하부 플랫폼에 보내 가이드 로프에 매달아 지상으로 보낸다.

해체 크레인에 의해서 해체한다.

그림 2-22. 초고층 메인 타워크레인 해체

3 안전 관리

- 타워크레인 반입 검사 시 위험 요인으로는 장비 노후화에 따른 주요 구조부 변형 및 손상, 부적합 장비 반입으로 전도 및 붕괴 등이 있다. 안전 대책으로는 반입일 15일 전 사전 검수 및 비파괴 검사를 실시한 후 반입 필증을 부착한다.

- 타워크레인 현장 하역 시 위험 요인으로는 자재 하역 중 충돌과 협착, 타워 부재 과하중으로 이동식 크레인 전도 등이 있다. 안전 대책으로는 전담 신호수 배치, 작업반경 통제, 이동식 크레인 제원 및 용량 검토 등이 있다.

- 타워크레인 코어 벽체 내부에 설치 시 위험 요인으로는 설치 중 타워크레인 자재와의 충돌과 협착, 타워크레인 자재 낙하, 작업자 추락 등이 있다. 안전 대책으로 안전 발판을 마스트 하부에 설치하여 작업장과 낙하물 방지망으로 사용하고, 전담 신호수를 배치하고 작업 반경 하부 구역을 통제하며, 작업자는 안전 고리 체결 후 작업한다.

- 타워크레인을 코어 벽체 외측에 설치하는 것은 코어 벽체 내부에 설치하는 것보다 철골 부재량과 작업 위험도가 약 10배 더 커지는 작업이다. 위험 요인으로는 타워크레인 자재와의 충돌과 협착, 타워크레인 자재 낙하, 작업자 추락 등이 있다. 안전 대책으로는 ACS 발판에서 곤돌라를 이용하여 임베디드 플레이트와 브라켓을 설치한 후 작업 발판 난간대와 안전 발판을 설치하여 크로스빔, 서포트빔, 콜라빔, 마스트 본체를 설치한다. 전담 신호수를 배치하고 작업반경 하부 구역을 통제하며, 작업자는 안전 고리 체결 후 작업한다.

- 타워크레인 인상 작업 시 위험 요인으로 타워크레인 크로스빔, 서포트빔, 스크루잭, 콜라빔의 낙하, 수공구 볼트 낙하 등이 있다. 안전 대책으로 크로스빔, 서포트빔, 스크루잭, 콜라 설치 해체 순서 준수, 수공구 낙하 방지 로프 체결, 볼트 주머니 사용 등이 있다.

- 타워크레인 운행 중 충돌사고 방지: 코어 벽체 내부에 타워크레인 2대를 설치 후 충돌 방지를 위해 엔진식 2대는 최소 19.6m(=8.8m×2+여유길이 2m) 이격 거리를 두고, 전기식 2대는 최소 22m(=10m×2+여유길이 2m) 이격 거리를 두고 배치하여 충돌 사고를 방지한다.

- 타워크레인 운행 시 구조적 제한 준수: 타워크레인 운행 시 구조적 제한을 준수하여 장비 사고를 방지한다. 타워크레인을 코어 내부에 설치 시 마스트 길이는 48m(=12개×4m)이고, 하부 크로스빔과 상부 크로스빔 사이 2개 지점 간격은 14.5m이고, 상부 크로스빔 위의 마스트 자유장 길이는 33.5m 이내로 유지한다. 이는 타워크레인 인상 시 2개 지점과 자유장 길이가 달라질 수 있는데, 구조적 제한을 최대한 준수하여 장비 사고를 방지한다.

■ 타워크레인 해체 시 해체된 타워크레인 부재 건물과 충돌 방지 및 낙하 방지: 타워크레인 해체 시 위험 요인으로는 해체된 타워크레인 부재 건물과 충돌 및 부재 낙하가 발생할 수 있다. 안전 대책으로는 하부 플랫폼을 만들고 데릭 크레인을 설치한 후 가이드 로프를 고정하고 가이드 로프에 해체한 부재를 매달 수 있도록 장치하고, 가이드 로프를 지상의 로프 조절 시스템(Rope Adjust System)에 연결하여 충돌 방지 및 낙하를 방지한다.

■ 타워크레인 기술 용어 해설

용어 1 타워크레인: 건물공사에서 철근, 거푸집, 철골 등과 같은 자재와 설비 전기 장비들의 양중을 수행하기 위한 양중장비를 말한다.

용어 2 타워크레인 용량 산정: 타워크레인 용량은 철골 부재 중 가장 무거운 부재인 아웃리거 경사재를 인양할 수 있어야 하고, 장비 중에 가장 무거운 엘리베이터 권상기를 인양할 수 있도록 타워크레인 요량을 산정해야 한다.

용어 3 타워크레인 대수 산정: 코어 벽체의 층당 공기를 3일 공정으로 달성할 수 있는 대수를 산정해야 한다. 높이 별로 양중량을 분석하여 타워크레인 1회 인양 시간과 1회 인양 물량을 측정하여 1일 인양 횟수와 인양 물량을 산정하고, 부재 물량을 1일 인양 물량으로 나누어 타워크레인 대수를 산정한다.

용어 4 타워크레인 코어 벽체 내부 설치: 코어 내부 벽체의 임베디드 플레이트에 1차 크로스빔(2개)과 2차 크로스빔(2개)을 설치한 후 1차 크로스빔 위에 콜라빔을 설치하고 콜라빔 위에 마스트와 본체를 설치한다. 1차 크로스빔 하부에는 안전 발판을 설치하여 작업 공간 및 낙화물 방지망 역할을 한다.

용어 5 타워크레인 코어 벽체 내부 설치 시 이격거리: 타워크레인은 코어 내부에 최대로 배치하는 것이 운영에 유리한데, 코어 내부에 배치 시 2대의 타워크레인은 카운터 지브가 간섭되지 않도록 간격을 두고 배치되어야 한다. 타워크레인은 엔진식과 전기식이 있는데, 카운터 지브 길이의 경우 엔진식은 8.8m, 전기식은 10m이다. 타워크레인 엔진식 2대를 설치하려면 최소 19.6m(=8.8m×2+여유길이 2m) 간격이 필요하고, 전기식 2대를 설치하려면 최소 22m(=10m×2+여유길이 2m) 간격을 두고 배치해야 한다. 그러나 코어 내부는 크기가 크지 않으므로 카운터 지브 길이가 짧은 엔진식을 선호하는 편이다.

용어 6 타워크레인 코어 벽체 내부 설치 시 수직 길이: 타워크레인을 코어 내부에 설치 시 마스트 길이는 48m(=12개×4m)이고, 하부 크로스빔과 상부 크로스빔 사이 간격은 14.5m이고, 상부 크로스빔 위의 마스트 길이는 33.5m이다.

용어 7 타워크레인 4대 설치 사례: 타워크레인 4대를 설치하는데 공사 초기 단계에서 메인 타워크레인 2대는 코어 벽체 내부에 설치하여 3~4층 단위로 인상하고, 서브 타워크레인 2대는 메가 기둥에 부착하여 텔레스코핑 방식으로 운영하며, 그 후에는 코어 벽체 외측에 부착하여 3~4층 단위로 인상하며 운영한다. 타워크레인을 코어 벽체 외측에 설치하는 것은 코어 내부 벽체에 설치하는 것보다 경험상 지지하는 철골 부재량과 노동력이 약 10배 더 들어가는 작업이라 사전에 철저한 계획이 필요하다.

용어 8 타워크레인 코어 벽체 외측에 설치: 타워크레인 코어 벽체 외측에 설치란 코어 벽체 외측에 매립된 임베디드 플레이트에 브라켓을 설치하는 것이다. 이 작업은 작업 발판 난간대를 설치한 후에 작업한다. 코어 벽체 외측 1차 크로스빔(2개)과 1차 서포트빔(4개), 2차 크로스빔(2개)과 2차 서포트빔(4개)을 캔티래버 형식으로 설치하여 1차 크로스빔 위에 콜라빔을 설치하고 그 위에 마스트와 본체를 설치한다. 본체는 코어 벽체 상단의 ACS 시스템 위에 항상 위치하도록 한다. ACS 시스템은 1개 층마다 자체 인상하고 타워크레인은 3~4개 층마다 자체 인상한다.

용어 9 타워크레인 인상 작업: 타워크레인은 콜라빔 위에 베이스 마스트에 있는 지지용 발톱(Flipper) 2개를 거치하고, 유압잭을 사용하여 인양용 발톱(Flipper) 상부 발톱을 올려서 사다리 홈에 끼우고, 다시 하부 발톱을 올려서 사다리 홈에 끼우는 반복 작업을 통하여 타워크레인을 인상한다.

용어 10 크로스빔: 코어 벽체 내부 사이에 타워크레인을 설치할 수 있도록 벽체 사이를 연결하는 철골 부재이다.

용어 11 스크루잭: 크로스빔에 설치하여 크로스빔의 비틀림 하중을 분산하는 역할을 한다.

용어 12 콜라빔: 크로스빔 위에 설치하여 타워크레인 마스트가 직접적으로 설치되며, 마스트와 크로스빔의 중간 연결체 역할을 수행한다.

용어 13 안전 발판: 코어 내부에 크로스빔 하단에 위치하며, 타워크레인 마스트 하단에서 와이어로 안전 발판 모서리로 연결되어 지지한다. 안전 발판은 크로스빔과 콜라 설치용 작업 발판 역할을 하며, 작업 시 내부 낙하물 방지망 역할을 한다.

용어 14 타워크레인 해체 작업: 타워크레인 해체는 마지막 2대 남으면 한 대가 다른 한 대를 해체한 후 마지막 타워크레인은 마스트를 제거하면서 스스로 하강한다. 타워크레인 위치보다 높은 곳에 상부 플랫폼을 만들고 제1 해체 크레인을 설치한다. 타워크레인 위치보다 낮은 곳에 하부 플랫폼을 만들고 데릭 크레인을 설치한 후 가이드 로프를 고정하고, 가이드 로프에 해체한 부재를 매달 수 있도록 장치하고 가이드 로프를 지상의 로프 조절 시스템(Rope Adjust System)에 연결한다. 마지막 타워크레인은 스스로 메인 지브 끝부분을 자체 해체해서 하부 플랫폼에 고정된 가이드 로프에 부재를 매달아 가이드 로프에 의해 지상으로 보낸다. 제1 해체 크레인으로 타워크레인 부재를 해체해서 하부 플랫폼에 고정된 가이드 로프에 부재를 매달아 가이드로프에 의해 지상으로 보낸다. 타워크레인을 해체한 후 상부 플랫폼에 제2 해체 크레인을 설치하여 제1 해체 크레인을 해체하고, 데릭 크레인을 설치하여 제2 해체 크레인을 해체하고 인력으로 데릭 크레인을 해체하여 엘리베이터로 운송한다.

CHAPTER 3

호이스트 기술

1 기술 개요

■ 호이스트 기술이란, 초고층 공사에서 인력과 자재를 운송하는 호이스트 장비의 계획, 선정, 설치, 연장, 유지관리하는 기술을 말한다.

2 시공 계획 및 시공 시 유의 사항

■ 호이스트 대수 산정 사례를 보면 피크 시 일일 작업자 수를 예상하는데, 500m 이상 100층 이상 초고층 건물은 피크 시 일일 작업자 수가 6,000~10,000명이 약 1시간 동안 운송하는 기준으로 대수를 산정하면, 약 8~10대 정도의 메인 호이스트가 필요하다.

■ 호이스트 배치는 운행 소음으로 민원 발생 여부, 최상층까지 운행 가능 및 환승 여부, 인원과 자재 양중 동선 간섭 최소화 및 효율화, 골조공사 간섭 최소화, 가설시설물을 최소화할 수 있는 위치에 계획한다.

■ 호이스트 선정 시 고려 사항은 커튼월 포장을 호이스트에 싣고 운송할 수 있어야 한다. 초고층 높은 층고가 4.5m인 경우, 커튼월 길이는 4.5m가 되므로 커튼월과 작업자 및 부속 자재을 싣는 경우, 호이스트 앞뒤로 20~30cm 여유가 필요하여 호이스트 길이는 5m가 되어야 한다. 호이스트는 길이를 5m 이상 선정하는 것이 매우 중요하다. 기존의 유사 프로젝트의 호이스트 길이를 조사하면 4.5~5m인 것을 알 수 있다.

■ 호이스트 케이지를 운행할 수 있는 호이스트 타워를 커먼 타워(Common Tower) 또는 액세스 타워(Access Tower)라고 부르는데, 공장에서 철골 단위 프레임을 제작하여 현장으로 운반하고 타워크레인으로 양중하여 적층 방식으로 호이스트 타워를 설치한다.

■ 점핑 호이스트는 코어 선행 공법에서 코어가 선행하면 외주부 슬래브에서 코어 벽체 사이를 운행하여 작업자를 운송하는 호이스트이다. 점핑 호이스트는 외주부 슬래브 상단에서 코어 벽체에 설치한 ACS 하단 발판까지 도달하도록 연결하여 운행한다. 골조공사 진행에 따라 ACS 발판이 인상되면 점핑 호이스트도 연장하여 지속적으로 운행한다.

■ 호이스트 운행구간의 본 엘리베이터가 완성되면 엘리베이터를 공사용으로 사용하고, 호이스트는 해체하고 마감공사를 수행한다.

■ 그림 3-1 설명: 초고층 공사의 메인 호이스트 설치 사례를 보면, 코어 선행 공법에 의해서 코어 벽체 공사가 선행하고 외주부 슬래브 공사가 후행하는 방식이다. 메인 호이스트는 지상에서 외주부 슬래브 상단까지 설치되어 운행한다. 점핑 호이스트는 외주부 슬래브 상단에서 코어 벽체 ACS 하부 발판까지 설치되어 운행한다.

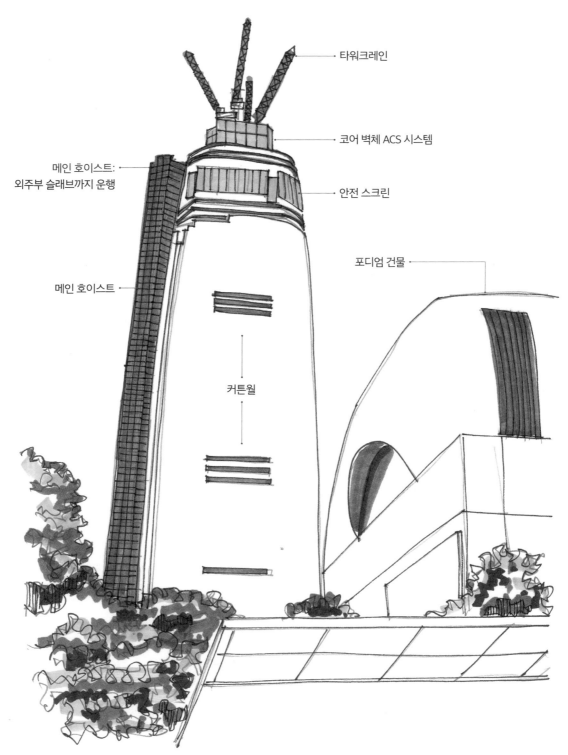

타워크레인

코어 벽체 ACS 시스템

메인 호이스트:
외주부 슬래브까지 운행

안전 스크린

포디엄 건물

메인 호이스트

커튼월

그림 3-1. 초고층 메인 호이스트 설치

■ 그림 3-2 설명: 메인 호이스트 설치 사례를 보면 호이스트 타워를 커먼 타워(Common Tower) 혹은 액세스 타워(Access Tower)라고 부르는데, 이를 가운데에 설치하고 호이스트 타워 양 측면으로 호이스트 마스트를 연결해서 지지하고 호이스트 마스트에 호이스트 케이지를 설치한다.

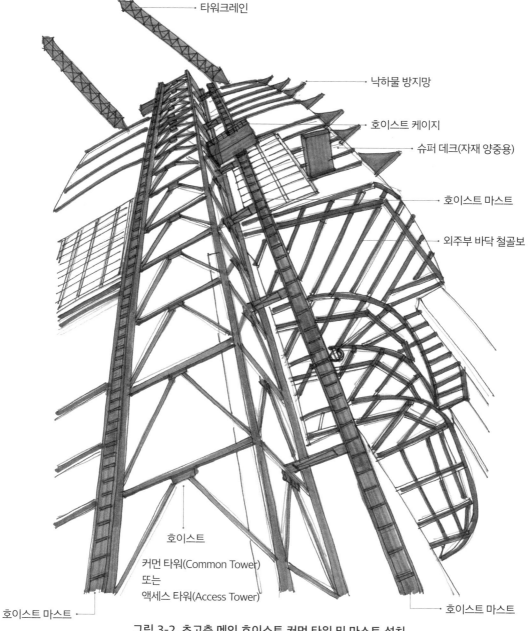

그림 3-2. 초고층 메인 호이스트 커먼 타워 및 마스트 설치

■ 그림 3-3 설명: 메인 호이스트의 호이스트 타워 설치 사례를 보면 메인 호이스트의 호이스트 타워를 커먼 타워(Common Tower) 또는 액세스 타워(Access Tower)라고 부르는데, 공장에서 호이스트 타워의 단위부재를 제작하여 현장으로 운반하여 타워크레인으로 양중한 후 단위부재를 차곡차곡 쌓아서 설치하는 적층 방식으로 호이스트 타워를 설치한다.

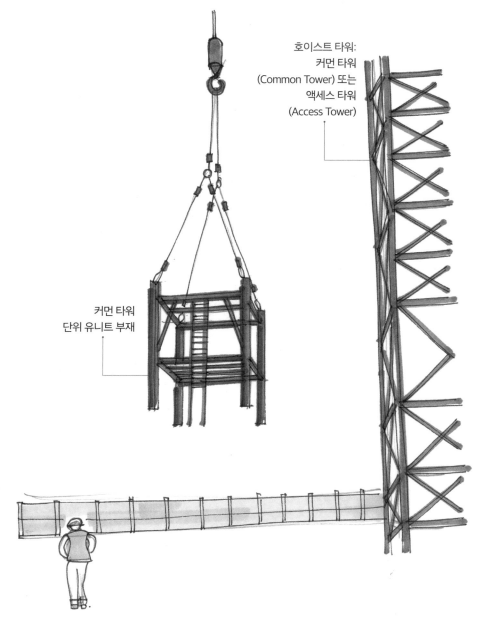

호이스트 타워:
커먼 타워
(Common Tower) 또는
액세스 타워
(Access Tower)

커먼 타워
단위 유니트 부재

그림 3-3. 초고층 메인 호이스트 커먼 타워 단위 유니트 인양

■ 그림 3-4 설명: 메인 호이스트를 외주부 슬래브에 설치한 사례를 보면 호이스트 마스트 상단에 도르래와 케이블을 설치하여 호이스트 케이지를 운행할 수 있도록 하며, 호이스트 케이지는 외주부 슬래브와 연결하여 승하차할 수 있도록 설치한다.

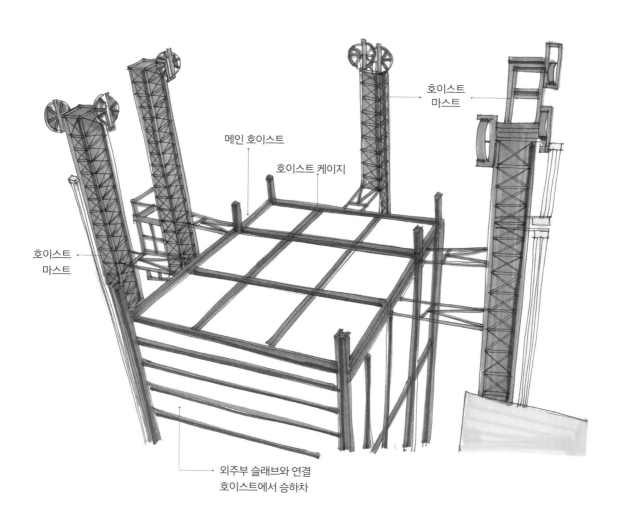

그림 3-4. 초고층 메인 호이스트 설치

■ 그림 3-5,6 설명: 점핑 호이스트를 외주부 슬래브에서 코어 벽체까지 설치한 사례를 보면 점핑 호이스트의 하부 승강장을 외주부 슬래브 상단에 설치하고, 상부 승강장을 코어 벽체 ACS 하부 발판에 설치하여 셔틀로 운행하면서 코어 벽체의 ACS 시스템의 작업자들을 운송한다. 점핑 호이스트의 마스트는 코어 벽체에 고정하는데, ACS 발판이 인상하면 마스트를 코어 벽체에 연장하여 추가 설치한다.

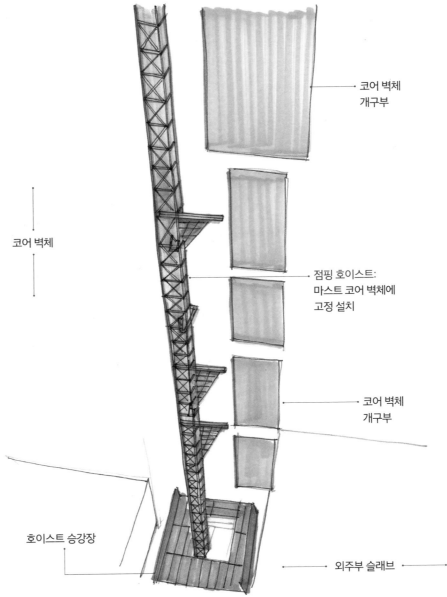

코어 벽체 개구부

코어 벽체

점핑 호이스트: 마스트 코어 벽체에 고정 설치

코어 벽체 개구부

호이스트 승강장

외주부 슬래브

그림 3-5. 초고층 점핑 호이스트 마스트 설치

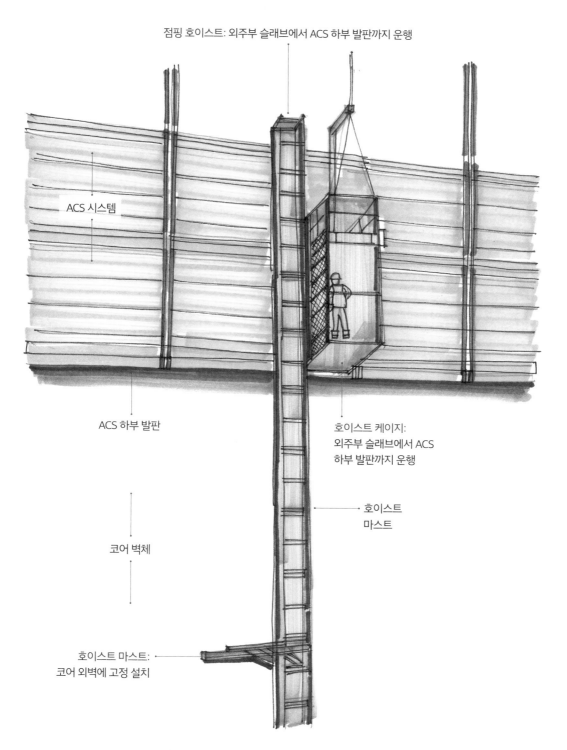

점핑 호이스트: 외주부 슬래브에서 ACS 하부 발판까지 운행

ACS 시스템

ACS 하부 발판

호이스트 케이지:
외주부 슬래브에서 ACS
하부 발판까지 운행

호이스트
마스트

코어 벽체

호이스트 마스트:
코어 외벽에 고정 설치

그림 3-6. 초고층 점핑 호이스트 ACS 하부 발판에 설치

■ 그림 3-7 설명: 점핑 호이스트 마스트를 코어 벽체에 고정하여 설치하는 사례를 보면, 코어 벽체에 벽체 고정 지지체를 고정하고 마스트 고정 지지체를 벽체 고정 지지체 위에 놓고 볼트로 고정한다.

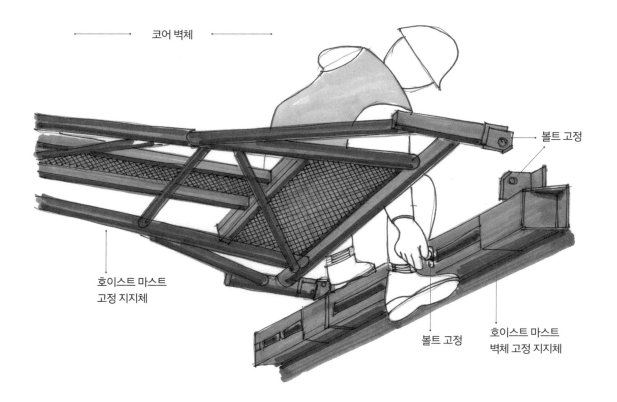

그림 3-7. 초고층 점핑 호이스트 코어 벽체에 설치

■ 그림 3-8 설명: 점핑 호이스트 승강장의 설치 사례를 보면 마스트의 도르래와 케이블로 케이지를 연결하여 운행하는데, 케이지 승강장은 외주부 슬래브 상단과 코어 벽체 ACS 하부 발판 2곳에 설치한다.

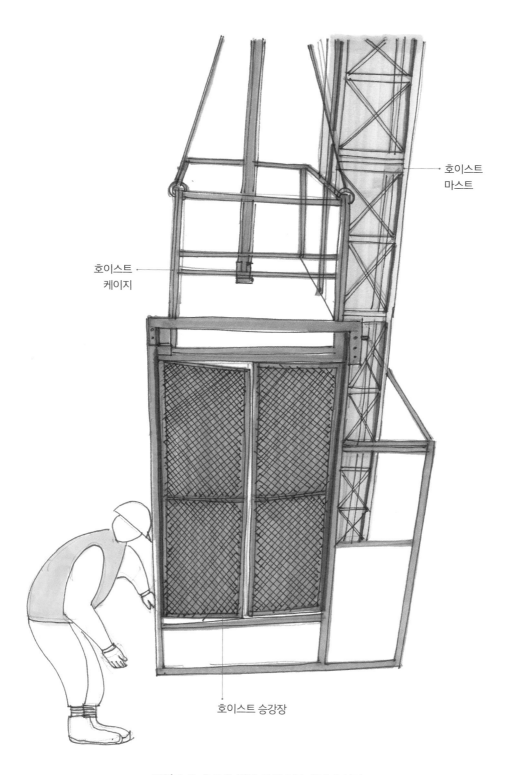

호이스트
마스트

호이스트
케이지

호이스트 승강장

그림 3-8. 초고층 점핑 호이스트 케이지 설치

3 안전 관리

- 호이스트 반입 검사 시 위험 요인으로는 장비 노후화로 주요 구조부 변형과 손상이 있고, 부적합 장비 반입으로 전도, 탈락, 붕괴 등이 있다. 안전 대책으로는 반입일 15일 전 사전 검수 및 비파괴 검사를 실시한 후 반입 필증을 부착한다.

- 호이스트 현장 하역 시 위험 요인으로는 자재 하역 중 충돌과 협착, 이동식 크레인 부재 과하중으로 이동식 크레인 전도 등이 있다. 안전 대책으로는 전담 신호수 배치, 작업 반경 통제, 이동식 크레인 제원 및 용량 검토 등이 있다.

- 메인 호이스트 설치 시 위험 요인으로 호이스트 타워(커먼 타워, 액세스 타워)와 마스트 설치 중 장비 부재 간 충돌과 협착, 작업자 추락 부재 낙하 등이 있다. 안전 대책으로 전담 신호수 배치, 작업 반경 통제, 작업자 안전 고리 체결 후 작업, 이동식 크레인 제원 및 용량 검토 등이 있다.

- 점핑 호이스트 설치 시 위험 요인으로 점핑 호이스트 마스트를 코어 벽체에 고정하여 설치 시 마스트를 벽체 고정 지지체에 볼트로 고정 중 장비 부재 간 충돌과 협착, 작업자 추락, 부재 낙하 등이 있다. 안전 대책으로 전담 신호수 배치, 작업 반경 통제, 작업자 안전 고리 체결 후 작업, 이동식 크레인 제원 및 용량 검토 등이 있다.

■ 호이스트 기술 용어 해설

용어 1 호이스트: 인력과 커튼월 판넬 등과 같은 자재를 운송하는 장비이다.

용어 2 호이스트 대수 산정: 피크 시 일일 작업자 수를 예상하는데, 500m 이상 100층 이상 초고층 건물은 피크 시 일일 작업자 수가 6,000~10,000명이 약 1시간 동안 운송하는 기준으로 대수를 산정하면, 약 8~10대 정도의 메인 호이스트가 필요하다.

용어 3 호이스트 배치 위치: 호이스트 배치는 운행 소음으로 민원 발생 여부, 최상층까지 운행 가능 및 환승 여부, 인원과 자재 양중 동선 간섭 최소화 및 효율화, 골조공사 간섭 최소화, 가설시설물을 최소화할 수 있는 위치에 계획한다.

용어 4 호이스트 케이지 길이 산정: 호이스트 케이지에 커튼월 포장을 싣고 운송할 수 있어야 한다. 초고층의 높은 층고가 4.5m인 경우, 커튼월 길이는 4.5m가 되므로 커튼월과 작업자 및 부속 짐을 싣는 경우 호이스트 앞뒤로 20~30cm 여유가 필요하여 호이스트 케이지 길이는 5m가 되어야 한다. 호이스트 케이지 길이를 5m 이상 선정하는 것이 매우 중요하다. 기존의 유사 프로젝트의 호이스트 케이지 길이를 조사하면 4.5~5m인 것을 알 수 있다.

용어 5 커먼 타워 혹은 액세스 타워: 호이스트 케이지를 운행할 수 있는 호이스트 타워를 커먼 타워(Common Tower) 또는 액세스 타워(Access Tower)라고 부르는데, 공장에서 호이스트 타워의 단위부재를 제작하여 현장으로 운반하고, 타워크레인으로 양중하여 단위부재를 차곡차곡 쌓아서 설치하는 적층 방식으로 호이스트 타워를 설치한다. 호이스트 타워 양 측면으로 호이스트 마스트를 연결해서 설치하고, 호이스트 마스트에 호이스트 케이지를 설치한다.

용어 6 점핑 호이스트 운행: 코어 선행 공법에서 코어가 선행하면 외주부 슬래브에서 코어 벽체 사이를 운행하며 작업자를 운송하는 호이스트이다. 점핑 호이스트는 외주부 슬래브 상단에서 코어 벽체에 설치한 ACS 하단 발판까지 도달하도록 운행한다. 점핑 호이스트의 마스트는 코어 벽체에 고정하는데, ACS 발판이 인상되면 점핑 호이스트도 연장하여 추가 설치한다.

용어 7 메인 호이스트 운행: 메인 호이스트는 지상에서 외주부 슬래브 상단까지 설치되어 작업자와 자재를 운송하여 운행한다.

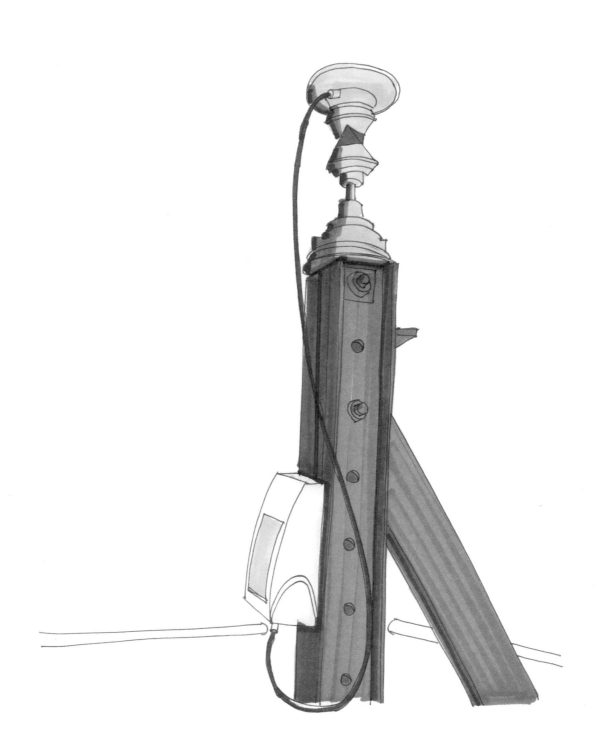

PART 4

초고층
엔지니어링
기   술

CHAPTER 1
GNSS 측량 기술

1 기술 개요

- GNSS 측량(Global Navigation Satellite System) 기술이란, 초고층 건물은 바람 등의 영향으로 연속적인 움직임이 발생하여 건물의 움직임을 측정하고 보정할 수 있는 초정밀 측정 기술이 필요한데, 이를 GNSS 측량 기술이라고 말한다.

2 시공 계획 및 시공 시 유의 사항

- GNSS 측량은 GNSS 상시관측소(지상 GNSS 수신기), GNSS 안테나, GNSS 수신기, 모니터링 센서, 토털스테이션 측량기, 연직도 측량기 등으로 구성되어 있다.
- 코어 벽체 최상층의 ACS 시스템 철제 기둥에 GNSS 안테나, GNSS 수신기를 설치하여 최소 4개 이상의 위성 신호를 일정 시간 수신하고, 동시에 지상 상시 관측소에서 일정 시간 수신하여 위성 신호에 대한 오차 보정을 통한 건물 최상층의 위치 좌표를 구한다.
- GNSS 안테나와 수신기에 장착된 SD 메모리카드에 수신된 위성 데이터를 GNSS 데이터 처리프로그램을 사용하여 해석과 분석과정을 통해 GNSS 측량 좌표 데이터를 획득한다.
- GNSS 측량 방법에는 정적측량 방법, 동적측량 방법, 실시간동적측량 방법이 있는데, 정적측량 방법은 복수의 안테나와 수신기를 측점에 설치하고 동시에 10분에서 수 시간 정도 위성관측 데이터를 수신하여 기록한 후 GNSS 데이터 처리프로그램을 통하여 좌표를 결정하는 방법이다. 기준점 측량에 사용하며 정밀도는 ±5mm이다.

■ 동적측량 방법은 참조점에 1개의 안테나와 수신기를 설치하고 다른 수신기는 여러 측점을 수
  초씩 측정하여 순차적으로 이동해 가는 측정 방식이며, 처리프로그램을 통하여 좌표를 결정
  하는 방법이다. 시공 측량 등에 사용하며 정밀도는 ±10mm이다.

■ 실시간동적측량 방법은 동적측량과 같은 원리이나 참조점과 이동국에 무선 통신장치를 통
  하여 참조점에서 실시간 보정신호를 이동국으로 전송하여 현장에서 좌표를 결정하는 방법이
  다. 현황 측량 등에 사용하며 정밀도는 ±20~30mm이다.

■ 그림 1-1 설명: 초고층 GNSS 측량의 개념으로서 인공위성의 좌표 데이터를 지상인 GNSS
  지상관측소의 GNSS 수신기에서 수신하여 저장하고, 초고층 건물의 최상층인 코어 벽체의
  ACS 시스템에 설치한 GNSS 안테나와 GNSS 수신기에서 수신하여 저장하고, GNSS 데이
  터 처리프로그램에 의해 위성신호에 대한 오차를 보정하고, 해석과 분석을 통하여 초고층 건
  물 최상층의 GNSS 측량 좌표 데이터를 획득하는 개념이다. 최상층의 좌표 데이터를 활용하
  여 토털스테이션 측량기, 연직도 측량기로 측량을 수행한다.

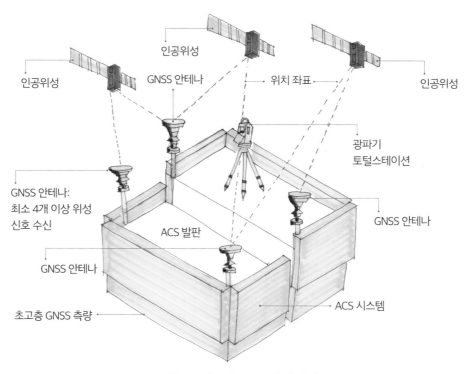

그림 1-1. 초고층 GNSS 측량 개념

■ 그림 1-2,3,4 설명: 초고층 건물 코어 벽체의 ACS 시스템 수직 기둥에 GNSS 측량안테나와 GNSS 좌표 수신기를 설치한 사례를 보여 준다. GNSS 측량안테나와 GNSS 좌표 수신기를 케이블로 연결하여 위치 좌표를 수신 기록하고 USB로 데이터를 받을 수 있다. USB 데이터는 GNSS 데이터 처리프로그램에 의해 위성신호에 대한 오차를 보정하고, 해석과 분석을 통하여 초고층 건물 최상층의 위치 좌표를 얻을 수 있다.

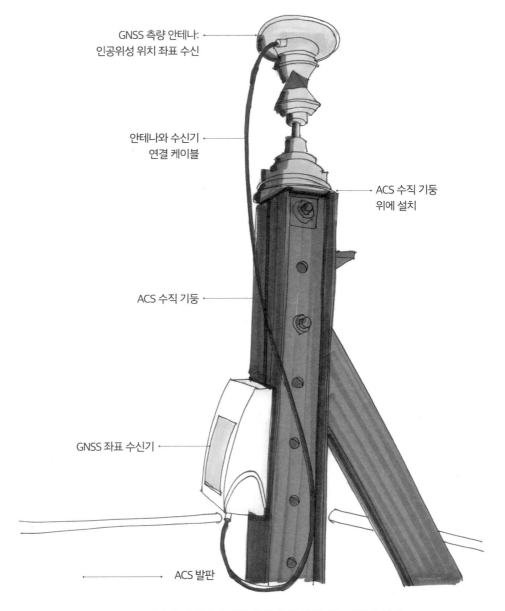

GNSS 측량 안테나:
인공위성 위치 좌표 수신

안테나와 수신기
연결 케이블

ACS 수직 기둥
위에 설치

ACS 수직 기둥

GNSS 좌표 수신기

ACS 발판

그림 1-2. 초고층 GNSS 측량 수신 안테나와 좌표 수신기

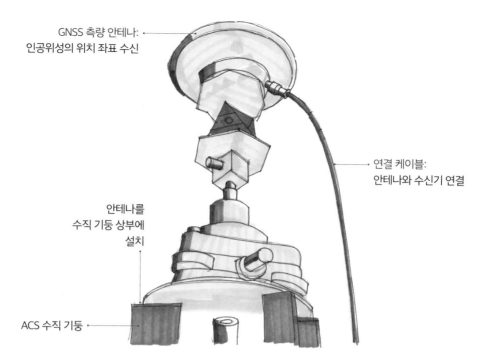

GNSS 측량 안테나:
인공위성의 위치 좌표 수신

연결 케이블:
안테나와 수신기 연결

안테나를
수직 기둥 상부에
설치

ACS 수직 기둥

그림 1-3. 초고층 GNSS 측량 수신 안테나

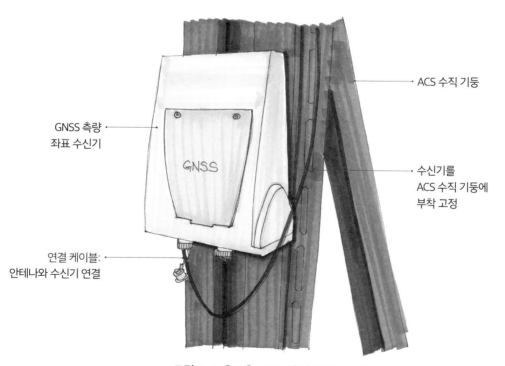

ACS 수직 기둥

GNSS 측량
좌표 수신기

수신기를
ACS 수직 기둥에
부착 고정

연결 케이블:
안테나와 수신기 연결

그림 1-4. 초고층 GNSS 측량 좌표 수신기

■ 그림 1-5,6,7 설명: GNSS 측량안테나, GNSS 좌표 수신기, GNSS 데이터 처리프로그램을 통하여 얻은 초고층 건물 최상층의 위치 좌표를 기준점으로 하여 광파기와 리플렉터에 의해서 코어 벽체의 콘크리트 면에 각각의 좌표를 측량하고 마킹한다.

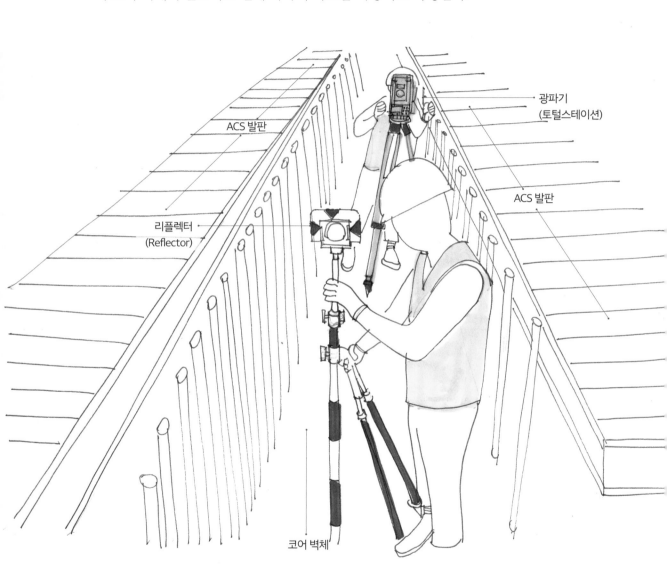

그림 1-5. 초고층 광파기 측량

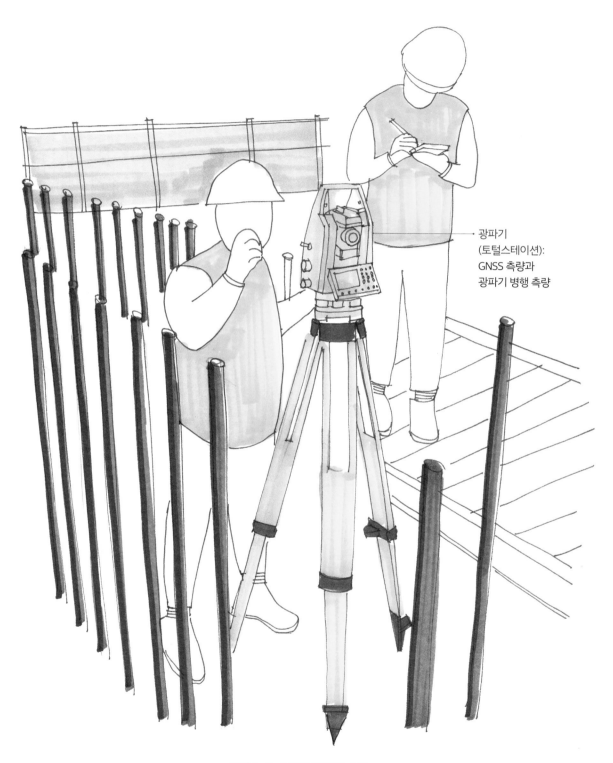

광파기
(토털스테이션):
GNSS 측량과
광파기 병행 측량

그림 1-6. 초고층 광파기 측량

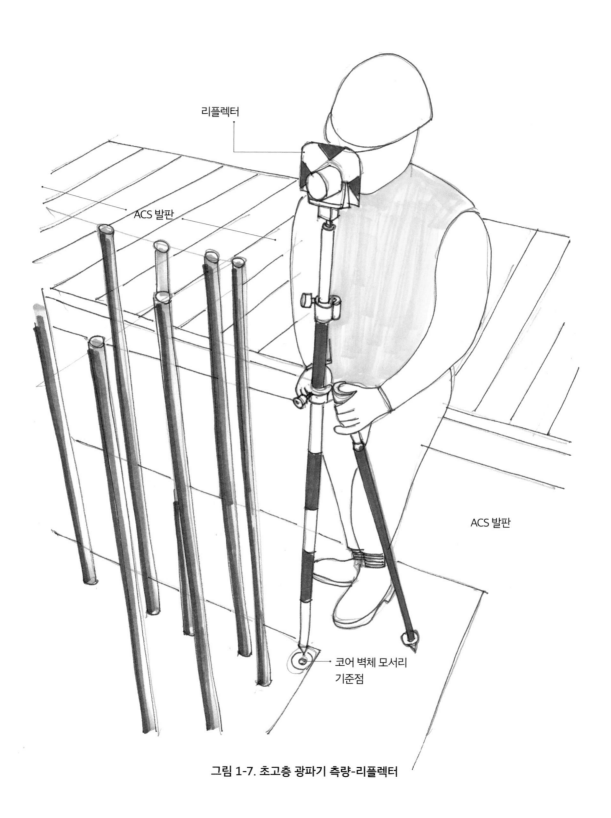

리플렉터

ACS 발판

ACS 발판

코어 벽체 모서리
기준점

그림 1-7. 초고층 광파기 측량-리플렉터

■ 그림 1-8 설명: 광파기와 리플렉터에 의해서 코어 벽체의 콘크리트 면에 마킹한 좌표를 기준으로 하여 연직측량기로 초고층 골조의 수직도, 연직도를 측량한다.

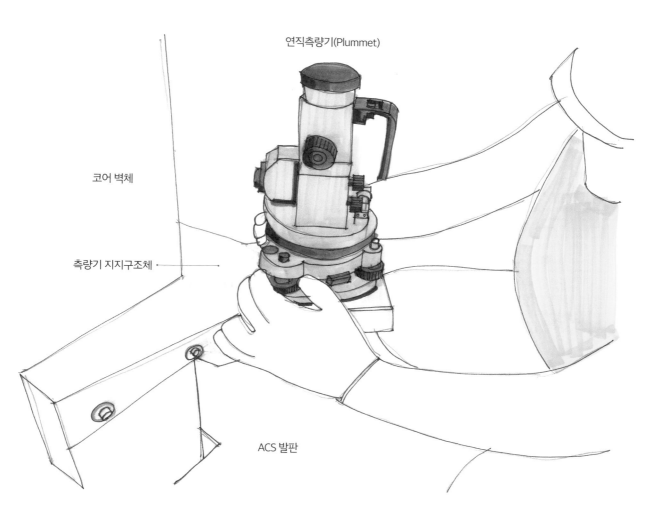

그림 1-8. 초고층 연직측량기

❸ 안전 관리

■ 초고층 측량 시 측량사들의 전도 및 철근 찔림 사고 방지: 위험 요인으로는 초고층 건물의 광파기, 리플렉터 연직기에 의해서 코어 벽체의 콘크리트 면에 각각의 좌표 측량 시 측량에 열중하는 사이 ACS 발판 및 코어 벽체의 철근에 걸려서 전도되거나 철근에 찔림 사고가 발생할 수 있다. 안전 대책으로는 측량 시 전담 관리자가 동행하여 사전에 위험요인을 인지하고 측량사들을 안전하게 관리할 수 있도록 한다.

■ GNSS 측량 기술 용어 해설

용어1 GNSS 측량: 초고층 건물은 바람 등의 영향으로 연속적인 움직임이 발생하여 건물의 움직임을 측정하고 보정할 수 있는 초정밀 측정이 필요한데, 이를 GNSS 측량이라고 한다.

용어2 GNSS 측량구성: GNSS 측량은 GNSS 상시관측소(지상 GNSS 수신기), GNSS 안테나, GNSS 수신기, 모니터링 센서, 토털스테이션 측량기, 연직도 측량기 등으로 구성되어 있다.

용어3 GNSS 측량 좌표 데이터 획득: 코어 벽체 최상층의 ACS 시스템 기둥에 GNSS 안테나, GNSS 수신기를 설치하여 최소 4개 이상의 위성신호를 일정 시간 수신하고 SD 메모리카드에 저장하여, GNSS 데이터 처리프로그램의 해석과 분석과정을 통하여 GNSS 측량 좌표 데이터를 획득한다. 동시에 지상 상시 관측소에서 일정 시간 수신하여 위성신호에 대한 오차 보정을 통한 건물 최상층의 측량 좌표 데이터를 결정한다.

용어4 GNSS 측량 좌표 데이터를 활용한 측량: 초고층 건물 최상층의 측량 좌표 데이터를 기준점으로 하여 광파기와 리플렉터에 의해서 코어 벽체의 콘크리트 면에 각각의 좌표를 측량하고 마킹한다. 광파기와 리플렉터에 의해서 코어 벽체의 콘크리트 면에 마킹한 좌표를 기준으로 하여 연직측량기로 초고층 골조의 수직도, 연직도를 측량한다.

CHAPTER 2
기둥 축소량 기술

1 기술 개요

■ 기둥 축소량은 기둥과 벽체 등의 수직 구조 부재가 하중 작용 중에 시간 경과에 따라 재료 특성에 의해 길이가 점진적으로 줄어드는 현상을 말한다. 철골 부재는 탄성 변형에 의한 즉시 처짐이 발생 후 원래대로 복구되나, 콘크리트 부재는 비탄성 변형에 의해 길이가 점진적으로 줄어든 후 원래대로 복구되지 않는다. 이 기둥 축소량 기술은 기둥 축소량을 보정하여 시공하는 기술을 말한다.

2 시공 계획 및 시공 시 유의 사항

■ 기둥 축소량은 절대 축소량과 상대 축소량이 있는데, 절대 축소량은 부재 자체의 고유한 축소량을 말하며, 상대 축소량은 인접한 부재의 절대 축소량의 차이를 말하며 부등 축소량이라고도 한다.

■ 기둥 축소량이 발생하는 원인에는 크리프 변형, 건조 수축 변형, 온도 영향 등이 있다. 크리프 변형이란, 콘크리트의 고유한 성질로서 콘크리트에 하중이 일정한 상황에서도 시간이 지남에 따라 길이가 줄어드는 현상을 말한다. 건조 수축 변형이란, 콘크리트의 잉여수가 증발하여 부재가 축소하는 현상을 말한다. 온도 영향은 건물 내·외부의 온도 차이 및 계절에 따른 온도 차이에 따라 부등 축소량이 발생하는 현상을 말한다.

- 인접 부재 간의 절대 축소량의 차이인 부등 축소량이 발생하면 인접 부재를 연결하는 보와 슬래브 설계 시 고려되지 않은 부가 응력이 발생한다. 이 부가 응력이 부재에 균열을 발생시킨다.
- 기둥 축소량인 절대 축소량과 상대 축소량(부등 축소량) 발생으로 마감재, 커튼월, 수직 배관, 엘리베이터 레일 등이 손상을 입어 균열과 고장을 유발할 수 있다. 설계와 시공 시 기둥 축소량에 의한 손상을 방지하는 방안을 마련해야 한다.
- 기둥 축소량은 사전 해석 단계로서 구조물의 전체적인 축소거동을 확인하고, 축소량 계측을 위한 스트레인 게이지(Strain Guage) 등 매립할 계측기를 선정한다. 재료 시험으로 재료별 크리프 계수와 건조 수축 값을 산정한다. 본 해석 단계로서 재료별 크리프 계수와 건조 수축 값을 반영하여 시공 단계에 따른 해석을 하여 기둥과 벽체의 레벨 보정 값을 산정하여 제시한다. 시공과 계측 단계로서 기둥과 벽체에 기둥 축소량 보정 값을 적용하여 시공(예를 들면, 슬래브 레벨 값에 보정 값인 5mm를 더하여 더 높이 타설한다)하고, 콘크리트를 타설한 후 매설된 스트레인 게이지를 통하여 기둥 축소량 값을 계측한다. 보정과 재해석 단계로서 시공한 보정 값과 시공 후 측정한 계측 값의 재해석 결과를 반영하여 미시공 부분에 대한 기둥 축소량 보정 값을 산정하여 제시한다.

- 그림 2-1 설명: 기둥 축소량의 정의는 기둥과 벽체 등의 수직 구조 부재의 하중이 작용 중에 시간 경과에 따라 재료 특성에 의해 길이가 점진적으로 줄어드는 현상을 말한다. 기둥 축소

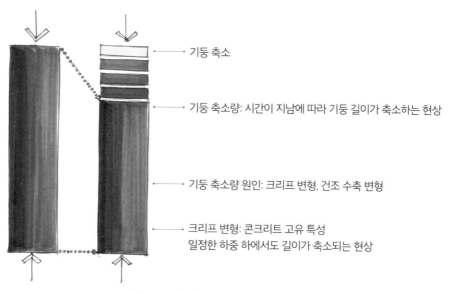

그림 2-1. 기둥 축소량 정의 및 원인

량의 원인은 크리프 변형, 건조 수축 변형, 온도 영향 등이 있다. 크리프 변형이란, 콘크리트의 고유한 성질로서 콘크리트에 하중이 일정한 상황에서도 시간이 지남에 따라 길이가 줄어드는 현상을 말한다. 건조 수축 변형이란, 콘크리트의 잉여수가 증발하여 부재가 축소하는 현상을 말한다. 온도 영향은 건물 내·외부의 온도 차이 및 계절에 따른 온도 차이에 따라 부등 축소량이 발생하는 현상을 말한다.

■ 그림 2-2 설명: 초고층 건물 코어 벽체의 기둥 축소량보다 외부 기둥의 기둥 축소량이 더 크다. 기둥 축소량은 절대 축소량과 상대 축소량이 있는데, 절대 축소량은 부재 자체의 고유한 축소량을 말하며, 상대 축소량은 인접한 부재의 절대 축소량의 차이를 말하며 부등 축소량이라고도 한다. 외부 기둥의 절대 축소량에서 코어 벽체의 절대 축소량을 빼면 외부 기둥의 상대 축소량인 부등 축소량이 발생한다. 이 부등 축소량이 기둥, 슬래브, 보, 코어의 설계 시 고려하지 못한 부가 응력이 발생하여 부재에 균열을 발생시킨다.

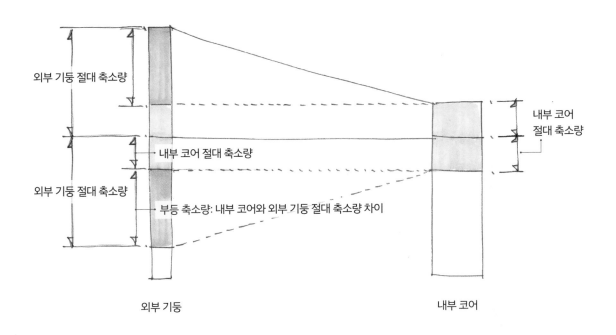

그림 2-2. 초고층 기둥 축소량 코어 벽체와 외부 기둥 비교

■ 그림 2-3 설명: 초고층의 기둥 축소량에 의한 피해 사례로서 메가 기둥이 코어 벽체보다 기둥 축소량이 더 커서 메가 기둥에 부등 침하가 발생하는데, 이 부등 침하가 보와 슬래브 등의 구조체에 균열을 발생시킨다. 또한 마감재 파손, 커튼월 및 유리창 파손, 수직 배관 파손, 엘리베이터 레일 손상을 입혀 균열과 고장을 유발한다. 설계와 시공 시 기둥 축소량에 의한 손상을 방지하기 위해 해결 방안들을 마련해야 한다.

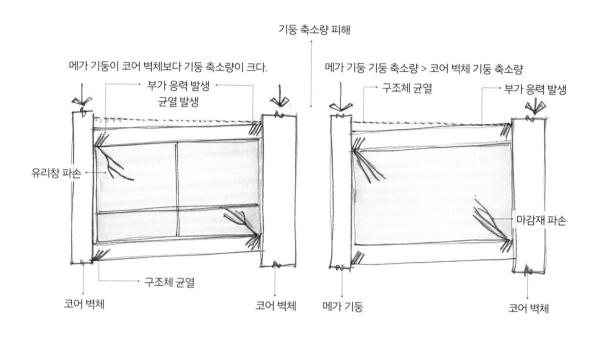

그림 2-3. 초고층 기둥 축소량에 의한 피해

3 안전 관리

■ 기둥 축소량 발생으로 인한 위험 요인으로는 초고층 메가 기둥이 코어 벽체보다 기둥 축소량이 더 커서 메가 기둥에 부등 침하가 발생하는데, 이 부등 침하가 보와 슬래브 등의 구조체에 균열을 만들어 안전사고가 발생할 수 있다. 안전 대책으로는 설계와 시공 시 기둥과 벽체에 기둥 축소량 보정 값을 적용하여 시공(예를 들면, 슬래브 레벨 값에 보정 값인 5mm를 더하여 더 높이 타설한다)하여 부등 침하가 발생하지 않도록 한다.

■ 기둥 축소량 발생으로 인한 위험 요인으로는 마감재 파손, 커튼월 파손, 수직 배관 파손, 엘리베이터 레일 등이 손상과 고장을 유발하여 안전사고가 발생할 수 있다. 안전 대책으로는 설계와 시공 시 기둥 축소량에 의한 수직 변형을 흡수할 수 있는 디테일을 개발하고 반영하여 파손과 손상을 방지한다.

■ 기둥 축소량 기술 용어 해설

용어 1 기둥 축소량: 기둥과 벽체 등의 수직 구조 부재가 하중이 작용 중에 시간 경과와 재료 특성에 의해 길이가 점진적으로 줄어드는 현상을 말한다. 철골 부재는 탄성 변형에 의한 즉시 처짐이 발생 후 원래대로 복구되나, 콘크리트 부재는 비탄성 변형에 의해 길이가 점진적으로 줄어든 후 원래대로 복구되지 않는다.

용어 2 기둥 축소량 종류: 기둥 축소량은 절대 축소량과 상대 축소량이 있는데, 절대 축소량은 부재 자체의 고유한 축소량을 말하며, 상대 축소량은 인접한 부재의 절대 축소량의 차이를 말하며 부등 축소량이라고도 한다.

용어 3 기둥 축소량 원인: 크리프 변형, 건조 수축 변형, 온도 영향 등이 있다. 크리프 변형이란, 콘크리트의 고유한 성질로서 콘크리트에 하중이 일정한 상황에서도 시간이 지남에 따라 길이가 줄어드는 현상을 말한다. 건조 수축 변형이란, 콘크리트의 잉여수가 증발하여 부재가 축소하는 현상을 말한다. 온도 영향은 건물 내·외부의 온도 차이 및 계절에 따른 온도 차이에 따라 부등 축소량이 발생하는 현상을 말한다.

용어 4 코어 벽체와 메가 기둥의 기둥 축소량 크기: 초고층 건물 코어 벽체의 기둥 축소량보다 메가 기둥의 기둥 축소량이 더 크다. 예를 들면, 코어 벽체보다 메가 기둥이 더 많이 축소하므로 코어 벽체 레벨에 보정 값 1mm 더 높게 타설하고 메가 기둥 레벨에 보정 값 3mm를 더 높게 타설한다. 보정 값은 예시를 든 것이고 본 해석의 보정 값을 따른다.

용어 5 기둥 축소량 피해: 인접 부재 간의 상대 축소량인 부등 축소량이 발생하면 보와 슬래브에 설계 시 고려되지 않은 부가 응력이 발생하여 균열을 발생시킨다. 마감재 손상, 커튼월 유리 파손, 설비 전기 수직 배관 파손, 엘리베이터 레일 등이 손상을 입어 균열과 고장을 유발할 수 있다. 설계와 시공 시 기둥 축소량에 의한 손상을 방지하는 방안들을 마련해야 한다.

용어 6 기둥 축소량 보정 프로세스: 기둥 축소량은 사전해석 단계로서 구조물의 전체적인 축소거동을 확인하고 축소량 계측을 위한 스트레인 게이지(Strain Guage) 등 매립할 계측기를 선정한다. 재료시험으로 재료별 크리프 계수와 건조 수축 값을 산정한다. 본 해석 단계로서 재료별 크리프 계수와 건조 수축 값을 반영하여 시공 단계에 따른 해석을 하여 기둥과 벽체의 레벨 보정 값을 산정하여 제시한다. 시공과 계측 단계로서 기둥과 벽체에 기둥 축소량 보정 값을 적용하여 시공(예를 들면 슬래브 레벨 값에 보정 값 3mm를 더하여 높게 타설한다)하고, 콘크리트를 타설한 후 매설된 스트레인 게이지를 통하여 계획한 대로 기둥 축소가 이루어졌는지 축소량을 계측한다. 보정과 재해석 단계로서 시공한 보정 값과 시공 후 계측 값을 재해석한 결과를 반영하여 미시공 부분에 대한 기둥 축소량 보정 값을 산정하여 제시한다.

CHAPTER 3
초고층 건물 거주성 확보 기술

1 기술 개요

- 초고층 건물 거주성 확보 기술이란, 초고층 건물이 바람에 의해 움직임으로 인해 미세한 가속도가 발생하고, 가속도로 인하여 거주성 및 안락함을 해칠 수 있기에 가속도를 일정 이하로 제어하여 거주성을 확보하는 기술을 말한다.

2 시공 계획 및 시공 시 유의 사항

- 초고층에는 놀라운 자연 현상이 일어나는데, 초고층 건물에 바람이 불면 바람 방향으로 건물이 움직일 것으로 생각하지만, 바람 방향의 직각 방향으로 건물이 움직인다. 이를 와류진동이라 부르며 영어로 Vortex Shedding이라고 한다.
- 초고층 건물에 바람이 불면 초고층 건물이 직각 방향으로 움직인다. 초고층 건물이 움직이면 속도(=거리/시간)가 생기는데, 바람이 불규칙하게 불어오므로 초고층 건물에 속도 변화가 일어난다. 이 속도 변화가 가속도이다. 예를 들어, 버스가 일정한 속도로 달리면 사람은 손잡이를 잡지 않아도 서 있을 수 있으나, 버스가 멈추었다가 달리면 속도가 점점 커지므로 속도 변화가 생겨 가속도가 생긴다. 이때 손잡이를 잡지 않으면 사람은 넘어질 수 있다. 버스와 초고층의 가속도는 같은 원리로 사람을 불편하게 할 수 있다.
- 초고층 건물은 가속도를 일정 크기 이하로 설계하는데, 캐나다 기준은 주거 시설 10milli-g,

업무 시설 30milli-g 이하로 규정하고 있고, 미국 기준은 주거 시설 15milli-g, 업무 시설 25milli-g 이하로 규정하고 있다. 이와 같이 가속도를 일정 크기 이하로 설계하여 초고층 건물의 거주성 및 안락함을 확보하는 것이다.

■ 그림 3-1 설명: 초고층 건물의 와류진동(Vortex Shedding)의 사례를 보면, 바람이 초고층 건물에 불면 바람 방향으로 건물이 움직일 것으로 생각하지만, 바람 방향의 직각 방향으로 건물이 움직인다. 이는 바람이 건물의 측면을 타고 가서 건물 바로 뒤편에서 강한 진공상태를 만드는데, 이 강한 진공 힘이 건물을 당겨서 건물을 직각 방향으로 움직이게 하는 것이다. 이를 와류진동이라 부르며, 영어로 Vortex Shedding이라고 한다.

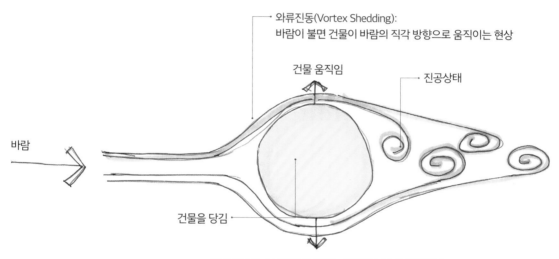

그림 3-1. 초고층 건물 와류진동(Vortex Shedding)

■ 그림 3-2 설명: 초고층 건물의 와류진동(Vortex Shedding) 세기에 대한 사례를 보면, 초고층 건물에 바람이 불면 초고층 건물이 바람의 직각 방향으로 움직이는데, 이는 건물 모양에 따라 건물 움직임의 세기가 다르다. 건물 모양 중 원형의 움직임 세기가 크고, 팔각형이 중간이고, 사각형이 적은 것을 알 수 있다. 건물 모양에 따라 건물 움직임 세기가 가속도 세기와 관련이 있으므로 가속도를 일정 이하로 설계하는 데 비용을 고려해야 한다. 설계 단계에서 초고층 건물 평면 형상을 설계할 때 이 부분을 참고하여 설계하는 것이 바람직하다.

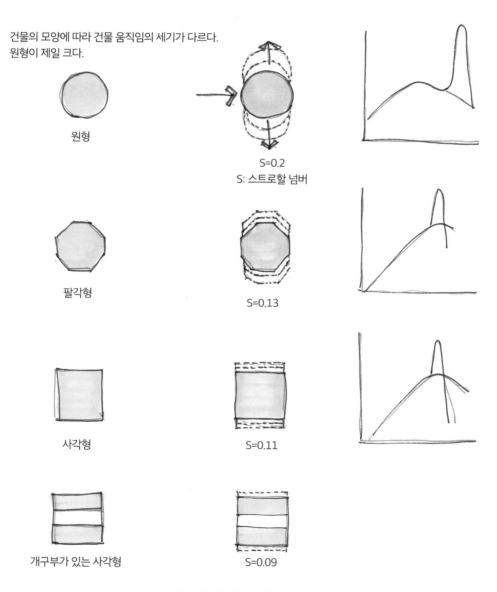

그림 3-2. 초고층 건물 형태별 와류진동(Vortex Shedding) 크기

■ 그림 3-3 설명: 초고층 건물은 반드시 확보해야 하는 두 가지가 있는데, 건물의 안전성과 건물의 거주성이다. 건물의 안전성이란, 건물이 바람과 지진에 전도되지 않고 구조적으로 안전하게 유지하는 것이다. 건물의 거주성이란, 바람에 의해 건물이 움직이면 미세한 가속도가 발생하여 거주성 및 안락함을 해칠 수 있어 가속도를 일정 이하로 관리하여 거주성을 확보하는 것이다.

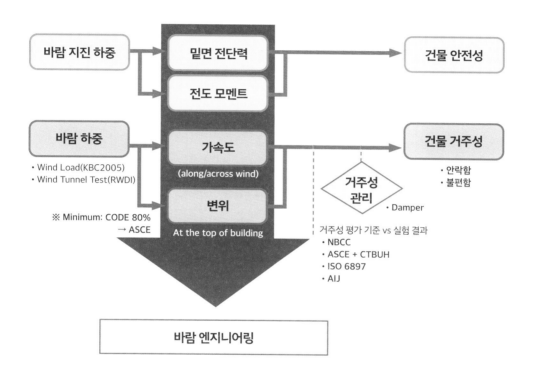

그림 3-3. 건물 안전성(Stability)과 건물 거주성(Serviceability) 개념

■ 초고층 건물 거주성 확보 기술 용어 해설

용어1 초고층 건물 거주성 확보 기술: 초고층 건물이 바람에 의해 움직이는데, 이 움직임으로 인해 미세한 가속도가 발생하고 가속도로 인하여 거주성 및 안락함을 해칠 수 있기에 가속도를 일정 이하로 제어하여 거주성을 확보하는 기술을 말한다.

용어2 와류진동(Vortex Shedding): 초고층에는 놀라운 자연 현상이 일어나는데, 초고층 건물에 바람이 불면 바람 방향으로 건물이 움직일 것으로 생각하지만, 바람 방향의 직각 방향으로 건물이 움직인다. 이는 바람이 건물의 측면을 타고 가서 건물 바로 뒤편에서 강한 진공 상태를 만드는데, 이 강한 진공 힘이 건물을 당겨서 건물을 직각 방향으로 움직이게 하는 것이다. 이를 와류진동이라 부르며, 영어로 Vortex Shedding이라고 한다.

용어3 초고층 건물 형태별 와류진동 크기: 와류진동은 건물 형태에 따라 건물 움직임의 세기가 다르다. 건물 모양 중 원형 형태가 와류진동과 건물 움직임의 세기가 크고, 팔각형 형태가 중간이고, 사각형 형태가 적은 것을 알 수 있다. 건물 형태에 따라 건물 움직임의 세기가 다르고, 이는 가속도의 세기와 관련이 있고, 가속도를 일정 이하로 설계하는 데 비용을 고려한다. 설계 단계에서 초고층 건물 평면 형상을 설계할 때 가속도 크기와 비용 등을 고려하여 설계하는 것이 바람직하다.

용어4 초고층 건물 가속도 발생: 초고층 건물에 바람이 불면 초고층 건물이 직각 방향으로 움직인다. 초고층 건물이 움직이면 속도(=거리/시간)가 생기는데, 바람이 불규칙하게 불어오므로 초고층 건물에 속도 변화가 일어난다. 이 속도 변화가 가속도이다. 예를 들어, 버스가 일정한 속도로 달리면 사람은 손잡이를 잡지 않아도 서 있을 수 있으나, 버스가 멈추었다가 달리면 속도가 점점 커지므로 속도 변화가 생겨 가속도가 생긴다. 이때 손잡이를 잡지 않으면 사람은 넘어질 수 있다. 버스와 초고층의 가속도는 같은 원리로 사람을 불편하게 할 수 있다.

용어5 초고층 건물 가속도 기준: 초고층 건물은 가속도를 일정 크기 이하로 설계하는데, 캐나다 기준은 주거 시설 10milli-g, 업무 시설 30milli-g 이하로 규정하고, 미국 기준은 주거 시설 15milli-g, 업무 시설 25milli-g 이하로 규정하고 있다. 이와 같이 가속도를 일정 크기 이하로 설계하여 초고층 건물의 거주성 및 안락함을 확보하는 것이다.

■ **참고서적**

1. SCI저널, Schematic Cost Estimating Model for Super Tall Buildings using a High-Rise Premium Ratio, 2011

2. SCI저널, A Decision Support System for Super Tall Building Development, 2012

3. 한국시공학회지, 롯데월드타워 초고층 타워동 매트기초 시공사례연구, 2011

4. 한국건설관리학회지, THK=6.5m 대형 매트기초 부재의 수화균열 저감을 위한 배합설계 및 시공기술, 2012

5. 한국콘크리트학회지, 80~100MPa급 고강도콘크리트의 탄성계수 평가, 2011

6. 한국콘크리트학회지, 표면건조조건을 고려한 고강도 콘크리트의 수축 특성, 2011

7. 한국콘크리트학회지, 골재종류 및 폭렬제어용 섬유에 따른 강도콘크리트의 역학적 특성, 2012

8. 특허, 초고층 건축용 고강도 콘크리트 조성물, 2010

9. 특허, 이산화탄소 저감형 고유동 초저발열 콘크리트 조성물, 2012

10. 초고층도서, 초고층빌딩건축기술, 2017

11. 법령, 초고층및 자하연계 복합건축물 재난관리에 관한 특별법, 2017

그림으로 보는
최신 초고층 시공 기술

2024. 1. 24. 초 판 1쇄 인쇄
2024. 1. 31. 초 판 1쇄 발행

지은이 | 이종산, 이건우, 이다혜
펴낸이 | 이종춘
펴낸곳 | **BM** ㈜도서출판 **성안당**

주소 | 04032 서울시 마포구 양화로 127 첨단빌딩 3층(출판기획 R&D 센터)
10881 경기도 파주시 문발로 112 파주 출판 문화도시(제작 및 물류)
전화 | 02) 3142-0036
031) 950-6300
팩스 | 031) 955-0510
등록 | 1973. 2. 1. 제406-2005-000046호
출판사 홈페이지 | www.cyber.co.kr
ISBN | 978-89-315-5953-8 (13540)
정가 | 35,000원

이 책을 만든 사람들
책임 | 최옥현
진행 | 최창동
본문 · 표지 디자인 | 상:想 company
홍보 | 김계향, 유미나, 정단비, 김주승
국제부 | 이선민, 조혜란
마케팅 | 구본철, 차정욱, 오영일, 나진호, 강호묵
마케팅 지원 | 장상범
제작 | 김유석

■ **도서 A/S 안내**

성안당에서 발행하는 모든 도서는 저자와 출판사, 그리고 독자가 함께 만들어 나갑니다.
좋은 책을 펴내기 위해 많은 노력을 기울이고 있습니다. 혹시라도 내용상의 오류나 오탈자 등이 발견되면 **"좋은 책은 나라의 보배"**로서 우리 모두가 함께 만들어 간다는 마음으로 연락주시기 바랍니다. 수정 보완하여 더 나은 책이 되도록 최선을 다하겠습니다.
성안당은 늘 독자 여러분들의 소중한 의견을 기다리고 있습니다. 좋은 의견을 보내주시는 분께는 성안당 쇼핑몰의 포인트(3,000포인트)를 적립해 드립니다.
잘못 만들어진 책이나 부록 등이 파손된 경우에는 교환해 드립니다.